材料科学与工程专业
本科系列教材

计算材料学

主　编　汤爱涛　谭　军　张　昂
副主编　董志华　侯自勇　袁　媛
参　编　黄　弘　曹韩学　郑　江
　　　　刘传璞

重庆大学出版社

内容提要

随着计算方法的持续发展和计算能力的持续提高，基于材料学基本原理的数值计算和模拟已经成为材料科学研究与工程应用领域的重要工具和手段。本书内容主要包括计算材料学数学基础、第一性原理计算、分子动力学、蒙特卡洛方法、有限元法、热力学和动力学计算、机器学习、集成计算材料工程等，并附有各种计算和模拟方法在材料科学中的典型应用和代表性的例子。

本书可作为材料科学与工程专业本科生和研究生的教材，也可供相关领域科技工作者参考。

图书在版编目(CIP)数据

计算材料学 / 汤爱涛，谭军，张昂主编. -- 重庆：重庆大学出版社，2024.9. -- （材料科学与工程专业本科系列教材）. -- ISBN 978-7-5689-4809-8

Ⅰ. TB3

中国国家版本馆 CIP 数据核字第 2024JE4792 号

计算材料学
JISUAN CAILIAO XUE

主　编　汤爱涛　谭　军　张　昂
副主编　董志华　侯自勇　袁　媛
策划编辑：范　琪

责任编辑：文　鹏　　版式设计：范　琪
责任校对：王　倩　　责任印制：张　策

＊

重庆大学出版社出版发行
出版人：陈晓阳
社址：重庆市沙坪坝区大学城西路 21 号
邮编：401331
电话：(023) 88617190　88617185（中小学）
传真：(023) 88617186　88617166
网址：http://www.cqup.com.cn
邮箱：fxk@cqup.com.cn （营销中心）
全国新华书店经销
重庆升光电力印务有限公司印刷

＊

开本：787mm×1092mm　1/16　印张：18　字数：452 千
2024 年 9 月第 1 版　2024 年 9 月第 1 次印刷
印数：1—1 500
ISBN 978-7-5689-4809-8　定价：59.00 元

本书如有印刷、装订等质量问题，本社负责调换
版权所有，请勿擅自翻印和用本书
制作各类出版物及配套用书，违者必究

序一

我欣然接受主编的邀请，为这本《计算材料学》教材写序。本书旨在为广大学生、研究者和材料科学领域的从业者提供深入了解和应用计算材料学的机会。计算材料学作为材料科学领域中的一个重要分支，已经在材料研究和工程中发挥着越来越重要的作用。

在这个信息时代，计算材料学已经成为材料研究的一项强大工具，它的兴起源于计算机技术的快速发展和先进的数值模拟方法的涌现。本书旨在为读者提供全面而深入的知识，涵盖了计算材料学的核心内容，从第一性原理计算到分子动力学、蒙特卡洛模拟、有限元分析、机器学习、集成计算材料工程等方面。

计算材料学的重要性不仅在于它可以帮助人们理解材料的性质和行为，还在于它可以为新材料的设计和优化提供理论和方法支持。通过计算材料学，人们能够在实验之前进行大规模的材料筛选，缩短研发周期和降低成本。这对推动材料科学领域的进步和应对全球性挑战，如能源存储、环境保护和新材料研发等，都具有重要意义。

本书主要介绍了计算材料学的基础理论和实践应用。编者以深入浅出的方式，将复杂的计算方法与材料科学的实际问题相结合，使得读者能够更好地理解和应用这些方法。本书涵盖了计算材料学中的多种计算方法和模拟技术，包括第一性原理计算、分子动力学、蒙特卡洛方法、有限元法、热力学和动力学计算、机器学习以及集成计算材料工程等。这些内容不仅展示了计算材料学的多样性，还反映了计算方法在解决材料科学问题中的重要性和实用性。

愿这本《计算材料学》教材成为读者在计算材料学领域探索的起点，为读者的学术和职业生涯提供坚实的基础和广阔的视野。

谢建新

2024 年 7 月

序二

材料是现代科技和工程的基石，在人们日常生活中的方方面面，从电子设备到交通工具、从能源装备到医疗器械，材料都发挥着至关重要的作用。材料研发过程包括成分结构设计、加工制备、分析表征、性能测试、服役评价等环节。过去二十多年来，材料计算学在材料研发过程中发挥着越来越重要的作用。

计算材料学是一门蓬勃发展的交叉学科，汇聚了材料科学、计算科学、物理学、化学、数学等多个学科的知识和方法，旨在通过计算和模拟来理解、预测和优化材料的性质和性能。本书立足于这一独特的领域，旨在为学生、研究者以及材料科学领域的从业者提供全面而深入的计算材料学知识，以便他们能够更好地应对材料科学与工程领域的挑战。

计算材料学对材料科学研究和新材料开发具有重要的意义。材料研究的基本内容包括揭示决定材料性能的物理机制、探索改善材料性能的途径、开发全新性能的先进材料和拓展材料的工程应用等。计算材料学通过从微观到宏观的模拟和计算，帮助人们深刻理解和改善优化材料的性质，包括电子结构、力学性质、热力学性质、化学反应动力学等。这些性质直接影响着材料的性能和应用，对材料的基础研究和开发至关重要，揭示其本质规律和底层机制，将推动材料的按需设计与制造的发展。

计算材料学以计算机及计算机技术为工具和手段，运用数学的方法，获取材料成分、工艺、组织、性能之间的量化规律，从而能够解决复杂的材料问题。这种方法对理解和解决实际工程应用中的材料问题具有重要的意义。

计算材料学的发展与材料实验、材料大数据以及人工智能技术的发展和有机结合，在缩短材料研发周期、降低研发成本、提高研究精度和效率等方面发挥着关键作用，同时大大推动了材料研究范式的发展和变革，将对材料科学的发展和新材料的开发和应用产生深刻和深远的影响。

本书涵盖计算材料学的主要研究方向和方法，应用举例都是编者在金属材料、材料基因工程和建筑材料等特色方向的实际科研例子，易为学生和参考者接受。希望本书能够成为计算材料学领域的重要参考资料，能激发更多人的兴趣和热情，从而去研究和探索这一重要、独特的科学领域。

2024 年 7 月

前言

计算材料学（Computational Materials Science）是一门交叉学科，是材料学、物理学、数学、化学等与计算机科学相结合的产物。计算材料学以计算机技术为工具和手段，以学科理论为基础，运用数值计算的方法解决材料学中遇到的复杂问题，获取发展变化中的量化规律，弥补了实验科学的周期长、成本高、可视化差等不足。

本书可作为材料科学与工程学科本科学生和研究生的教材使用，也可供相关领域科技工作者参考。在内容编排上采用以基本理论作指导、以研究方法作辅助并列举了大量研究实例的深入浅出的叙述手段，读者不但能了解理论知识，还可以掌握具体应用方法，课后思考题可以进一步延伸和检验学习的内容。

本书主要介绍计算材料学中具有代表性的几种计算方法，包括用于电子和原子尺度材料计算的第一性原理方法和分子动力学方法，用于微、介观尺度的蒙特卡洛方法以及宏观尺度的有限元计算方法，材料热力学与动力学计算，具有人工智能的机器学习以及集成计算材料工程等。本书共分9章。

第1章绪论，首先带领读者进入计算材料学的世界。这一章简要介绍了计算材料学的内涵、计算方法以及常见的开放式和商业软件，为读者提供一个概览。

第2章计算材料学数学基础，作为计算材料学的基础，数学是不可或缺的。本章讨论了数据的基础处理，包括误差分析和曲线拟合等内容。此外，数学模型的建立是计算材料学的核心，本章介绍了理论分析法、模拟方法、类比分析法、数据分析法以及利用计算机软件建立数学模型的方法，还介绍了常见的数值计算方法，最后介绍了基于概率论和统计学的基础知识。本章的知识为后续章节的理解和应用奠定了坚实的数学基础。

第3章第一性原理计算，首先介绍了第一性原理的理论基础：量子力学，包括多体系统的Schrödinger方程、Born-Oppenheimer绝热近似、Hartree-Fock方法和密度泛函理论等，其次介绍了电子结构计算方法和一些常用的软件工具，如VASP和EMTO；最后，探讨了如何利用第一性原理计算方法来预测材料的性能，包括物性参数的计算和材料性能的实践应用。

第4章分子动力学计算，首先介绍了一种重要的计算方法，即分子动力学计算；其次深入探讨了分子动力学的理论基础，包括计算原理和势函数；最后介绍了LAMMPS等分子动力学软件工具，并提供了材料结构和性能的分子动力学计算实例，这些实例展示了分子动力学在材料研究中的广泛应用。

第5章蒙特卡洛方法，引导读者了解一种用于模拟随机过程的重要方法，探讨了蒙特卡洛方法的发展历程和基本原理,包括随机数产生和抽样方法。同时,介绍了常用的蒙特卡洛方法,如估计值蒙特卡洛方法和直接模拟方法,并讨论了降低方差提高效率的方法。通过本章学习,读者将了解如何使用蒙特卡洛方法来模拟各种复杂的物理和化学过程。

第6章有限元方法,为读者提供了对有限元方法的深入理解。首先从有限元方法的理论基础出发,包括变分原理和单元与离散化模型的介绍;其次介绍了一些常用的有限元软件工具,并提供了有限元应用实践的具体例子,展示了有限元方法在材料工程中的应用潜力。

第7章热力学和动力学计算,探讨了热力学和动力学在材料研究中的关键作用。首先介绍了热力学计算的原理,包括相图计算方法和相关软件工具;其次深入讨论了动力学计算,包括相场模拟和材料设计优化等实践案例。通过本章学习,读者将了解如何利用热力学和动力学计算方法来研究材料的相变、相图和动态行为。

第8章机器学习,介绍了机器学习在计算材料学中的应用。首先讨论了机器学习的基础理论和常用算法,包括k-近邻算法、贝叶斯算法、支持向量机、决策树、集成算法和人工神经网络;其次提供了基于机器学习的材料性能预测模型的实践案例,展示了机器学习在材料研究中的潜力。

第9章集成计算材料工程,阐述了集成计算材料工程作为材料集成设计的基本概念和应用案例。首先介绍了集成计算材料工程基础概念,包括集成计算材料工程的起源、核心任务与主要方法,重点介绍了多尺度建模方法、全过程设计方法和数据驱动方法在材料集成设计中的应用;其次阐述了集成计算材料工程在航空航天、能源领域等的应用和几个具体的应用案例,有望读者基于案例理解融会全书计算方法的集成应用,以应用于材料的全链条设计。

本书主要是作者在计算材料学教学、科研实践的基础上,结合对文献资料的理解编写而成的。本书第1、2、4、8章由汤爱涛、谭军等编写,第3章由董志华、侯自勇等编写,第5章和第6章由张昂、董志华、侯自勇等编写,第7章由侯自勇、张昂、袁媛、董志华等编写,第9章由袁媛、汤爱涛等编写。黄弘、曹韩学、郑江等提供了大量材料科学方向、建筑材料方向、材料加工方向、材料基因工程方向的典型实例。全书由汤爱涛、谭军策划,谭军统稿,李谦教授、周小元教授、王金星教授审稿。特别感谢谢建新院士和黄晓旭教授在本书编写过程中提出的建设性意见,并为本书写序。在本书编写过程中,周云轩博士、米晓希博士、王海莲博士、吕颢博士、王亚茹博士、硕士研究生唐祖江、马刚、杨何、赵俊、吴哲凡、周艳等参加了部分资料的整理和绘图工作,在此一并表示感谢!

由于计算材料学的发展日新月异,新方法、新应用层出不穷,加之编者水平有限,书中难免出现一些疏漏和错误,敬请读者批评指正!

编者

2024年6月

目录

第1章　绪论 ··· 1
  1.1　计算材料学研究内容 ··· 1
  1.2　研究方法 ··· 1
    1.2.1　第一性原理方法 ·· 2
    1.2.2　分子动力学方法 ·· 2
    1.2.3　蒙特卡洛法 ·· 3
    1.2.4　有限元法 ··· 3
    1.2.5　材料热力学和动力学 ·· 4
    1.2.6　机器学习 ··· 5
    1.2.7　集成计算材料工程 ··· 6
  1.3　常用软件介绍 ·· 6
    1.3.1　Python ·· 7
    1.3.2　MATLAB ·· 7
    1.3.3　EMTO-CPA ··· 8
    1.3.4　LAMMPS ··· 8
    1.3.5　VASP ··· 8
    1.3.6　Materials Studio ··· 9
    1.3.7　CP2K ··· 9
    1.3.8　Thermo-Calc ·· 10
    1.3.9　Pandat ·· 11
    1.3.10　MICRESS ·· 11
    1.3.11　Talemu ·· 11
    1.3.12　COMSOL ·· 12
    1.3.13　ANSYS ··· 12
    1.3.14　FLUENT ··· 13
  思考题 ··· 13
  参考文献 ··· 13

第2章 计算材料学数学基础 ·················· 15
2.1 数据处理基础 ·················· 15
2.1.1 误差 ·················· 15
2.1.2 曲线拟合与最小二乘法 ·················· 17
2.2 数学模型 ·················· 19
2.2.1 理论分析法 ·················· 20
2.2.2 模拟方法 ·················· 21
2.2.3 类比分析法 ·················· 22
2.2.4 数据分析法 ·················· 24
2.2.5 利用计算机软件建立数学模型 ·················· 25
2.3 数值计算方法 ·················· 30
2.3.1 迭代法计算线性方程组 ·················· 30
2.3.2 有限差分法 ·················· 33
2.3.3 有限元法 ·················· 40
2.4 概率论与统计学 ·················· 50
2.4.1 蒙特卡洛方法的基本思想 ·················· 50
2.4.2 随机数 ·················· 51
思考题 ·················· 52
参考文献 ·················· 52

第3章 第一性原理计算 ·················· 54
3.1 第一性原理理论基础 ·················· 54
3.1.1 量子力学基础 ·················· 54
3.1.2 多体系统的 Schrödinger 方程 ·················· 57
3.1.3 Born-Oppenheimer 绝热近似 ·················· 57
3.1.4 Hartree-Fock 方法 ·················· 58
3.1.5 密度泛函理论 ·················· 59
3.2 电子结构计算方法及实现 ·················· 62
3.2.1 电子结构计算方法 ·················· 62
3.2.2 VASP 计算流程简介 ·················· 65
3.2.3 EMTO 计算方法简介 ·················· 66
3.3 材料性能的第一性原理计算 ·················· 68
3.3.1 状态方程 ·················· 68
3.3.2 弹性常数 ·················· 70
3.3.3 层错能 ·················· 74
3.4 材料性能计算实践 ·················· 75
3.4.1 纯金属的计算 ·················· 75
3.4.2 计算 Mg-Zn-Ca 多元合金体系 ·················· 78
3.4.3 广义层错能曲线 ·················· 79

思考题 ········· 82
参考文献 ········· 82

第4章 分子动力学计算 ········· 86
4.1 分子动力学计算理论基础 ········· 86
4.1.1 计算原理 ········· 86
4.1.2 势函数 ········· 90
4.2 分子动力学软件及实现 ········· 99
4.2.1 分子动力学软件 ········· 99
4.2.2 LAMMPS 模拟基本流程 ········· 99
4.3 材料结构与性能的分子动力学计算 ········· 102
4.3.1 LAMMPS 计算平衡晶格常数、结合能、空位形成能和单轴拉伸 ········· 103
4.3.2 Materials Studio 对水化硅酸钙(C-S-H)凝胶分子动力学模拟分析 ········· 108
思考题 ········· 114
参考文献 ········· 114

第5章 蒙特卡洛方法 ········· 116
5.1 蒙特卡洛方法发展和基本原理 ········· 116
5.1.1 蒙特卡洛方法发展概要 ········· 116
5.1.2 蒙特卡洛方法基本原理 ········· 118
5.2 随机数产生和抽样 ········· 119
5.2.1 随机数产生和检验 ········· 119
5.2.2 概率分布抽样方法 ········· 124
5.3 常用蒙特卡洛方法 ········· 130
5.3.1 估计值蒙特卡洛方法 ········· 131
5.3.2 直接模拟方法 ········· 131
5.3.3 降低方差提高效率方法 ········· 132
5.3.4 最优化蒙特卡洛方法 ········· 133
5.3.5 动力学蒙特卡洛方法 ········· 134
5.3.6 Metropolis 方法 ········· 134
5.4 蒙特卡洛应用举例 ········· 135
5.4.1 利用蒙特卡洛方法求圆周率 ········· 135
5.4.2 利用蒙特卡洛方法计算定积分 ········· 136
5.4.3 利用蒙特卡洛方法画出圆晶粒及晶界 ········· 138
思考题 ········· 139
参考文献 ········· 139

第6章 有限元方法 ········· 141
6.1 有限元方法理论基础 ········· 141

6.1.1　变分原理 ·· 141
　　　6.1.2　单元与离散化模型 ······························· 142
　6.2　有限元方法常用软件 ···································· 144
　　　6.2.1　通用软件及工具箱 ······························· 144
　　　6.2.2　专用软件 ·· 152
　6.3　有限元应用举例 ··· 154
　　　6.3.1　AZ31镁合金异步轧制有限元模拟分析 ······ 154
　　　6.3.2　AZ91D镁合金构件铸造有限元模拟 ········· 157
　　　6.3.3　搅拌摩擦焊接镁合金横向拉伸不均匀变形模拟 ······ 160
　　　6.3.4　AM60镁合金高压铸造有限元模拟 ·········· 161
　　　6.3.5　含孔洞AM60镁合金压铸样品不均匀变形模拟 ······ 163
　思考题 ··· 163
　参考文献 ·· 164

第7章　热力学和动力学计算 ································ 165
　7.1　热力学计算原理 ··· 166
　7.2　相图计算 ··· 168
　　　7.2.1　相图计算方法简介 ······························· 168
　　　7.2.2　相图数据库与计算软件简介 ··················· 170
　　　7.2.3　相图计算举例 ···································· 178
　7.3　动力学计算 ·· 182
　　　7.3.1　动力学计算方法简介 ···························· 182
　　　7.3.2　动力学计算软件简介 ···························· 185
　7.4　热力学和动力学计算实践举例 ······················· 187
　　　7.4.1　体积分数 ·· 187
　　　7.4.2　相变T_0边界 ···································· 192
　　　7.4.3　Al-Cu合金的析出动力学演变 ················· 192
　　　7.4.4　材料设计及热处理工艺优化 ··················· 194
　　　7.4.5　相场模拟实例 ···································· 195
　　　7.4.6　水泥中石灰石粉掺量对水化产物形成的影响规律 ······ 197
　思考题 ··· 218
　参考文献 ·· 218

第8章　机器学习 ··· 222
　8.1　机器学习基础理论 ······································ 222
　　　8.1.1　机器学习概念 ···································· 222
　　　8.1.2　机器学习任务、方法和算法 ··················· 222
　　　8.1.3　机器学习基本过程 ······························· 223
　8.2　机器学习常用算法基本原理 ·························· 227

  8.2.1 k-近邻算法 ········· 227
  8.2.2 贝叶斯算法 ········· 228
  8.2.3 支持向量机 ········· 229
  8.2.4 决策树 ········· 231
  8.2.5 集成算法 ········· 232
  8.2.6 人工神经网络 ········· 232
 8.3 应用实践举例 ········· 235
  8.3.1 基于决策树的再结晶预测模型 ········· 235
  8.3.2 基于BP网络的镁合金晶粒尺寸预测模型构建 ········· 240
  8.3.3 自修复混凝土的自修复效果预测 ········· 256
  8.3.4 基于卷积神经网络的镁合金微观组织识别 ········· 258
 思考题 ········· 262
 参考文献 ········· 262

第9章 集成计算材料工程 ········· 265
 9.1 集成计算材料工程历史与任务 ········· 265
  9.1.1 集成计算材料工程起源 ········· 265
  9.1.2 集成计算材料工程核心任务 ········· 266
 9.2 集成计算材料工程主要方法 ········· 268
  9.2.1 多尺度建模方法 ········· 268
  9.2.2 全过程设计方法 ········· 269
  9.2.3 数据驱动方法 ········· 269
 9.3 集成计算材料工程应用举例 ········· 269
  9.3.1 集成计算材料工程在航空航天汽车领域的应用概述 ········· 270
  9.3.2 集成计算材料工程在能源领域的应用概述 ········· 270
  9.3.3 基于集成计算材料工程的多目标性能合金的研发 ········· 270
  9.3.4 基于集成计算材料工程的复杂颗粒系统的结构优化 ········· 271
 思考题 ········· 273
 参考文献 ········· 273

第1章
绪论

随着计算科学和技术的不断进步,材料科学研究者逐渐能够运用更为精确和全面的复杂模型,应用先进计算机技术对实际复杂体系的性质进行定量研究。计算材料学涵盖多学科知识,主要涉及计算原理、方法和软件的应用,是一门典型的跨学科应用科学。本章主要介绍计算材料学的研究内容、主要研究方法以及使用的常见软件。

1.1 计算材料学研究内容

计算材料学旨在通过计算方法和计算机技术来研究和解决材料科学中的问题。随着计算机技术和计算方法的不断发展,计算材料学已经成为材料科学领域中不可或缺的重要分支。计算材料学的研究内容涵盖了从原子、分子尺度到宏观尺度的模拟和计算,主要包括材料电子结构和性质的计算、材料力学性质和结构的计算、材料热力学性质和相变的计算、材料化学反应和动力学的计算以及材料微观结构和缺陷的计算等。这些研究内容可以帮助研究人员更好地理解和优化材料的性质和行为,为材料的设计、制备和应用提供理论支持。

1.2 研究方法

计算材料学是一门涉及微观、介观和宏观尺度的学科,其研究方法涵盖了从原子、分子尺度到宏观尺度的模拟和计算。

微观尺度研究方法主要包括量子力学方法和分子动力学方法。量子力学方法基于量子力学原理,通过求解薛定谔方程或密度泛函理论方程,研究材料的电子结构和性质,如能带结构、态密度、电荷分布等。分子动力学方法基于牛顿运动方程,通过模拟原子、分子的运动轨迹,研究材料的力学性质和结构,如弹性模量、屈服强度、断裂韧性等。

介观尺度研究方法主要包括蒙特卡洛方法和有限元方法。蒙特卡洛方法通过随机抽样和统计分析,研究材料的微观结构和缺陷,如空位、位错、晶界等。有限元方法通过离散化和数值求解,研究材料的力学性质和结构,如应力、应变、位移等。

宏观尺度研究方法主要包括热力学方法和相场方法。热力学方法基于热力学原理,通过求解热力学方程,研究材料的热力学性质和相变过程,如热容、热膨胀、相变温度等。相场方法通过模拟相变过程中的序参量变化,研究材料的相变机制和微观结构演化。

跨尺度研究方法主要包括多尺度模拟和集成计算。多尺度模拟通过将不同尺度的模拟方法进行耦合,研究材料在不同尺度下的性质和行为。集成计算通过将不同尺度的模拟结果进行整合和综合分析,揭示材料在不同尺度下的结构和性能之间的关联。这些方法可以帮助研究人员更好地理解和优化材料的性质和行为,为材料的设计、制备和应用提供依据。

人工智能中机器学习等方法在材料多个尺度模拟特别在集成计算中的应用,极大提高了计算材料学计算精度及应用性,是计算材料学中重要的研究方法,未来应用会越来越多。

1.2.1 第一性原理方法

第一性原理(First-principles)是根据原子核与电子、电子与电子相互作用的原理及其基本运动规律,运用量子力学原理,从具体要求出发,经过一些近似处理后直接求解薛定谔方程的算法。

第一性原理的优点如下:

①无须经验参数。第一性原理计算不需要任何经验参数,只需要知道构成系统的原子种类和排列方式,就可以计算出系统的电子结构和性质。

②预测性强。第一性原理计算可以预测未知材料的性质,为新材料的发现和设计提供理论支持。

③适用范围广。第一性原理计算适用于各种材料和系统,包括固体、液体、气体、分子、团簇等。

然而,第一性原理计算存在着以下一些缺点:

①计算量大。第一性原理计算需要求解复杂的薛定谔方程,计算量大,需要消耗大量的计算资源。

②近似处理。第一性原理计算中常常需要采用一些近似处理方法,如密度泛函理论中的局域密度近似和广义梯度近似等。这些近似处理可能会影响计算结果的准确性。

③难以考虑某些物理效应。第一性原理计算难以考虑某些物理现象,如温度、溶剂效应等的影响。

相对于分子动力学,第一性原理计算可以提供更准确的电子结构和性质信息,但计算量更大,适用范围有所限制。分子动力学则可以模拟较大体系在不同条件下的行为,但模型准确性受到所用势函数准确性的限制。在实际应用中需要根据具体问题选择合适的计算方法。

1.2.2 分子动力学方法

分子动力学(Molecular Dynamics,MD)是一套分子模拟方法,该方法主要依靠牛顿力学来模拟分子体系的运动。通过对分子、原子在一定时间内运动状态的模拟,以动态观点考察系统随时间演化的行为。这种方法常常被用来研究复杂体系热力学性质的采样方法,以在由分子体系的不同状态构成的系统中抽取样本,从而计算体系的构型积分,并以构型积分的结果为基础进一步计算体系的热力学量和其他宏观性质。

分子动力学的优点如下:

①能够提供原子尺度的详细信息。分子动力学可以模拟原子和分子之间的相互作用,给出原子尺度上的详细信息,如分子的构象变化、键的断裂和形成等。

②适用于较大的体系。相对于第一性原理计算,分子动力学可以模拟较大的体系,包含数千甚至数十万个原子或分子。

③可以模拟真实条件下的系统行为。分子动力学可以模拟真实条件下的系统行为,如在不同温度、压力下的系统行为。

然而，分子动力学存在着以下一些缺点：

①计算量大。分子动力学需要模拟原子和分子之间的相互作用，计算量较大，需要消耗大量的计算资源。

②模型准确性受限。分子动力学的模型准确性受到所用势函数准确性的限制。不同的势函数可能会导致不同的模拟结果。

③难以模拟某些物理过程，如电子的激发和转移等。

相对于第一性原理和有限元法，分子动力学具有自己的特点和适用范围。第一性原理计算基于量子力学原理，能够准确地预测材料的电子结构和性质，但计算量大，难以应用于较大的体系。有限元法则主要用于解决工程问题中的结构分析和优化等问题，对材料微观结构和性质的研究不如分子动力学直观和详细。

1.2.3 蒙特卡洛法

蒙特卡洛法（Monte Carlo Method）是一种以概率和统计理论为基础的计算方法，通过随机抽样和统计分析来解决问题。该方法的基本思想是将所求解的问题转化为一个概率模型，然后通过随机抽样和统计分析得出问题的近似解。蒙特卡洛是摩纳哥的著名赌城，该法为表明其随机抽样的本质而命名，适用于对离散系统进行计算仿真试验。在计算仿真中，通过构造一个和系统性能相近似的概率模型，并在数字计算机上进行随机试验，可以模拟系统的随机特性。蒙特卡洛法的基本思想：为了求解问题，首先建立一个概率模型或随机过程，使它的参数或数字特征等于问题的解，其次通过对模型或过程的观察或抽样试验来计算这些参数或数字特征，最后给出所求解的近似值。解的精确度用估计值的标准误差来表示。蒙特卡洛法的主要理论基础是概率统计理论，主要手段是随机抽样、统计试验。

蒙特卡洛法的优点如下：

①适用范围广。蒙特卡洛法可以应用于各种领域，如物理学、数学、经济学、工程学等。

②简单易行。蒙特卡洛法的实现相对简单，只需要进行随机抽样和统计分析。

③能够处理复杂问题。蒙特卡洛法可以处理一些难以用解析方法解决的问题，如非线性问题、多维问题等。

然而，蒙特卡洛法存在着以下一些缺点：

①收敛速度慢。蒙特卡洛法的收敛速度通常较慢，需要进行大量的随机抽样才能得出较为准确的结果。

②误差难以估计。蒙特卡洛法的误差难以精确估计，需要进行多次模拟才能得出较为可靠的结果。

③对模型依赖性强。蒙特卡洛法的结果依赖于所建立的概率模型的准确性，如果模型不准确，则结果可能不准确。

在实际应用中，蒙特卡洛法常常与其他方法结合使用，如模拟退火、遗传算法等，以提高计算效率和准确性。

1.2.4 有限元法

有限元法（Finite Element Method，FEM）是一种数值计算方法，最初用于固体力学问题的数值计算，后来扩展到各类场问题的数值求解，如温度场、电磁场、流场等。

其基本思想是将表示结构的连续体离散为若干个子域(单元),单元之间通过其边界上的节点连接成组合体。然后用每个单元内所假设的近似函数分片地表示求解域内待求的未知变量。近似函数通常由场函数及其导数在单元各节点的数值插值函数来表达,从而使一个连续的无限自由度问题变成离散的有限自由度问题。一经求解就可以利用解得的节点值和设定的插值函数确定单元内场函数的近似值。

有限元法的优点如下:
①解题能力强,可以比较精确地模拟各种复杂的曲线或曲面边界。
②网格的划分比较随意,可以统一处理多种边界条件。
③离散方程的形式规范,便于编制通用的计算机程序。

而其缺点有以下两个:
①有限元计算,尤其是复杂问题的分析计算,所耗费的计算时间、内存和磁盘空间等计算资源相当惊人。
②尽管现有的有限元软件多数使用了网络自适应技术,但在具体应用时,采用什么类型的单元、多大的网络密度等都要完全依赖使用者的经验。

1.2.5 材料热力学和动力学

材料热力学主要关注材料的热性质,如焓、熵、热容、热膨胀、热传导等,以及材料在热作用下的相变和化学反应等。它利用热力学原理,研究材料在不同温度、压力等条件下的平衡态和非平衡态行为,揭示材料热性质的本质和规律。

材料动力学则主要研究材料的动态性质,如材料的相变、变形、断裂、疲劳等,以及材料在动态作用下的响应和性能。它采用实验研究和计算模拟相结合的方法,揭示材料动态性质的本质和规律。

这两个领域的研究对材料的设计、制备、加工和使用都具有重要的指导意义。例如,通过材料热力学的研究,可以了解材料的相变过程和热力学性质,为材料的制备和加工提供指导;通过材料动力学的研究,可以了解材料的动态性质和响应机制,为材料的优化设计和安全使用提供支撑。

在实际应用中,材料热力学和动力学的研究常常需要结合其他领域的知识和技术手段,如物理学、化学、力学等,以得到更全面、准确的研究结果。同时,随着计算机技术和数值模拟方法的不断发展,材料热力学和动力学的研究得到了极大的促进和发展。

材料热力学和动力学计算是材料科学和工程中重要的工具,用于理解和预测材料的性质和行为。

材料热力学计算的优点如下:
①理论基础强大。热力学计算基于坚实的理论基础,如吉布斯自由能、焓、熵等概念,能够提供材料的热力学性质,如相平衡、反应热、热膨胀等。
②提供平衡信息。热力学计算能够提供材料在平衡状态下的信息,如相图、平衡相变温度、溶解度等,有助于优化材料合成和工艺设计。
③预测稳定性。可以用来预测材料的稳定性,如是否会发生相变或化学反应。
④提供物性参数。能够生成各种材料性质的数据,这些数据对工程设计和科学研究非常有用。

材料热力学计算的缺点如下：

①仅适用于平衡条件。热力学计算通常假定系统处于平衡状态，而实际材料在许多情况下都处于非平衡状态，需要谨慎使用。

②需要大量数据。某些热力学计算需要大量实验数据或参数，这些数据可能不容易获得或者存在不确定性。

③理论假设。热力学计算基于一些理论假设，这些假设可能不一定适用于所有材料或条件。

④不考虑动力学。热力学计算通常不考虑材料变化的速率和过程的动力学，无法提供关于反应速度和过程动力学的信息。

材料动力学计算的优点如下：

①考虑非平衡条件。动力学计算可以模拟材料在非平衡条件下的行为，包括相变、晶体生长、腐蚀等。

②提供动力学信息。能够提供有关材料变化速率、反应路径和过程动力学的信息，对实际工程应用非常重要。

③可预测性。可以用来预测材料的长期稳定性和寿命，对材料性能评估和寿命预测非常有用。

材料动力学计算的缺点如下：

①计算复杂度高。动力学计算通常需要复杂的数值方法和模拟技术，需要更多的计算资源和时间。

②模型参数。动力学模型通常需要一些参数，这些参数的选择和准确性可能对计算结果产生影响。

③限制于现有模型。某些材料和过程可能没有现成的动力学模型，需要开发新的模型，可能涉及的工作量巨大。

1.2.6 机器学习

机器学习是统计学和计算机科学之间的一门交叉学科，研究和构建的是一种特殊算法（而非某一个特定的算法），应用数学分析让计算机自己在未知规律的数据中反复学习获得函数关系，实现预测、分析、决策等功能。通过数据训练集，不断识别特征，不断建模，最后形成有效的模型，这个过程就称为"机器学习"。只要数据量丰富，学习方法合适，机器学习可以获得很好的计算模拟结果。

监督学习与非监督学习

机器学习近年来在材料科学领域应用越来越广，能够以一种不同于传统的"实验试错法"开发新材料，基于材料数据库，通过学习理解数据中隐藏的量化关系来进行新的预测，为材料设计提供指导，加速新材料设计，缩短材料研发周期。机器学习根据训练方法大致可以分为4大类：监督学习、非监督学习、强化学习和深度学习。

深度学习介绍

机器学习是一种人工智能领域的重要技术，用于训练计算机系统从数据中学习和自动化执行任务。

机器学习的优点如下：

①能够进行自动化决策。机器学习模型能够根据数据自动作出决策，无须人工干预。这

有助于自动化和优化各种任务,从图像识别到自然语言处理。

②能够处理大量数据。机器学习模型能够有效地处理和分析大规模数据,帮助发现隐藏在数据中的模式和趋势。自动化和优化过程可以提高生产效率,减少成本和时间消耗。

③适应性强。机器学习模型可以根据新数据不断地学习和适应,在面对不断变化的环境和数据时表现出强大的适应性。

④准确性高。在许多任务中,机器学习模型可以提供高度准确的结果,甚至在某些情况下超越人类能力。

机器学习的缺点如下:

①需要大量计算资源。一些复杂的机器学习模型需要大量计算资源,包括高性能计算和专用硬件。

②数据依赖性高。机器学习模型的性能高度依赖输入数据的质量和数量。低质量的数据或不足的数据可能导致模型不准确或出现偏差。

③数据隐私和安全性。处理大量数据可能涉及数据隐私和安全性问题,如数据泄露和滥用。

1.2.7 集成计算材料工程

材料科学领域的跨尺度计算模拟与集成计算是一种研究方法,旨在通过对不同尺度下材料性质的模拟和计算,揭示材料在不同尺度下的结构和性能之间的关系,从而实现对材料性质的全面理解和优化。

跨尺度计算模拟主要针对材料的不同尺度进行模拟仿真,包括从原子、分子尺度到微观、介观尺度,再到宏观尺度的模拟。每个尺度下的模拟领域和软件都有很多种,如在原子、分子尺度,可以采用量子化学仿真;在微观尺度,可以采用分子动力学仿真;在介观和宏观尺度,可以采用有限元分析等。

通过跨尺度计算模拟,可以获得不同尺度下材料的结构和性能信息,如材料的力学性质、电学性质、热学性质等。这些信息可以帮助研究人员深入理解材料的性质和行为,从而为材料的设计、制备、加工和使用提供指导。

集成计算材料工程则是将不同尺度下的模拟结果进行整合和综合分析,以揭示材料在不同尺度下的结构和性能之间的关联。例如,可以将量子化学仿真得到的原子、分子尺度的信息与分子动力学仿真得到的微观尺度的信息进行整合,以揭示材料在微观尺度下的结构和性能之间的关系;也可以将分子动力学仿真得到的微观尺度的信息与有限元分析得到的介观和宏观尺度的信息进行整合,以揭示材料在宏观尺度下的结构和性能之间的关系。

通过跨尺度计算模拟与集成计算,可以获得对材料性质的全面理解和优化,从而为新材料的设计、制备和应用提供支撑。这种方法已经成为当前材料科学研究的重要手段之一。

1.3 常用软件介绍

计算材料学常用软件分为通用、专用、平台三大类,通用有Python、MATLAB等,专用有LAMMPS、VASP等,平台有Materials Studio等,部分是开源软件。

1.3.1 Python

吉多·范罗苏姆与Python

Python是一种高级编程语言,具有简单易学、可读性强、灵活性强等特点。它支持多种数据类型,包括数字、字符串、列表、字典等,并提供了丰富的运算符和函数来对这些数据进行操作和处理。Python还支持面向对象编程技术,可以定义类和对象,实现继承和多态等特性。此外,Python还提供了许多标准库和第三方库,用于处理文件、网络、数据库、图形界面等方面的工作。

在材料科学与工程领域内,Python主要用于以下5个方面:

①数据处理和分析。Python提供了强大的数据处理和分析能力,可以通过NumPy、Pandas等库来处理和分析大量的实验数据,包括数据的清洗、预处理、统计分析等。

②科学计算。Python提供了许多科学计算库,如SciPy、Matplotlib等,可以用于进行数值计算、绘图和可视化等方面的工作。

③材料模拟和计算。Python可以用于进行材料的模拟和计算,包括分子动力学模拟、第一性原理计算、有限元分析等。通过这些模拟和计算,可以深入地研究材料的结构和性能之间的关系,为材料的设计和优化提供理论支持。

④自动化和批处理。Python可以用于编写自动化和批处理脚本,如自动化数据处理和分析流程、自动化实验设备的控制和数据采集等。这大大地提高了研究效率和实验准确性。

⑤机器学习和人工智能。Python是机器学习和人工智能领域的主流编程语言之一,可以用于进行材料相关的机器学习和人工智能应用,如材料性质预测、材料分类和识别等。

总之,Python在材料科学与工程领域内具有广泛的应用前景,可以帮助研究人员更好地理解和优化材料的性质和行为。

1.3.2 MATLAB

MATLAB是一种高级技术计算和编程环境,具有出色的数值计算能力、强大的可视化工具、数据分析支持以及丰富的编程功能。它广泛用于科学和工程领域,用于解决各种复杂的数学和工程问题。MATLAB的用户可以进行高级数学计算,创建多种类型的图表和图形,处理和分析数据,以及编写自定义脚本和函数来解决特定问题。它还提供了丰富的工具箱和应用程序,覆盖了控制系统、通信、仿真、机器学习等多个领域。不仅如此,MATLAB的互动性和跨平台性使其成为教育和研究领域的重要工具,用于学生的学习和科研人员的研究工作。

MATLAB在材料科学与工程领域内的应用包括:

①材料建模与模拟。MATLAB广泛用于建立和模拟材料的物理和化学性质,包括原子模拟、晶体结构分析、电子结构计算等。

②材料特性分析。科学家可以使用MATLAB来分析实验数据,包括材料的力学性能、热性能、电性能等,以理解材料特性和行为。

③图像处理。MATLAB在材料科学中用于处理和分析显微镜图像、扫描电子显微镜图像和X射线衍射图像,以获得有关材料微结构的信息。

④优化和设计。MATLAB可以用于优化材料的性能和设计新的材料,通过数学建模和优化算法,科学家可以寻找最佳材料组合。

⑤热力学和动力学分析。MATLAB 用于热力学和动力学模拟,以预测材料的相变、反应速率和稳定性。

总之,MATLAB 在材料科学与工程领域内有广泛的应用,帮助科学家和工程师进行材料研究、分析和建模。它提供了丰富的数值计算和可视化功能,使用户能够更好地理解和利用材料的特性。

1.3.3 EMTO-CPA

EMTO 即 Exact Muffin-Tin Orbital,是应用优化的、相互交叠的 Muffin-Tin(糕模)势表征有效单电子势,采用格林函数方法求解 Kohn-Sham 方程,并结合全电荷(Full Charge Density)计算方法,在保证较高计算效率的同时,获得与全势方法相当的高精度第一性原理计算方法,由瑞典皇家理工学院、乌普萨拉大学和图尔库大学等单位开发并不断发展。EMTO 方法应用相干势近似 CPA(Coherent Potential Approximation)和 DLM(Disordered Local Moment)模型,可有效地描述体系中复杂的化学无序、磁无序状态,准确计算复杂体系不同应变等条件下的能量,获得弹性、结构、力学性能等关键材料参数,已成为计算预测不同磁有序/无序构型下,复杂多元无序合金(如钢、高熵合金等)本征性能的最强有力工具之一。

1.3.4 LAMMPS

LAMMPS 即 Large-scale Atomic/Molecular Massively Parallel Simulator,大规模原子分子并行模拟器,主要用于分子动力学相关的计算和模拟工作。LAMMPS 模拟软件的功能有微观结构演化、结构优化、过渡态搜索、热导率计算等。

LAMMPS 由美国 Sandia 国家实验室开发,以 GPL license 发布,即开放源代码且可以免费获取使用,这意味着使用者可以根据自己的需要自行修改源代码。LAMMPS 可以支持包括气态、液态或者固态,各种系综下,百万级的原子分子体系,并提供支持多种势函数,并且 LAMMPS 有良好的并行扩展性。

通常意义上来讲,LAMMPS 是根据不同的边界条件和初始条件对通过短程和长程力相互作用的分子、原子和宏观粒子集合对它们的牛顿运动方程进行积分。高效率计算的 LAMMPS 通过采用相邻清单来跟踪它们邻近的粒子。这些清单是根据粒子间的短程互斥力的大小进行优化过的,目的是防止局部粒子密度过高。在并行机上,LAMMPS 采用的是空间分解技术来分配模拟的区域,把整个模拟空间分成较小的三维空间,其中每一个小空间可以分配在一个处理器上。各个处理器之间相互通信并且存储每一个小空间边界上原子的信息。LAMMPS 在模拟三维矩形盒子并且具有近均一密度的体系时效率最高。

1.3.5 VASP

维也纳从头计算模拟软件包(VASP)是一个从第一原理出发用于原子尺度材料建模的计算机程序,如电子结构计算和量子力学分子动力学。VASP 计算多体薛定谔方程的近似解,可以在密度泛函理论(DFT)框架下求解 Kohn-Sham 方程,还可以在哈特里-福克(HF)近似下求解 Roothaan 方程,还实现了混合哈特里-福克方法和密度泛函理论的混合函数。此外,VASP 还提供格林函数方法(GW 准粒子和 ACFDT-RPA)和多体扰动理论(二阶 Møller-Plesset)。

VASP 是基于赝势平面波基组的密度泛函程序,电子与原子核之间的相互作用使用投影缀加波赝势(Projector Augmented Wave,PAW)方法描述,从而进行量子力学计算。为了确定电子基态，VASP 使用了高效的迭代矩阵对角化技术，如直接反演子空间的残差最小化方法（RMM-DIIS）或封锁的戴维森算法。这些都与高效的 Broyden 和 Pulay 密度混合方案相配合，以加快自洽循环的速度。

VASP 是目前材料微观反应机理和计算材料电子结构性质科学研究中最流行的一款软件，它可以处理金属及其氧化物、半导体、晶体、掺杂体系、纳米材料、分子、团簇、表面体系和界面体系等，包括结构性质、电子性质、光学性质、力学性质、磁学性质等。

①结构性质：晶格常数、原子坐标。
②电子性质：电荷密度分布、电子态密度、能带结构。
③光学性质：折射率、消光系数、反射率、吸收系数。
④力学性质：弹性常数、体积模量、泊松比、切变模量。
⑤磁学性质：顺磁、铁磁、反铁磁。

1.3.6　Materials Studio

Materials Studio 是美国 Accelrys 公司生产的新一代材料计算软件，是专门为材料科学领域研究者开发的一款可运行在 PC 上的模拟软件。它可以帮助解决当今化学、材料工业中的一系列重要问题。Materials Studio 软件的功能模块包括 Materials Visualizer、Discover、COMPASS、Amorphous Cell、Reflex、Reflex Plus、Equilibria、DMol3、CASTEP。不同的模块有不同的功能和应用领域。可计算和分析的内容大概如下：

①搭建各种高分子、无定形聚合物、晶体以及界面模型，对小分子、高分子、晶体以及无定形聚合物等进行结构优化，得到合理的 3D 分子模型，计算分子的键能、键长、键角以及相应的振动模式，HOMO 和 LUMO 轨道，红外谱图和拉曼谱图等。

②计算多个物质间（小分子间、无定形聚合物间、界面间等）的相互作用能、结合能，包括分子间相互作用（氢键、静电相互作用等）、化学键相互作用（共价键、离子键等）。

③对体系进行分子动力学模拟，体系平衡后，对体系中的物质进行 RDF（径向分布函数）分析，MSD（均方根位移）分析，键长、键角以及末端距等结构变化分析等。

④分析化学反应过程，搜索反应的过渡态，从化学反应的热力学和动力学角度去判断化学反应的过程、反应的难易程度等，计算化学反应的活化能（ΔE）、焓变（ΔH）、吉布斯自由能变化（ΔG）等。

⑤模拟不同压力和温度等条件下，吸附剂骨架对吸附质分子的吸附过程，得到饱和吸附量、吸附的最佳位点、吸附能、吸附热等，判断骨架与分子的吸附形式（物理吸附与化学吸附）。

1.3.7　CP2K

CP2K 是运行最快的开源第一性原理材料计算和模拟软件，可研究上千个原子的大体系，广泛用于固体、液体、分子、周期、材料、晶体和生物系统的模拟。它是由马克斯-普朗克研究中心早在 2000 年发起的一项用于固体物理研究的项目，全部代码使用 Fortran 2003 写成。现在它已转由苏黎世联邦理工学院和苏黎世大学维护，成为一个开源的项目，遵从 GPL 协议。

CP2K 的功能很多，其输入文件的结构比 Gaussian 或者 VASP 等常见的计算化学软件更加复杂。

(1) 第一原理电子结构计算

① DFT 能量和力。

② Hartree-Fock 能量和力。

③ Moeller-Plesset 二阶微扰理论（MP2）能量和力。

④ 随机相位近似（RPA）能量。

⑤ 周期边界条件。

⑥ 基集包括各种标准的 Gaussian 型轨道（GTOS）、赝势平面波（PW）以及 Gaussian 和平面波混合基（GPW/GAPW）。

⑦ 包括模守恒赝势、GTH、非线性核矫正赝势或者全电子计算。

⑧ 通过 DFT-D2 以及 DFT-D3 模型进行色散矫正。

⑨ DFT+U。

⑩ 线性标度 Kohn-Sham 矩阵计算的稀疏矩阵和预筛选技术。

⑪ DIIS 自洽场极小化。

⑫ 通过 TDDFT 计算激发态。

⑬ CP2K 中主要有两种 SCF 的收敛算法：一种是基于轨道变换（OT）的算法；另一种是基于对角化（DIAG）的算法。如果体系有较大带隙的，如为半导体或者绝缘体等，推荐使用 OT 算法，收敛速度较快。

(2) 分子动力学

① Born-Oppenheimer 分子动力学（BOMD）。

② Ehrenfest 分子动力学（EMD）。

③ 初始波函数的 PS 外推。

④ 时间可逆的 ASPC 积分。

⑤ 近似 Car-Parrinello 如 Langevin Born-Oppenheimer 分子动力学。

(3) 混合量子经典模拟（QM/MM）

用于估计 QM 和 MM 之间库仑相互作用的实空间多重网格方法线性缩放静电耦合处理周期性边界条件自适应 QM/MM。

1.3.8 Thermo-Calc

Thermo-Calc 源于 19 世纪 70 年代瑞典皇家理工学院，由物理冶金团队 Mats Hillert 等人创建，第一版热力学计算软件成形于 1981 年。最初版本仅仅具有编程模式以及有限类型的数据库。随着近些年的不断发展，Thermo-Calc 现有版本包含两种用户操作模式：图形模式（Graphic Mode）和具有命令行交互的控制台模式（Console Mode），用户可根据自身知识和应用水平自由选择要使用的模式。同时，软件数据库所包含的合金种类已达到 100 多种。该软件不仅能执行标准的平衡相图计算、热力学数量计算和基于热力学数据库的计算，还能够为高级用户装备特殊类型计算的特殊模块获得一些独特的功能，如动力学 DICTRA 模块、TC-PRISMA 析出模块、过程冶金模块、凝固模块以及增材制造板块。此外，软件编程界面包括 TQ、TCAPI 和 TC MATLAB 工具箱，最新版本还有 TC-Python 接口。借助上述接口，无须进行各种烦琐复杂的热力学模型编程，也可以在不熟悉 Thermo-Calc 的情况下，就能直接获取热力学数据以及计算各种相平衡。目前，该软件已发展成为工业和学术界应用广泛、热力学相图计算的常见的软件包。

1.3.9 Pandat

Pandat 开发者为美国 CompuTherm LLC 公司。从 20 世纪 90 年代起美国威斯康星大学 Y. Austin Chang 教授为首的研究组注意到若干相图计算软件(如 Lukas 程序)基于局部平衡算法(local minimization algorithm),而且使用者需要专门的技巧和输入设定的初值,不仅不便使用而且难以完全避免局部平衡的出现,使计算失真。为此,Chen、Chang 等研究组充分讨论了稳定相平衡计算的重要性,在此基础上 Chang 于 1996 年创建了 CompuTherm LLC 公司,致力于运用 C++语言研究 Windows 界面的新一代多元合金相图和热力学性能计算软件 Pandat,专门为工业、研究及教育用户提供功能强大和方便易学的相图与热力学计算软件。它可用于计算多种合金的标准平衡相图和热力学性能,也可使用自己的热力学数据库进行相图与热力学计算。

1.3.10 MICRESS

MICRESS-MICRostructure Evolution Simulation Software 是一个软件包,可以计算相变过程中微观结构形成的时间和空间,特别是在冶金领域。该软件由亚琛工业大学的非营利研究中心 ACCESS e. V. 维护和发布。

该软件基于 ACCESS e. V. 科学家自 1995 年以来开发的多相场概念,其基于微结构的演变主要受热力学驱动力、扩散和界面曲率的制约,而 MICRESS 代码的优势在于同时全面处理这些方面。

MICRESS 侧重凝固过程的模拟,主干是多成分合金的多相场方法,能够处理凝固、晶粒长大、再结晶和固态相变领域的多相、多晶粒和多成分问题。基于该通用工具,上述所有现象都可以在一个共同的模型框架内得到解决。在多组分合金的情况下,所需的热力学数据可以以相图的局部线性近似形式提供,或者通过与斯德哥尔摩的 Thermo-Calc AB 合作开发的专用 TQ 接口直接与热力学数据集耦合。目前,该软件可以进行二维和三维模拟,模拟域的大小、晶粒、相和组分的数量,主要受可用内存大小和 CPU 速度的限制。

1.3.11 Talemu

Talemu 是拥有独立知识产权的国产软件,其核心功能是进行蒙特卡洛仿真,能够对主流开发语言编写的模型创建蒙特卡洛仿真模型,依据仿真模型自动生成仿真数据并完成蒙特卡洛仿真实验,有效地解决了传统仿真方式适用面窄、工作量大、难度高、复杂模型仿真能力弱等问题。

Talemu 主要有以下特点:

(1)准确高效,适用性强

①支持多种模型编写语言编写的复杂模型的仿真。Talemu 既支持故障树模型,也支持主流开发语言编写的模型,有效地突破了传统仿真方式对复杂模型处理上的瓶颈。②支持多个输出数据。应用 Talemu,一次实验可以获取多个输出数据的数据,极大地提高了仿真效率,为仿真结果的准确性提供了有力的支撑。③支持辅助输入变量。Talemu 支持需要辅助输入变量的模型,无论是在模型创建环节还是在仿真环节,都能够以恰当的方式处理辅助输入变量,

提高了仿真结果的准确性。④支持多区间数据。Talemu 能够对具有多区间数据的输入变量的仿真模型进行蒙特卡洛仿真。⑤能够识别无效仿真。Talemu 能够准确地识别出无效的仿真,从而保证了仿真的准确性。

(2) 功能紧凑、简单易用

Talemu 聚焦于蒙特卡洛仿真,力求以最简洁的方式完成相关操作。向导式模型创建过程极大地降低了创建仿真模型的难度以及减少了工作量。借助自研成果,Talemu 能够自动识别出仿真模型相关联的代码文件,有效地提高了蒙特卡洛仿真效率。对 C 语言代码模型,用户无须编写任何代码,即可完成仿真。

(3) 数据开放

Talemu 能够导入在 talfta 中创建的故障树模型,自动创建蒙特卡洛仿真模型,并进行仿真实验。能够将实验过程中自动生成的输入数据以及获取的输出数据导出到文件中,便于用户继续分析。

1.3.12 COMSOL

COMSOL Multiphysics 是一款大型的高级数值仿真软件,广泛应用于各个领域的科学研究以及工程计算、模拟科学和工程领域的各种物理过程。它以有限元法为基础,通过求解偏微分方程(单场)或偏微分方程组(多场)来实现真实物理现象的仿真,用数学方法求解宏观物理现象。

使用 COMSOL Multiphysics 软件模拟仿真不同工程领域的设备、工艺和流程。COMSOL Multiphysics 作为多物理场仿真平台,提供了模拟单个物理场,以及耦合多个物理场的功能和工具。软件自带的模型开发器提供了支持建模工作流程中从几何、材料参数、物理场设置到结果后处理所有步骤的相应工具。

Multiphysics 的优势就在于多物理场耦合。多物理场的本质就是依赖边界条件的设定求解偏微分方程组(PDEs),只要是可以用偏微分方程组描述的物理现象,COMSOL Multiphysics 都能够很好地计算、模拟、仿真。

1.3.13 ANSYS

ANSYS 软件是融结构、流体、电场、磁场、声场分析于一体的大型通用有限元分析软件。它由世界上最大的有限元分析软件公司之一的美国 ANSYS 开发,它能与多数 CAD 软件接口实现数据的共享和交换,如 Pro/Engineer、NASTRAN、ALOGOR、I-DEAS、AutoCAD 等,是现代产品设计中的高级 CAD 工具之一。

软件主要包括 3 个部分:前处理模块、分析计算模块和后处理模块。前处理模块提供了一个强大的实体建模及网格划分工具,用户可以方便地构造有限元模型;分析计算模块包括结构分析(可进行线性分析、非线性分析和高度非线性分析)、流体动力学分析、电磁场分析、声场分析、压电分析以及多物理场的耦合分析,可模拟多种物理介质的相互作用,具有灵敏度分析及优化分析能力;后处理模块可将计算结果以彩色等值线显示、梯度显示、矢量显示、粒子流迹显示、立体切片显示、透明及半透明显示(可看到结构内部)等图形方式显示出来,也可将计算结果以图表、曲线形式显示或输出。软件提供了 100 种以上的单元类型,用来模拟工程中的各种结构和材料。该软件有多种不同版本,可以运行在从个人机到大型机的多种计算机设备上,如 PC、SGI、HP、SUN、EC、IBM、CRAY 等。

1.3.14 FLUENT

CFD 商业软件 FLUENT,是通用 CFD 软件包,用来模拟从不可压缩到高度可压缩范围内的复杂流动。与 FLUENT 配合最好的标准网格软件是 ICEM。FLUENT 系列软件包括通用的 CFD 软件 FLUENT、POLYFLOW、FIDAP,工程设计软件 FloWizard、FLUENT for CATIAV5,TGrid、G/Turbo,CFD 教学软件 FlowLab,面向特定专业应用的 ICEPAK、AIRPAK、MIXSIM 软件等。

FLUENT 软件包含基于压力的分离求解器、基于密度的隐式求解器、基于密度的显式求解器,多求解器技术使 FLUENT 软件可以用来模拟从不可压缩到高超音速范围内的各种复杂流场。FLUENT 软件包含非常丰富、经过工程确认的物理模型,由于采用了多种求解方法和多重网格加速收敛技术,因此 FLUENT 能达到最佳的收敛速度和求解精度。灵活的非结构化网格和基于解的自适应网格技术及成熟的物理模型,可以模拟高超音速流场、传热与相变、化学反应与燃烧、多相流、旋转机械、动/变形网格、噪声、材料加工等复杂机理的流动问题。

FLUENT 软件的动网格技术处于绝对领先地位,并且包含了专门针对多体分离问题的六自由度模型,以及针对发动机的 2.5D 动网格模型。

FLUENT 的软件设计基于 CFD 软件群的思想,从用户需求角度出发,针对各种复杂流动的物理现象,FLUENT 软件采用不同的离散格式和数值方法,以期在特定的领域内使计算速度、稳定性和精度等方面达到最佳组合,从而高效率地解决各个领域的复杂流动计算问题。基于上述思想,FLUENT 开发了适用于各个领域的流动模拟软件,这些软件能够模拟流体流动、传热传质、化学反应和其他复杂的物理现象。丰富的物理模型、先进的数值方法以及强大的前后处理功能,使该软件在航空航天、汽车设计、石油天然气、涡轮机设计等方面都有着广泛的应用。其在石油天然气工业上的应用包括燃烧、井下分析、喷射控制、环境分析、油气消散/聚积、多相流、管道流动等。

思考题

1. 什么是计算材料学?
2. 计算材料学主要研究方法有哪些?
3. 什么是跨尺度计算模拟与集成计算?

参考文献

[1] 陈锺贤. 计算物理学[M]. 哈尔滨:哈尔滨工业大学出版社,2003.
[2] 马文淦. 计算物理学[M]. 北京:科学出版社,2001.
[3] 邓颖宇,李晓端. 计算物理学在"大学物理"计算机辅助教学中的运用[J]. 广东工业大学学报:社会科学版,2005(b9):137-139.
[4] PARR R G, YANG W. Density-Functional theory of atoms and molecules[M]. Oxford: Oxford University Press, 1995.

[5] EL HAJ HASSAN F, AKBARZADEH H. First-principles elastic and bonding properties of Barium chalcogenides[J]. Computational Materials Science, 2006, 38(2): 362-368.
[6] SLATER J C. Note on hartree's method[J]. Physical Review, 1930, 35(2): 210-211.
[7] DARAGHMEH H G Y. Electronic and structural properties of ScSb and ScP compounds under high pressure[D]. Nablus, Palestine: An-Najah National University, 2009.
[8] HOHENBERG P, KOHN W. Inhomogeneous electron gas[J]. Physical Review, 1964, 136(3B): B864-B871.

第2章 计算材料学数学基础

构建数学模型是计算材料学的重要目标,也是探索量化规律的关键环节,其中涉及大量数学知识的应用。最基本的数学方法是数据处理和方程的数值求解。本章首先介绍数据处理的基本理论,包括误差分析和曲线拟合等。随后,结合大量实例,阐述常见数学模型和数值计算方法。此外,本章还介绍了蒙特卡洛方法的概率论和统计学基础。通过本章的学习,读者可以掌握数据处理和方程求解的基本方法,了解常用的数据处理软件,并学会如何将数学方法应用于材料科学与工程的研究中。这对培养计算材料学领域的研究能力和解决实际问题的能力具有重要意义。

2.1 数据处理基础

材料科学研究离不开实验及计算模拟,取得的大量原始数据需要经过处理才能得到需要的结果,将数据转化为用曲线、图形等直观方式表示的可视化处理是材料科学研究必不可少的环节。例如,人们在研究合金材料时常期望知道合金成分及工艺处理条件对合金性能的影响,在相同的工艺条件下所制得合金的强度与合金中某元素含量的关系,或者相同成分合金的强度与生产工艺参数之间的关系等。通过对实验数据的分析,用一些函数来描述这些量之间的关系,从而达到对材料内部变化机理的深入认识和把握。数学上常采用回归分析方法研究这种相关关系,得到的函数称为回归函数。实质上,这是材料科学领域数学建模的一种方法。

2.1.1 误差

所谓误差,就是测得值与被测量的真值之间的差,可表示为:

$$\Delta x = x - x_0 \tag{2.1}$$

式中,x 为测得值;x_0 为真值,真值是指在观测一个量时,该量本身所具有的真实大小。

在测量中,存在着诸多的测量误差,这些误差均是由不同的因素造成的。因素不同,误差的性质和特征也不同。按照误差的特点与性质,误差可分为系统误差、随机误差和粗大误差三类。在同一条件下,多次测量同一量值时,绝对值和符号保持不变,或在条件改变时,按一定规律变化的误差称为系统误差,如标准量值的不准确、仪器刻度的不准确而引起的误差。在同一测量条件下,多次测量同一量值时,绝对值和符号以不可预定方式变化的误差称为随机误差,如仪器仪表中传动部件的间隙和摩擦、连接件的弹性变形等引起的示值不稳定。超出在规定条件下预期的误差称为粗大误差,或称寄生误差。此误差值较大,会明显歪曲测量结果,如测量时对错了标志、读错或记错了数、使用有缺陷的仪器以及测量时操作不细心而引起的过失性误差等。

测量数据处理与测量误差的统计分布密切相关,测量误差的分布规律不同,其数据处理方法也不一样。目前,在很多测量实践中,常常对测量分布情况不加判断,直接将测量列当作正态分布来处理,这在要求不高的情况下是允许的,但对要求较高的测量,对测量数据的实际分布进行全面掌握是合理进行数据处理的基础。

大量的试验结果表明,最典型的测量总体及其误差分布是正态分布。这是因为产生误差的因素很多,彼此相互独立,又是均匀的小,其总误差根据中心极限定理接近正态分布。正态分布便于理论分析,又具有优良的统计特性,实践中较常用。

服从正态分布的随机误差 δ 的分布密度 $f(\delta)$ 为

$$f(\delta) = \frac{1}{\sigma\sqrt{2\pi}}\exp\left(-\frac{\delta^2}{2\sigma^2}\right) \tag{2.2}$$

式中,δ 为随机误差,如不计系统误差,则 $\delta = x - \mu$,μ 为测量总体 X 的数学期望;σ 为随机误差 δ 的标准差,也是测量总体 X 的标准差。

正态分布以 μ、σ^2 表示其全部特征,可记为 $N(\mu, \sigma^2)$。

正态分布是随机误差最普遍的一种分布规律,但不是唯一的分布规律。除正态分布外,随机误差还存在均匀分布、反正弦分布和三角形分布[又称辛普森(Simpson)分布]。

在测量过程中,随机误差既不可避免,也不可完全消除,它会在不同程度上影响被测量量值的一致性。为了减小测量过程中的随机误差,首先,要具体分析随机误差产生的原因及特征,并由此寻求减小该类误差的途径;其次,应根据随机误差的统计分布规律,求出被测量的最佳估计值及其分散性参数。

系统误差和随机误差同时存在测量数据之中,且不易被发现,多次重复测量又不能减小它对测量结果的影响。系统误差没有通用的定型处理方法,只能针对具体情况采取不同的措施来处理有关数据,处理得好与坏,在很大程度上取决于测量者的技术水平和专业知识。

系统误差是由固定不变的或按确定规律变化的因素所造成的,这些误差因素是可以掌握的。

①测量装置方面的因素。仪器机构设计原理上的缺点,如齿轮杠杆测微仪直线位移和转角不成比例的误差;仪器零件制造和安装不正确,如标尺的刻度偏差、刻度盘和指针的安装偏心、仪器各导轨的误差、天平的臂长不等;仪器附件制造偏差,如标准环规直径偏差等。

②环境方面的因素。测量时的实际温度对标准温度的偏差,测量过程中温度、湿度等按一定规律变化的误差。

③测量方法的因素。采用近似的测量方法或近似的计算公式等引起的误差。

④测量人员方面的因素。测量者在刻度上估计读数时,习惯偏于某一方向;动态测量时,记录某一信号有滞后的倾向。

在测量过程中,发现有系统误差存在时,必须作进一步分析,找出可能产生系统误差的原因,提出减小和消除系统误差的措施。以下为3种处理系统误差的基本方法:

(1)从产生误差根源上消除系统误差

从产生误差根源上消除误差是最根本的方法,它要求测量人员对测量过程中可能产生的系统误差的环节作仔细分析,并在测量前就将误差从产生根源上加以消除。

(2) 用修正方法消除系统误差

预先将测量器具的系统误差检定出来或计算出来，做出误差表或误差曲线，然后取与误差数值大小相同而符号相反的值作为修正值，将实际测得值加上相应的修正值，即可得到不包含该系统误差的测量结果。例如，量块的实际尺寸不等于公称尺寸，若按公称尺寸使用，就会产生系统误差。应按经过检定的实际尺寸（即将量块的公称尺寸加上修正量）使用，就可避免此项系统误差的产生。

(3) 改进测量方法

在测量过程中，应根据具体的测量条件和系统误差的性质，采取一定的技术措施，选择适当的测量方法，使测得值中的系统误差在测量过程中相互抵消或补偿而不带入测量结果之中，从而实现减少或消除系统误差的目的。

含有粗大误差的测量数据称为异常数据，它会对测量结果产生明显的歪曲。一旦发现含有粗大误差的数据，应将其从测量列中剔除。但异常数据的剔除应十分慎重，一组正常的测量结果具有一定的分散性，这是随机误差作用的必然结果，此时，若主观地将误差较大但属于正常的数据判定为异常数据，同样会歪曲测量结果。当在数据列中发现某个数据可能是异常数据时，不要轻易地决定取舍，最好能分析出物理上或工程上的明确原因，再决定取舍。当无法进行这种分析时，则应按数理统计中的异常数据判断准则来决定取舍。

2.1.2 曲线拟合与最小二乘法

曲线拟合（curve fitting），是指选择适当的曲线类型来拟合观测数据，并用拟合的曲线方程分析变量间的关系。曲线拟合的目的是根据实验获得的数据去建立因变量与自变量之间有效的经验函数关系，为进一步深入研究提供线索。

【例 2.1】 为了研究氮含量对铁合金溶液初生奥氏体析出温度的影响，测定了不同氮含量时铁合金溶液初生奥氏体析出温度，得到表 2.1 给出的 5 组数据。

表 2.1 氮含量与灰铸铁初生奥氏体析出温度测试数据

序号	氮含量 $x/\%$	初生奥氏体析出温度 $y/℃$
1	0.004 3	1 220
2	0.007 7	1 217
3	0.008 7	1 215
4	0.010 0	1 208
5	0.011 0	1 205

解 如果把氮含量作为横坐标，把初生奥氏体析出温度作为纵坐标，将这些数据标在平面直角坐标上，则得图 2.1，该图称为散点图。

从图 2.1 可知，数据点基本落在一条直线附近，变量 x 与 y 的关系大致可看作线性关系，即它们之间的相互关系可以用线性关系来描述。但由于并非所有的数据点完全落在一条直线上，因此 x 与 y 的关系并没有确切到可以唯一地由一个 x 值确定一个 y 值的程度。其他因素，诸如其他微量元素的含量以及测试误差等都会影响 y 的测试结果。如果要研究 x 与 y 的关系，可以作线性拟合：

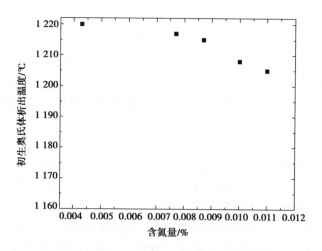

图2.1 氮含量与灰铸铁初生奥氏体析出温度

$$\hat{y} = a + bx \tag{2.3}$$

式(2.3)称为回归方程，a 与 b 是待定常数，称为回归系数。从理论上讲，有无穷多组解，回归分析的任务是求出其最佳的线性拟合。

直线回归分析的一般步骤：将 n 个观察单位的变量对 (x, y) 在直角坐标系中绘制散点图，若呈直线趋势，则可拟合直线回归方程。求回归方程的回归系数和截距。写出回归方程，$\hat{y} = a + bx$，画出回归直线。对回归方程进行假设检验。

$$Q = \sum_{i=1}^{n} (y_i - \hat{y}_i)^2 = \sum_{i=1}^{n} [y_i - (a + bx_i)]^2 = \min \tag{2.4}$$

$$\begin{cases} \dfrac{\partial Q}{\partial a} = -2 \sum_{i=1}^{n} (y_i - a - bx_i) = 0 \\ \dfrac{\partial Q}{\partial b} = -2 \sum_{i=1}^{n} x_i(y_i - a - bx_i) = 0 \end{cases} \tag{2.5}$$

其中

$$\bar{x} = \frac{1}{n} \sum_{i=1}^{n} x_i, \quad \bar{y} = \frac{1}{n} \sum_{i=1}^{n} y_i \tag{2.6}$$

$$l_{xy} = \sum_{i=1}^{n} (x_i - \bar{x})(y_i - \bar{y}) \tag{2.7}$$

$$l_{xx} = \sum_{i=1}^{n} (x_i - \bar{x})^2 \tag{2.8}$$

$$a = \bar{y} - b\bar{x}, \quad b = \frac{l_{xy}}{l_{xx}} \tag{2.9}$$

应用直线回归要注意以下事项：

①作回归分析要有实际意义，不能把毫无关联的两种现象随意进行回归分析，忽视事物现象间的内在联系和规律，如对儿童身高与小树的生长数据进行回归分析既无道理，也无用途。另外，即使两个变量间存在回归关系，也不一定是因果关系，必须结合专业知识作出合理解释和结论。

②直线回归分析的资料，一般要求因变量 y 是来自正态总体的随机变量，自变量 x 可以

是正态随机变量,也可以是精确测量和严密控制的值。若稍偏离要求,一般对回归方程中参数的估计影响不大,但可能影响标准差的估计,也会影响假设检验时 P 值的真实性。

③进行回归分析时,应先绘制散点图(scatter plot)。若提示有直线趋势存在时,可作直线回归分析;若提示无明显线性趋势,则应根据散点分布类型,选择合适的曲线模型(curvilinear modal),经数据变换后,化为线性回归来解决。一般来说,不满足线性条件的情形下计算回归方程会毫无意义,最好采用非线性回归方程的方法进行分析。

④绘制散点图后,若出现一些特大特小的离群值(异常点),则应及时复核检查,对测定、记录或计算机录入的错误数据,应予以修正和剔除。否则,异常点的存在会对回归方程中的系数 a、b 的估计产生较大影响。

⑤回归直线不要外延。直线回归的适用范围一般以自变量取值范围为限,在此范围内求出的估计值 $\hat{Y}$ 称为内插(interpolation);超过自变量取值范围所计算的 $\hat{Y}$ 称为外延(extrapolation)。若无充足理由证明,超出自变量取值范围后直线回归关系仍成立时,应该避免随意外延。

在例 2.1 中,求出 $l_{xy} = -0.059\ 7$,$l_{xx} = 0.000\ 026\ 692$,计算得 $b = -2\ 236.625\ 21$,$a = 1\ 231.653\ 45$。采用 Origin 作图并进行线性拟合,结果如图 2.2 所示。

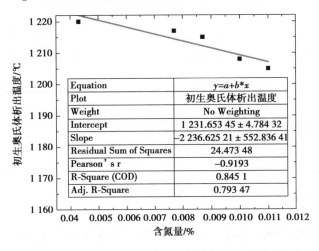

图 2.2　氮含量与灰铸铁初生奥氏体析出温度线性拟合

2.2　数学模型

数学模型与计算模拟在现代科学技术发展中的作用越来越突出,在各学科领域中对所涉及的科学问题及其规律的描述日益定量化、精准化和合理化,科学的数学模型和精细的计算模拟已成为当代科学研究的一个重要发展趋势。数学模型是对实际问题进行定量的数学描述,并利用数学理论进行科学分析和表达。数学建模是一种具有创新性的科学方法,它将现实问题简化和抽象为数学问题或数学模型,然后采用适当的数学方法求解,进而对现实问题进行定量的分析和研究,最终达到解决实际问题的目的。计算机技术的发展为数学模型的建立和求解提供了有效平台,极大地推动了数学与其他科学技术领域间的相互联系与发展。

材料科学作为 21 世纪的重要科学领域之一同样离不开数学。适当的数学建模和定量的计算模拟已成为当今材料科学研究和处理实际问题的重要手段之一,从材料的制备、加工、性能、微观组织和结构的表征到材料的应用都可以通过建立相应的数学模型进行研究,有关材料科学的许多研究论文都涉及数学模型的建立和求解。本节将介绍几种常用的建模方法。

2.2.1 理论分析法

理论分析法是应用已知的定理和定律,对被研究的系统进行分析、演绎和归纳,从而建立系统的数学模型。在工艺比较成熟、对机理比较了解的情况下可采用理论分析法,根据问题的性质可直接进行建模。理论分析法是在材料科学领域广泛应用的一种方法。

【例2.2】 在渗碳工艺过程中通过平衡理论找出控制参量与炉气碳势之间的机理关系式。甲醇加煤油渗碳气氛中,描述炉气碳势与CO_2含量关系的实际数据,见表2.2。

表2.2 CO_2含量与炉气碳势关系表(930 ℃)

序号	$\varphi_{CO_2}/\%$	炉气碳势 $C_C/\%$
1	0.81	0.63
2	0.62	0.72
3	0.51	0.78
4	0.38	0.85
5	0.31	0.95
6	0.21	1.11

解 渗碳过程中的炉气化学反应式为

$$C_{Fe}+CO_2 = 2CO \tag{2.10}$$

由式(2.10)可得

$$K_2 = \frac{p_{CO}^2}{p_{CO_2}\alpha_C} = p\frac{\varphi_{CO}^2}{\varphi_{CO_2}\alpha_C} \tag{2.11}$$

其中,p为总压(1atm);p_{CO}、p_{CO_2}分别为CO、CO_2气体的分压;φ_{CO}、φ_{CO_2}分别为CO、CO_2所占的体积百分比;K_2为平衡常数;α_C为碳的活度。

$$\alpha_C = \frac{1}{K_2} \times \frac{\varphi_{CO}^2}{\varphi_{CO_2}} \tag{2.12}$$

活度也可以表示为

$$\alpha_C = \frac{C_C}{C_{CA}} \tag{2.13}$$

其中,C_C为平衡碳浓度,即炉气碳势,C_{CA}为加热到温度T时奥氏体饱和碳浓度。
同样,可得

$$C_C = \frac{C_{CA}}{K_2} \times \frac{\varphi_{CO}^2}{\varphi_{CO_2}} \tag{2.14}$$

取对数,可得

$$\lg C_C = \lg C_{CA} - \lg K_2 + \lg \varphi_{CO}^2 - \lg \varphi_{CO_2} \tag{2.15}$$

由于在温度一定时，C_{CA}和K_2均为常数，式(2.15)右边前两项也应为常数。因此，可设 $\lg C_{CA} - \lg K_2 = a$。而对 $\lg \varphi_{CO}^2 - \lg \varphi_{CO_2}$，$\varphi_{CO}$、$\varphi_{CO_2}$ 与 C_C 有关，若要建立 C_C 与 φ_{CO_2} 之间的数学模型，于是令

$$\lg \varphi_{CO}^2 - \lg \varphi_{CO_2} = b \lg \varphi_{CO_2} \tag{2.16}$$

设 $\lg C_C = y$，$\lg \varphi_{CO_2} = x$，可得

$$y = a + bx \tag{2.17}$$

以上就是利用实验数据进行最小二乘法拟合，通过计算机拟合可以求出 $a = -0.233\,54$，$b = -0.410\,56$，于是方程为 $y = -0.233\,54 - 0.410\,56x$，即

$$C_C = 0.584\,06 (\varphi_{CO_2})^{-0.410\,56} \tag{2.18}$$

式(2.18)即为碳势控制的单参数模型。

图2.3(a)显示炉气碳势与CO_2含量没有线性关系，而经过变换后，可将非线性关系转化为图2.3(b)所示的线性关系。

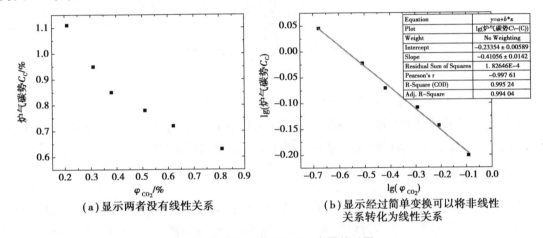

(a) 显示两者没有线性关系　　(b) 显示经过简单变换可以将非线性关系转化为线性关系

图2.3　炉气碳势与CO_2含量关系图

2.2.2　模拟方法

如果两个系统的结构和性质相同，而且构造出的模型也类似，就可以把其中较为简单的系统模型看成复杂系统模型的模拟。例如，Pb在室温下的变形力学特性与钢在1 200 ℃左右高温下的变形力学特性相似，人们常用Pb在室温下的变形来模拟钢在高温下的变形，从而获得钢在高温热变形时的流变特性和规律。另外，研究发现镁合金与钢铁材料一样，随着晶粒尺寸的减小，屈服强度提高，同样满足霍尔-配奇公式。

【例2.3】　经试验获得添加少量Zr进行晶粒细化的Mg-5Gd-3Y-xZr合金的屈服点σ_y与晶粒直径d的对应关系，见表2.3，用最小二乘法建立起d与σ_y之间关系的数学模型(霍尔-配奇公式)。

表2.3　Mg-5Gd-3Y-xZr合金屈服点与晶粒直径的对应关系

d/μm	1 900	91.5	31.3
σ_y/MPa	82	121	147

解 以 $d^{-\frac{1}{2}}$ 作为 x，σ_y 作为 y，如图 2.4 所示，数据散点图大致满足线性关系。按照最小二乘法的原理，误差平方和最小的直线为最佳直线，可以拟合得到

$$\sigma_y = \sigma_0 + Kd^{-\frac{1}{2}} \approx 74 + 418d^{-\frac{1}{2}} \tag{2.19}$$

这是典型的霍尔-配奇公式。

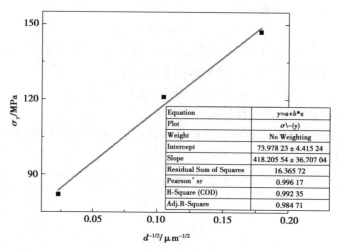

图 2.4　Mg-5Gd-3Y-xZr 镁合金的霍尔-配奇公式

以上是用试验模型来模拟理论模型，分析时可用相对简单的理论模型来模拟、分析较复杂的理论模型，或用可求解的理论模型来分析尚不可求解的理论模型。

2.2.3　类比分析法

若有两个不同的系统，可以用同一形式的数学模型来描述，则这两个系统就可以互相类比。类比分析法是根据两个（或两类）系统某些属性或关系的相似，去推断两者的其他属性或关系也可能相似的一种方法。

【例 2.4】 在聚合物的结晶过程中，结晶度随时间的延续不断增加，最后趋于该结晶条件下的极限结晶度。现期望在理论上描述这一动力学过程（即推导 Avrami 方程）。

解 采用类比分析法。聚合物的结晶过程包括成核和晶体生长两个阶段，这与下雨时雨滴落在水面上生成一个个圆形水波向外扩展的情形相类似，可通过水波扩散模型来推导聚合物结晶时的结晶度与时间的关系。

在水面上任选一参考点，根据概率分析，在时间 0-t 时刻范围内通过该点的水波数为 m 的概率 $P(m)$ 为 Poisson 分布（假设落下的雨滴数大于 m，t 时刻通过任意点 P 的水波数的平均值为量 E）。

$$P(m) = \frac{E^m}{m!} e^{-E} \quad (m=0,1,2,3,\cdots) \tag{2.20}$$

显然有

$$\sum_{m=0}^{\infty} p(m) = 1 \tag{2.21}$$

$$\langle m \rangle = \sum mP(m) = E \tag{2.22}$$

把水波扩散模型作为结晶前期的模拟来讨论薄层熔体形成"二维球晶"的情况。雨滴接触水面相当于形成晶核,水波相当于二维球晶的生长表面,当 $m=0$ 时,意味着所有的球晶面都不经过 P 点,即 P 点仍处于非晶态。根据式(2.20)可知其概率为

$$P(0) = e^{-E} \tag{2.23}$$

设此时球晶部分占有的体积分数为 φ_c,则有

$$1-\varphi_c = P(0) = e^{-E} \tag{2.24}$$

下面求平均值 E,它应为时间的函数。先考虑一次性同时成核的情况,对应所有雨滴同时落入水面,到 t 时刻,雨滴所产生的水波都将通过 P 点(图2.5),把这个面积称为有效面积,通过 P 点的水波数等于这个有效面积内落入的雨滴数。设单位面积内的平均雨滴数为 N,当时间由 t 增加到 $t+dt$ 时,有效面积的增量即图中阴影部分的面积为 $2\pi rdr$,平均值 E 的增量为

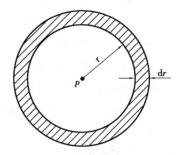

图2.5 有效面积示意图

$$dE = N2\pi rdr \tag{2.25}$$

若水波前进速度即球晶径向生长速度 v,则 $r=vt$,对式(2.25)作积分得平均值与 t 的关系为

$$E = \int_0^E dE = \int_0^{vt} N2\pi rdr = \pi Nv^2t^2 \tag{2.26}$$

代入式(2.24),得

$$1-\varphi_c = e^{-\pi Nv^2t^2} \tag{2.27}$$

式(2.27)表示晶核密度为 N,一次性成核时体系中的非晶部分与时间的关系。

如果晶核是不断形成的,相当于不断下雨的情况,设单位时间内单位面积上平均产生的晶核数即晶核生成速度为 I,到 t 时刻产生的晶核数(相当于生成的水波)则为 It。时间增加 dt,有效面积的增量仍为 $2\pi rdr$,其中,只有满足 $t>r/v$ 的条件下产生的水波才是有效的,有

$$dE = I\left(t-\frac{r}{v}\right)2\pi rdr \tag{2.28}$$

积分得

$$E = \int_0^{vt} I\left(t-\frac{r}{v}\right)2\pi rdr = \frac{\pi}{3}Iv^2t^3 \tag{2.29}$$

代入可得

$$1-\varphi_c = e^{-\frac{\pi}{3}Iv^2t^3} \tag{2.30}$$

同样的方法可以用来处理三维球晶,这时把圆环确定的有效面积增量用球壳确定的有效

面积增量来代替,对同时成核体系(N 为单位体积的晶核数),则

$$E = \int_0^{vt} N4\pi r^2 \mathrm{d}r = \frac{4}{3}\pi N v^3 t^3 \tag{2.31}$$

对不断成核体系,定义 I 为单位时间、单位体积所产生的经核数,则

$$E = \int_0^{vt} I\left(t - \frac{r}{v}\right) 4\pi r^2 \mathrm{d}r = \frac{4}{3} I v^3 t^4 \tag{2.32}$$

将上述情况归纳起来,可用一个通式表示为

$$1 - \varphi_c = \mathrm{e}^{kt^n} \tag{2.33}$$

式中,k 为同核密度及晶体一维生长速度有关常数,称为结晶速度倍数;n 为与成核方式及核结晶生长方式有关的常数。

式(2.33)称为 Avrami 方程。

2.2.4 数据分析法

当系统的结构性质不清楚,无法从理论分析中得到系统的规律,也不便于类比分析,但若通过实验获得了一些能够表征系统规律、描述系统状态的数据,就可以通过描述系统功能的数据分析来连接系统的结构模型。回归分析是处理这类问题的有力工具。

【例2.5】 设有一未知系统,已测得该系统有 n 个输入、输出数据点,为 (x_i, y_i),$i = 1, 2, 3, \cdots, n$。现寻求其函数关系 $y = f(x)$ 或 $F(x, y) = 0$。

解 无论 x, y 为什么函数关系,假设用多项式

$$\hat{y} = b_0 + b_1 x + b_2 x^2 + \cdots + b_m x^m \quad (m = 1, 2, 3, \cdots, n) \tag{2.34}$$

作为对输出(观测值)y 的估计。若能确定系数 $b_0, b_1, \cdots, b_m$,则所得到的就是回归方程的数学模型。各项系数即回归系数。

当输入为 x_i,输出为 y_i 时,多项式拟合曲线对应于 x_i 的估计值为式(2.32)。现在要使多项式估计值 $\hat{y}_i$ 与观测值 y_i 的差的平方和

$$Q = \sum_{i=1}^{n} (\hat{y}_i - y_i)^2 \tag{2.35}$$

为最小,这就是多参数的最小二乘法,令

$$\frac{\partial Q}{\partial b_j} = 0 \quad (j = 1, 2, \cdots, 3) \tag{2.36}$$

得到下列方程组:

$$\begin{cases} \dfrac{\partial Q}{\partial b_0} = 2 \sum (b_0 + b_1 x_1 + \cdots + b_m x_i^m - y_i) \\ \dfrac{\partial Q}{\partial b_1} = 2 \sum (b_0 + b_1 x_1 + \cdots + b_m x_i^m - y_i) x_i \\ \vdots \\ \dfrac{\partial Q}{\partial b_m} = 2 \sum (b_0 + b_1 x_1 + \cdots + b_m x_i^m - y_i) x_i^m \end{cases} \tag{2.37}$$

一般数据点个数 n 大于多项式阶数 m,m 取决于残差的大小,这样从式(2.37)可求出回归系数 $b_0, b_1, \cdots, b_m$,从而建立回归方程数学模型。

2.2.5 利用计算机软件建立数学模型

发展至今,数学建模已达到非常高的水平,几乎所有的建模都需要大量的计算,换个角度说,计算机技术几乎不可避免地在现代的数学建模中,它在数学建模计算过程中占据无与伦比的地位,两者在这一过程中相互促进和影响。计算机技术起源于数学建模过程,20 世纪 80 年代,在计算导弹飞行过程中的轨迹时,计算量过于庞大,人工操作无法满足这一过程中对计算准确度和计算速度的要求,开始将计算机技术在这一背景下应用。人工计算处理过程和实际需要计算过程间巨大的差距激发着计算机科研人员的动力,在研究计算机技术上竭尽全力,使各式各样的计算机软件应运而生。计算机技术逐渐起源,提高世界数学建模的整体水平,两者息息相关,紧密相连。

【例 2.6】 在日常生活中时常要用热水,如口渴了要喝温开水,冬天洗澡要用热水,等等。热水的温度比周围环境的温度要高,热水和周围的环境存在热传递,其温度会逐渐下降,直至与环境温度一致。一杯热水在自然条件下与周围的环境发生热传递,其温度的下降有什么规律,能用数学公式表示吗?

解 (1)猜想与假设

由日常生活获得的经验可知:热水在冬天降温快,在夏天降温慢,降温速度跟热水与环境的温差有关;一杯水比一桶水降温快,降温速度与热水的体积有关,体积越小降温速度就越快。

(2)制订计划

以不同体积的热水作为探究对象。将体积分别为 50、100 和 200 mL 的水加热至沸腾,然后利用 Multilog Pro 数据采集器和温度探头(DT029)对其降温过程进行监测,记录其温度变化数据,以便利用计算机作进一步分析处理,实验装置如图 2.6 所示。

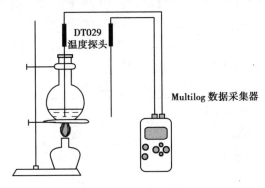

图 2.6 实验装置图

DT029 是用感温半导体电阻制成的温度传感器,其外壳是导热性能极佳的金属,具有很强的抗化学腐蚀性能。其工作原理为:传感器接受一个 5 V 的输入电压,经由感温电阻向数据采集器输出 0~5 V 的电压信号,信号经采集器进行数模转换,以适当的形式存储在内存里。DT029 的测量范围为-25~110 ℃,分辨率为 0.25 ℃,测量误差为±1 ℃。

(3)实验步骤

①用量筒量取 50 mL 水并将其注入圆底烧瓶,将水加热至沸腾。

②将一个温度传感器(DT029)连接到 Multilog Pro 的 I/O1 端口,用以采集热水的降温数据;另一个温度传感器连接到 I/O2 端口,用以采集环境的温度数据。开启数据采集器,设置采样频率为 1 Hz,采样总数为 10 000。

③将一个探头置于沸水中,另一个置于实验装置旁。约 30 s 后停止加热,同时按下开启按钮开始采集数据。

④重复上述步骤依次采集体积为 100 mL 和 200 mL 的热水的降温过程温度变化数据。

⑤利用 Db-lab 软件将实验数据从 Multilog Pro 下载到计算机并完成降温曲线绘制(图 2.7),用科学计算绘图软件 Origin 对数据进行数学建模。

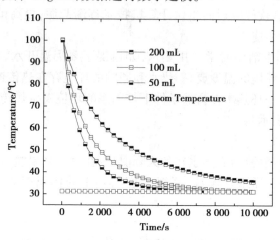

图 2.7 不同体积热水的降温曲线

(4)数据处理

从图 2.7 可知,降温的初期热水的温度高,与环境的温差大,曲线很陡,这说明温差越大降温速度就越快,与第一个猜想吻合;体积为 50 mL 的热水的降温曲线最陡,100 mL 的次之,200 mL 的最平,这说明热水的体积越小降温越快,体积越大降温越慢。这与第二个猜想吻合。表 2.4 是 3 个不同体积的水实验的特征数据。

表 2.4 实验特征数据

水体积/mL	起始温度/℃	最终室温/℃	温差/℃
50	100.08	30.91	69.17
100	100.31	30.68	69.63
200	100.23	31.26	68.97

(5)数学建模

图 2.7 所示的 3 条曲线在形式上与指数衰减函数的图像相似,设其通式

$$y = y_0 + A e^{-\frac{x}{t}} \tag{2.38}$$

式中,y 为实时温度;x 为时间;y_0、A、t 为待定的参数。

在降温过程中,如果时间足够长,热水温度最终会降到与环境的温度一致。式中 $A e^{-\frac{x}{t}}$ 项无限地减小,那么 y_0 就是环境的温度,对应表 2.4 中的最终室温。当开始降温时,$x=0$,$A e^{-\frac{x}{t}}=$

A,于是式(2.38)变为

$$y = y_0 + A \tag{2.39}$$

A 就是热水与环境的最大温差。基于上面的分析,可以将数据输入 Origin 中进行曲线拟合,拟合的过程如下:将导入 Origin 工作簿中的数据分别绘制 3 组数据的散点图,得到 3 个曲线图 Graph1、Graph2 和 Graph3;激活 Graph1 为当前工作窗口。在菜单中选择"Analysis"→"Fitting"→"Nonlinear Curve Fit";打开 NLFit( )的 Settings→FunctionSelection 选项卡,Function 选择 ExpDec1;打开 NLFit( )的 Parameters 选项卡,根据表 2.3 输入 y_0 和 A 的值(勾选上 Fixed 选项,表示此参数不需要拟合);单击 Fit(图 2.8),此时系统会自动计算,并生成拟合的结果,3 组数据拟合的结果如图 2.9—图 2.11 所示。

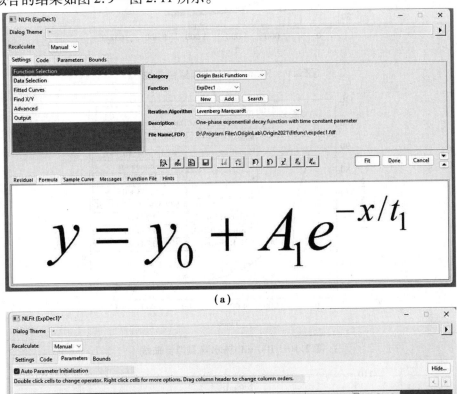

图 2.8 非线性拟合设置界面

3 条降温曲线经过拟合,表 2.4 归纳了 3 条曲线的数学模型。t 为与热水的体积有关的一个参数,体积越大,t 的值就越大。

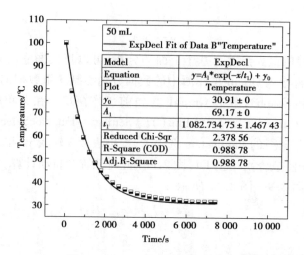

图 2.9　50 mL 热水降温拟合曲线

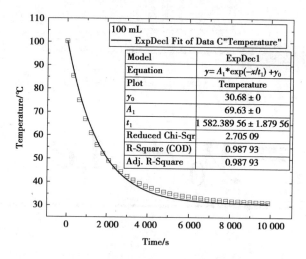

图 2.10　100 mL 热水降温拟合曲线

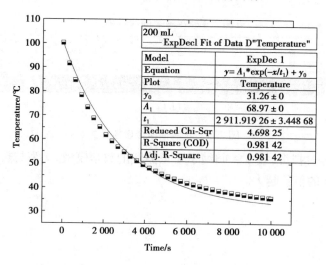

图 2.11　200 mL 热水降温拟合曲线

表 2.5　曲线的数学模型

V/mL	y_0	A	t
50	30.91	69.17	1 082.73
100	30.68	69.63	1 582.39
200	31.26	68.97	2 911.92

假设 t 是体积 V 的函数，$t=f(V)$，用 Origin 对表 2.5 中的 V、t 进行分析，发现 t 与 V 呈线性关系，如图 2.12 所示。通过数学建模得出其关系为

$$t = 417.97 + 12.35V \tag{2.40}$$

式(2.38)可表示为 $y = y_0 + Ae^{-\frac{x}{417.98+12.35V}}$，用 T、T_0、t 分别替换 y、y_0、x，有

$$T = T_0 + Ae^{-\frac{t}{417.97+12.35V}} \tag{2.41}$$

式中，T 为热水的实时温度；T_0 为环境的温度；A 为热水和环境的最大温差；t 为时间；V 为热水的体积。

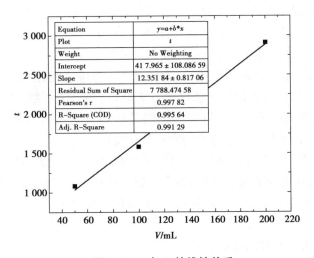

图 2.12　t 与 V 的线性关系

热水温度下降的速度跟热水与环境的温差有关，温差越大温度下降就越快；反之则越慢。热水温度下降的速度与热水的体积有关，体积越大温度下降就越慢；反之则越快。在本实验所处的条件下，热水降温过程可以用公式 $T = T_0 + Ae^{-\frac{t}{417.97+12.35V}}$ 描述。

目前，能够进行数据分析和图形处理的软件较多，有功能强大的通用软件，也有操作简便的专业软件，常用的具备数据分析功能和一定的绘图功能软件有 Excel、Origin、MATLAB、Python、TecPlot、Mathematica、LINGO、Maple 等，还有一些专业的图形处理软件，如 Photoshop、CorelDraw 等。利用这些软件可以完成科学研究中所遇到的各种数字处理和图形处理的任务。

常用绘图软件介绍

2.3 数值计算方法

在材料科学与工程中的许多工程问题,如弹性力学中的位移场和应力场分析、塑性力学中的位移速度场和应变速率场分析、电磁学中的电磁场分析、传热学中的温度场分析、流体力学中的速度场分析等,都可归结为在给定边界条件下求解其控制方程的问题。控制方程的求解有解析和数值两种方法。

(1)解析方法

根据控制方程的类型,采用解析的方法求出问题的精确解。该方法只能求解方程比较简单,且边界条件比较规则的问题,对实际工程问题,只有少部分可以根据解析的方法得到精确解。

(2)数值方法

采用数值计算的方法,利用计算机求出问题的数值解。该方法适用于各种方程类型和各种复杂的边界条件及非线性特征。

通俗来讲,解析解有严格的公式,是一个求解公式,适用于所有这类方程的求解。而数值解是利用数值逼近法、插值方法、有限差分法、有限元法等的求解。

数值模拟通常由前处理、数值计算、后处理3个部分组成。

①前处理。前处理主要完成下述功能:实体造型(将研究问题的几何形状输入计算机中);物性赋值(将研究问题的各种物理参数如力学参数、热力学参数、流动参数、电磁参数等输入计算机中);定义单元类型(根据研究问题的特性将其定义为实体、梁、壳、板等单元类型);网格剖分(将连续的实体进行离散化,形成节点和单元)。

②数值计算。数值计算主要完成下述功能:施加载荷(定义边界条件、初始条件);对瞬态问题要设定时间步长;确定计算控制条件;按照选定的数值计算方法进行求解。

③后处理。后处理主要完成下述功能:显示和分析计算结果;分析计算误差;打印和保存计算结果。

解决这类问题通常有两种途径:

①对方程和边界条件进行简化,从而得到问题在简化条件下的解答。

②采用数值解法。第一种方法只在少数情况下有效,过多的简化会引起较大的误差,甚至得到错误的结论。目前,常用的数值解法大致可以分为两类:有限差分法和有限元法。应用有限差分法和有限元法求解数学模型最终归结到求解线性方程组。

2.3.1 迭代法计算线性方程组

材料科学与工程中很多问题的解决常常归结为求解线性代数方程组。

$$\begin{cases} a_{11}x_1+a_{12}x_2+\cdots+a_{1n}x_n=b_1 \\ a_{21}x_1+a_{22}x_2+\cdots+a_{2n}x_n=b_2 \\ \vdots \\ a_{n1}x_1+a_{n2}x_2+\cdots+a_{nn}x_n=b_n \end{cases} \quad (2.42)$$

若其系数矩阵为非奇异阵,且 $a_{ii} \neq 0 (i=1,2,\cdots)$,将方程组(2.42)改写为

$$\begin{cases} x_1 = \dfrac{1}{a_{11}}(b_1 - 0 - a_{12}x_2 - a_{13}x_3 - \cdots - a_{1n}x_n) \\ x_2 = \dfrac{1}{a_{22}}(b_2 - a_{21}x_1 - 0 - a_{23}x_3 - \cdots - a_{2n}x_n) \\ \vdots \\ x_n = \dfrac{1}{a_{nn}}x(b_n - a_{n1}x_1 - a_{n2}x_2 - \cdots - a_{n(n-1)}x_{n-1} - 0) \end{cases} \tag{2.43}$$

通过简单迭代可得

$$\begin{cases} x_1^{(k+1)} = \dfrac{1}{a_{11}}(b_1 - 0 - a_{12}x_2^{(k)} - a_{13}x_3^{(k)} - \cdots - a_{1n}x_n^{(k)}) \\ x_2^{(k+1)} = \dfrac{1}{a_{22}}(b_2 - a_{21}x_1^{(k)} - 0 - a_{23}x_3^{(k)} - \cdots - a_{2n}x_n^{(k)}) \\ \vdots \\ x_n^{(k+1)} = \dfrac{1}{a_{nn}}(b_n - a_{n1}x_1^{(k)} - a_{n2}x_2^{(k)} - \cdots - a_{n(n-1)}x_{n-1}^{(k)} - 0) \end{cases} \tag{2.44}$$

简写为

$$x_i^{(k+1)} = \frac{1}{a_{ii}}(b_i - \sum_{\substack{j=1 \\ j \neq i}}^{n} a_{ij}x_j^{(k)}) \quad i=1,2,\cdots,n; k=0,1,2,\cdots,n \tag{2.45}$$

对式(2.44)、式(2.45),给定一组初始值 $x^{(0)} = (x_1^{(0)}, x_2^{(0)}, \cdots, x_n^{(0)})^{\mathrm{T}}$ 后,经反复迭代得到向量系列

$$x^{(k)} = (x_1^{(k)}, x_2^{(k)}, \cdots, x_n^{(k)})^{\mathrm{T}}$$

如果 $x^{(k)}$ 收敛于

$$x^{(*)} = (x_1^{(*)}, x_2^{(*)}, \cdots, x_n^{(*)})^{\mathrm{T}}$$

其中,$x_i^{(*)}(i=1,2,\cdots,n)$ 是方程组(2.43)的解,式(2.45)被称为雅可比迭代(Jacbi Method)。如果不收敛,则迭代法失败。

一般地,计算 $x_i^{(k+1)}(n \geq i \geq 2)$ 时,使用 $x_p^{(k+1)}$ 代替 $x_p^{(k)}(i \geq p \geq 1)$ 能使收敛快些。

$$\begin{cases} x_1^{(k+1)} = \dfrac{1}{a_{11}}(b_1 - 0 - a_{12}x_2^{(k)} - a_{13}x_3^{(k)} - \cdots - a_{1n}x_n^{(k)}) \\ x_2^{(k+1)} = \dfrac{1}{a_{22}}(b_2 - a_{21}x_1^{(k+1)} - 0 - a_{23}x_3^{(k)} - \cdots - a_{2n}x_n^{(k)}) \\ \vdots \\ x_n^{(k+1)} = \dfrac{1}{a_{nn}}(b_n - a_{n1}x_1^{(k+1)} - a_{n2}x_2^{(k+1)} - \cdots - a_{n(n-1)}x_{n-1}^{(k+1)} \ 0) \end{cases} \tag{2.46}$$

$$x_i^{(k+1)} = \frac{1}{a_{ii}}(b_i - \sum_{j=1}^{n-1} a_{ij}x_j^{(k+1)} - \sum_{j=i+1}^{n} a_{ij}x_j^{(k)}) \quad i=1,2,\cdots,n; k=0,1,2,\cdots,n \tag{2.47}$$

为确定计算是否终止,设为允许的绝对误差限,当满足 $\max\limits_{1 \leq i \leq n} |x_i^{(k+1)} - x_i^{(k)}| < \varepsilon$ 时停止计算,这就是高斯-赛德尔迭代(Gauss-Seidel Method)。

【例2.7】 MATLAB 中用迭代法求解线性方程组 $AX = b$,其中

$$A = \begin{pmatrix} 10 & -1 & 2 & 0 \\ -1 & 11 & -1 & 3 \\ 2 & -1 & 10 & -1 \\ 0 & 3 & -1 & 8 \end{pmatrix}, b = \begin{pmatrix} 6 \\ 25 \\ -11 \\ 15 \end{pmatrix}$$

试比较 Jacbi 迭代法和 Gauss-Seidel 迭代法的收敛速度。

解 （1）Jacbi 迭代法

```
>> A=[10 -1 2 0;-1 11 -1 3;2 -1 10 -1;0 3 -1 8];b=[6 25 -11 15]';
a=diag([A(1,1),A(2,2),A(3,3),A(4,4)]);format rational
B=a\(a-A),d=a\b;
B =
        0           1/10         -1/5          0
       1/11          0           1/11        -3/11
       -1/5         1/10          0           1/10
        0          -3/8          1/8           0
>>X=zeros(4,16);x=[0 0 0 0]';
>> for n=1:15  x=B*x+d;X(:,n+1)=x;end
>> format short, X
X =
  Columns 1 through 8
0     0.600 0     1.047 3     0.932 6     1.015 2     0.989 0     1.003 2     0.998 1
0     2.272 7     1.715 9     2.053 3     1.953 7     2.011 4     1.992 2     2.002 3
0    -1.100 0    -0.805 2    -1.049 3    -0.968 1    -1.010 3    -0.994 5    -1.002 0
0     1.875 0     0.885 2     1.130 9     0.973 8     1.021 4     0.994 4     1.003 6
  Columns 9 through 16
1.000 6     0.999 7     1.000 1     0.999 9     1.000 0     1.000 0     1.000 0     1.000 0
1.998 7     2.000 4     1.999 8     2.000 1     2.000 0     2.000 0     2.000 0     2.000 0
-0.999 0   -1.000 4    -0.999 8    -1.000 1    -1.000 0    -1.000 0    -1.000 0    -1.000 0
0.998 9     1.000 6     0.999 8     1.000 1     1.000 0     1.000 0     1.000 0     1.000 0
```

（2）Gauss-Seidel 迭代法

```
>> A=[10 -1 2 0;-1 11 -1 3;2 -1 10 -1;0 3 -1 8];b=[6 25 -11 15]';
a=diag([A(1,1),A(2,2),A(3,3),A(4,4)]);format rational
B=a\(a-A);d=a\b;
X=zeros(4,8);x=[0 0 0 0]';
>>x1=0;x2=x1;x3=x1;x4=x1;
for n=1:8
x1=B(1,:)*x+d(1);x=[x1,x2,x3,x4]';
x2=B(2,:)*x+d(2);x=[x1,x2,x3,x4]';
x3=B(3,:)*x+d(3);x=[x1,x2,x3,x4]';
```

```
x4=B(4,:)*x+d(4);x=[x1,x2,x3,x4]';
X(:,n+1)=x; %保存迭代过程的中间变量
end
>> format short, X
X =
```

0	0.600 0	1.030 2	1.006 6	1.000 9	1.000 1	1.000 0	1.000 0	1.000 0
0	2.327 3	2.036 9	2.003 6	2.000 3	2.000 0	2.000 0	2.000 0	2.000 0
0	−0.987 3	−1.014 5	−1.002 5	−1.000 3	−1.000 0	−1.000 0	−1.000 0	−1.000 0
0	0.878 9	0.984 3	0.998 4	0.999 8	1.000 0	1.000 0	1.000 0	1.000 0

高斯-塞德尔迭代法的收敛速度只需6次迭代就求得了结果,明显比雅可比迭代法快。

2.3.2 有限差分法

在初等数学中就有各种各样的方程,如线性方程、二次方程、高次方程、指数方程、对数方程、三角方程和方程组等。这些方程都是要把研究的问题中的已知数和未知数之间的关系找出来,列出包含一个未知数或几个未知数的一个或者多个方程式,然后取求方程的解。但是在实际工作中,常常出现一些特点和以上方程完全不同的问题。

物质运动和它的变化规律在数学上是用函数关系来描述的,这类问题就是要去寻求满足某些条件的一个或者几个未知函数。也就是说,凡是这类问题都不是简单地去求一个或者几个固定不变的数值,而是要求一个或者几个未知的函数。

解这类问题的基本思想和初等数学解方程的基本思想很相似,也是要把研究的问题中已知函数和未知函数之间的关系找出来,从列出的包含未知函数的一个或几个方程中去求得未知函数的表达式。但是无论在方程的形式、求解的具体方法、求出解的性质等方面,都和初等数学中的解方程有许多不同的地方。

在数学上,解这类方程,要用到微分和导数的知识。凡是表示未知函数的导数以及自变量之间的关系的方程,就称为微分方程。

有限差分法(Finite Differential Method)在材料科学与工程领域的应用较为普遍,如传热分析(如铸造成形过程的传热凝固、塑性成形中的传热、焊接成形中的热量传递等),流动分析(如铸件充型过程,焊接熔池的产生、移动,激光熔覆中的动量传递等)都可以用有限差分方式进行模拟分析。特别是在流动场分析方面,有限差分法有独特的优势,目前进行流体力学数值分析,绝大多数都是基于有限差分法。

有限差分法是数值计算中应用非常广泛的一种方法。有限差分法是基于差分原理的一种数值计算法。其实质是以有限差分代替无限微分、以差分代数方程代替微分方程、以数值计算代替数学推导的过程,从而将连续函数离散化,以有限的、离散的数值代替连续的函数分布。

1) 差分方程的建立

首先,选择网格布局、差分形式和布局;其次,以有限差分代替无限微分,即以 $x_2-x_1=\Delta x$ 代替 dx,以差商 $\frac{y_2-y_1}{x_2-x_1}=\frac{\Delta y}{\Delta x}$ 代替微商 $\frac{dy}{dx}$,并以差分方程代替微分方程及其边界条件。差分方程的建立步骤如下:

(1) 合理选择网格布局及步长

将离散后各相邻离散点之间的距离,或者离散化单元的长度称为步长。

在所选定区域内进行网格划分是差分方程建立的第一步,其方法比较灵活,实际应用中往往遵守误差最小原则。网格样式的选择一般和所选区域有密切关系。如图 2.13 所示为几种比较典型的网格划分方式。

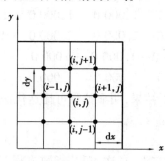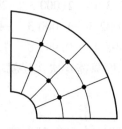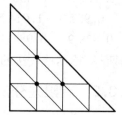

图 2.13 网格划分方法

(2) 将微分方程转化为差分方程

向前差分：

$$\frac{\partial T}{\partial x} = \frac{T(i+1,j) - T(i,j)}{\Delta x}$$

$$\frac{\partial T}{\partial y} = \frac{T(i,j+1) - T(i,j)}{\Delta y}$$

$$\frac{\partial^2 T}{\partial x^2} = \frac{\partial}{\partial x}\left(\frac{T(i+1,j) - T(i,j)}{\Delta x}\right) = \frac{T(i+2,j) - 2T(i+1,j) + T(i,j)}{\Delta x^2} \quad (2.48)$$

$$\frac{\partial^2 T}{\partial y^2} = \frac{\partial}{\partial y}\left(\frac{T(i,j+1) - T(i,j)}{\Delta y}\right) = \frac{T(i,j+2) - 2T(i,j+1) + T(i,j)}{\Delta y^2}$$

向后差分：

$$\frac{\partial T}{\partial x} = \frac{T(i,j) - T(i-1,j)}{\Delta x}$$

$$\frac{\partial T}{\partial y} = \frac{T(i,j-1) - T(i,j)}{\Delta y}$$

$$\frac{\partial^2 T}{\partial x^2} = \frac{\partial}{\partial x}\left(\frac{T(i,j) - T(i-1,j)}{\Delta x}\right) = \frac{T(i,j) - 2T(i-1,j) + T(i-2,j)}{\Delta x^2} \quad (2.49)$$

$$\frac{\partial^2 T}{\partial y^2} = \frac{\partial}{\partial y}\left(\frac{T(i,j) - T(i,j-1)}{\Delta y}\right) = \frac{T(i,j) - 2T(i,j-1) + T(i,j-2)}{\Delta y^2}$$

中心差分：

$$\frac{\partial T}{\partial x} = \frac{T\left(i+\frac{1}{2},j\right)-T\left(i-\frac{1}{2},j\right)}{\Delta x} = \frac{T(i+1,j)-T(i-1,j)}{2\Delta x}$$

$$\frac{\partial T}{\partial y} = \frac{T\left(i,j+\frac{1}{2}\right)-T\left(i,j-\frac{1}{2}\right)}{\Delta y} = \frac{T(i,j+1)-T(i,j-1)}{2\Delta y}$$

$$\frac{\partial^2 T}{\partial x^2} = \frac{\partial}{\partial x}\left(\frac{T\left(i+\frac{1}{2},j\right)-T\left(i-\frac{1}{2},j\right)}{\Delta x}\right) = \frac{T(i+1,j)-2T(i,j)+T(i-1,j)}{\Delta x^2}$$

$$\frac{\partial^2 T}{\partial y^2} = \frac{\partial}{\partial y}\left(\frac{T\left(i,j+\frac{1}{2}\right)-T\left(i,j-\frac{1}{2}\right)}{\Delta y}\right) = \frac{T(i,j+1)-2T(i,j)+T(i,j-1)}{\Delta y^2}$$

(2.50)

(3)差分格式的物理意义

如图 2.14 所示为几种差分格式物理意义的示意图。

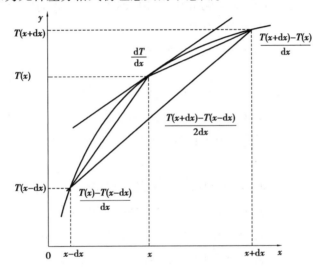

图 2.14 几种差分格式示意图

(4)差分格式的误差分析

$$T_{i+1} = T(x+\Delta x) = T_i + \frac{\mathrm{d}T}{\mathrm{d}x}(x_{i+1}-x_i) + \frac{1}{2!}\frac{\mathrm{d}^2 T}{\mathrm{d}x^2}(x_{i+1}-x_i)^2 + \cdots$$

$$T_{i-1} = T(x-\Delta x) = T_i - \frac{\mathrm{d}T}{\mathrm{d}x}(x_i-x_{i-1}) + \frac{1}{2!}\frac{\mathrm{d}^2 T}{\mathrm{d}x^2}(x_i-x_{i-1})^2 + \cdots$$

$$\frac{T_{i+1}-T_i}{\Delta x} - \frac{\mathrm{d}T}{\mathrm{d}x} = \frac{1}{2!}\Delta x \frac{\mathrm{d}^2 T}{\mathrm{d}x^2} + \cdots = o(\Delta x)$$

$$\frac{T_i-T_{i-1}}{\Delta x} - \frac{\mathrm{d}T}{\mathrm{d}x} = -\frac{1}{2!}\Delta x \frac{\mathrm{d}^2 T}{\mathrm{d}x^2} + \cdots = o(\Delta x)$$

$$\frac{1}{2}\left(\frac{T_{i+1}-T_i}{\Delta x} + \frac{T_i-T_{i-1}}{\Delta x}\right) - \frac{\mathrm{d}T}{\mathrm{d}x} = \frac{1}{3!}\Delta x \frac{\mathrm{d}^3 T}{\mathrm{d}x^3} + \cdots = o[(\Delta x)^2]$$

(2.51)

2）差分方程的求解方法

（1）直接法——Gauss 列主元素消元法

$$Ax = b \tag{2.52}$$

$$A = \begin{pmatrix} a_{11} & a_{12} & \cdots & a_{1n} \\ a_{21} & a_{22} & \cdots & a_{2n} \\ \vdots & \vdots & & \vdots \\ a_{n1} & a_{n2} & \cdots & a_{nn} \end{pmatrix} = (a_{i,j})_{n \times n}, x = \begin{Bmatrix} x_1 \\ x_2 \\ \vdots \\ x_n \end{Bmatrix}, b = \begin{Bmatrix} b_1 \\ b_2 \\ \vdots \\ b_n \end{Bmatrix} \tag{2.53}$$

$$A_b = \begin{pmatrix} a_{11} & a_{12} & \cdots & a_{1n} & b_1 \\ a_{21} & a_{22} & \cdots & a_{2n} & b_2 \\ \vdots & \vdots & & \vdots & \vdots \\ a_{n1} & a_{n2} & \cdots & a_{nn} & b_n \end{pmatrix} \tag{2.54}$$

A 为 $n \times n$ 阶矩阵，b 为 n 维向量，x 为 n 维未知列向量，A_b 为 A 的增广矩阵。

$$\begin{aligned}
&a_{11}x_1 + a_{12}x_2 + \cdots + a_{1n}x_n = a_{1,n+1} \\
&a_{21}x_1 + a_{22}x_2 + \cdots + a_{2n}x_n = a_{2,n+1} \\
&\quad \vdots \\
&a_{n1}x_1 + a_{n2}x_2 + \cdots + a_{nn}x_n = a_{n,n+1} \\
&a_{11}x_1 + a_{12}x_2 + \cdots + a_{1n}x_n = a_{1,n+1} \\
&a_{22}^{(1)}x_2 + \cdots + a_{2n}^{(1)}x_n = a_{2,n+1}^{(1)} \\
&\quad \vdots \\
&a_{n2}^{(1)}x_2 + \cdots + a_{nn}^{(1)}x_n = a_{n,n+1}^{(1)} \\
&a_{11}x_1 + a_{12}x_2 + a_{13}x_3 + \cdots + a_{1n}x_n = a_{1,n+1} \\
&a_{22}^{(1)}x_2 + a_{23}^{(1)}x_3 + \cdots + a_{2n}^{(1)}x_n = a_{2,n+1}^{(1)} \\
&a_{33}^{(2)}x_3 + \cdots + a_{3n}^{(2)}x_n = a_{3,n+1}^{(2)} \\
&\quad \vdots \\
&a_{n3}^{(2)}x_3 + \cdots + a_{nn}^{(2)}x_n = a_{n,n+1}^{(2)} \\
&a_{11}x_1 + a_{12}x_2 + a_{13}x_3 + \cdots + a_{1n}x_n = a_{1,n+1} \\
&a_{22}^{(1)}x_2 + a_{23}^{(1)}x_3 + \cdots + a_{2n}^{(1)}x_n = a_{2,n+1}^{(1)} \\
&a_{33}^{(2)}x_3 + \cdots + a_{3n}^{(2)}x_n = a_{3,n+1}^{(2)} \\
&\quad \vdots \\
&a_{nn}^{(n-1)}x_n = a_{n,n+1}^{(n-1)}
\end{aligned} \tag{2.55}$$

其解为

$$\begin{aligned}
x_n &= \frac{a_{n,n+1}^{(n-1)}}{a_{nn}^{(n-1)}} \\
x_i &= \frac{\left(a_{i,n+1}^{(n-1)} - \sum_{j=i+1}^{n} a_{ij}^{(i-1)} x_j\right)}{a_{ii}^{(i-1)}}, i = n-1, n-2, \cdots, 2, 1
\end{aligned} \tag{2.56}$$

(2)间接法——迭代法

对线性方程组 $Ax=b$,构造一个 $x^{(k)}$ 值,将 $x^{(k)}$ 代入,得出新的值 $x^{(k+1)}$,再将结果代入得到更新的 $x^{(k+2)}$,依次迭代下去,即可使其迭代值收敛于该方程组的精确解 X^*。根据选择 $x^{(k)}$ 的方法不同,又可以分为简单迭代法(同步迭代法)和 Guass-Seidel 迭代法。

对线性方程组 $Ax=b$,当 $a_{ii}\neq 0$ 时,可表示为

$$\begin{cases} x_1 = \dfrac{b_1 - a_{12}x_2 - a_{13}x_3 - \cdots - a_{1n}x_n}{a_{11}} \\ x_2 = \dfrac{b_2 - a_{21}x_1 - a_{23}x_3 - \cdots - a_{2n}x_n}{a_{22}} \\ \vdots \\ x_i = \dfrac{b_i - a_{i1}x_1 - a_{i2}x_2 - \cdots - a_{in}x_n}{a_{ii}} \\ \vdots \\ x_n = \dfrac{b_n - a_{n1}x_1 - a_{n2}x_2 - \cdots - a_{nn}x_n}{a_{nn}} \end{cases} \tag{2.57}$$

式(2.57)可写为

$$x_i = \dfrac{b_i - \sum\limits_{\substack{j=1\\i\neq j}}^{n} a_{ij}x_j}{a_{ii}}, i=1,2,\cdots,n \tag{2.58}$$

欲求解方程组,首先假设一个解 $x_i^{(0)}(i=1,2,\cdots,n)$,代入式(2.58)的右端,计算出解的一次迭代值,即

$$x_i^{(1)} = \dfrac{b_i - \sum\limits_{\substack{j=1\\i\neq j}}^{n} a_{ij}x_j^{(0)}}{a_{ii}}, i=1,2,\cdots,n \tag{2.59}$$

再将 $x_i^{(1)}$ 代入式子的右端,得到第二次迭代值,以此类推,得到第 k 次的迭代值为

$$x_i^{(k)} = \dfrac{b_i - \sum\limits_{\substack{j=1\\i\neq j}}^{n} a_{ij}x_j^{(k-1)}}{a_{ii}}, i=1,2,\cdots,n \tag{2.60}$$

迭代次数无限增多时,$x_i^{(k)}$ 将收敛于方程组的精确解 X^*。一般满足

$$x_i^{(k+1)} - x_i^k \leq \delta \quad (0<\delta<c) \tag{2.61}$$

即可认为迭代已经满足精度要求。其中 c 为某适当小的量,其具体大小取决于精度要求。

差分格式的稳定性:假如初始条件和边界条件有微小的变化,若解的最后变化是微小的,则称解是稳定的,否则是不稳定的。

3)有限差分法求解实例

在无源简单介质的电磁波场中,麦克斯韦方程可写为

$$\nabla \times E = -j\omega\mu H$$
$$\nabla \times H = j\omega\varepsilon E$$
$$\nabla \cdot E = 0$$
$$\nabla \cdot H = 0 \tag{2.62}$$

从两个旋度方程消去 E 或 H 得

$$(\nabla^2 + k^2)\begin{Bmatrix} E \\ H \end{Bmatrix} = 0 \tag{2.63}$$

其中 $k^2 = \omega^2 \mu \varepsilon$

设 $\nabla = \nabla_t + \dfrac{\partial}{\partial z} z_0$，取截面的二维矢量波方程为

$$(\nabla_t^2 + k_t^2)\begin{Bmatrix} E(x,y) \\ H(x,y) \end{Bmatrix} \tag{2.64}$$

其中

$$k_t = \sqrt{\omega^2 \mu \varepsilon - k_z^2} = \sqrt{k_0^2 n^2 - k_z^2} \tag{2.65}$$

即得

$$\left(\frac{\partial^2}{\partial x^2} + \frac{\partial^2}{\partial y^2} + k_t^2\right)\begin{Bmatrix} E(x,y) \\ H(x,y) \end{Bmatrix} = 0 \tag{2.66}$$

如果仅考虑电场的标量方程，则电场大小 E（E_x 或 E_y）满足

$$\left(\frac{\partial^2}{\partial x^2} + \frac{\partial^2}{\partial y^2} + k_0^2 n^2 - k_z^2\right) E = 0 \tag{2.67}$$

$\beta = k_z^2$，得

$$\left(\frac{\partial^2}{\partial x^2} + \frac{\partial^2}{\partial y^2} + k_0^2 n^2\right) E = \beta E \tag{2.68}$$

考虑的介质波导结构如图 2.15 所示，方形波导生长在 SiO_2 衬底上，芯层折射率大于包层折射率（如图 2.15 所示的 $n_1 > n_2$）。

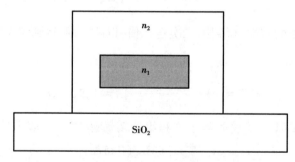

图 2.15　波导截面图

显然，如果芯层折射率比包层折射率大得多，电磁波将被限制在芯层中传播，在包层介质 n_2 中，电磁波已经很弱，将包层介质与空气及衬底边界的电场设为零，在这样的假设下，求解介质波导截面电场分布就转化成下面的微分方程求解问题：

$$\begin{cases} \left(\dfrac{\partial^2}{\partial x^2}+\dfrac{\partial^2}{\partial y^2}+k_0^2 n^2\right)E=\beta E\,(a\leqslant x\leqslant b,c\leqslant y\leqslant d)\\ E(a,y)=E(b,y)=E(x,c)=E(x,d)=0 \end{cases} \quad (2.69)$$

由于波导形状规则，很容易将其作网格划分，网格线交点（节点）处的电场大小就是要求解的电场离散解，如图 2.16 所示。每一个节点的电场大小都是未知数（除边界点外），要求解的是 $(N_x-2)\times(N_y-2)$ 个未知数 $E(i,j)(i=2,3,4,\cdots,N_x-1;j=2,3,4,\cdots,N_y-1)$，以下从偏微分方程（2.69）中提取信息，构造求离散解所需的方程组。

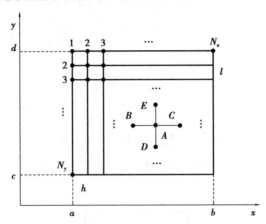

图 2.16　网格划分图

分析偏微分方程（2.69）。将偏导数差分化，考虑函数 $f(x)$，取小量 $\Delta x=h$，则

$$\dfrac{\mathrm{d}f}{\mathrm{d}x}\approx\dfrac{\Delta f}{\Delta x}=\dfrac{f(x+h)-f(x)}{h} \quad (2.70)$$

二阶微分为

$$\dfrac{\mathrm{d}^2 f}{\mathrm{d}x^2}\approx\dfrac{1}{\Delta x}\left(\left.\dfrac{\mathrm{d}f}{\mathrm{d}x}\right|_{x+h}-\left.\dfrac{\mathrm{d}f}{\mathrm{d}x}\right|_x\right)\approx\dfrac{f(x+h)-2f(x)+f(x-h)}{h^2} \quad (2.71)$$

对 $E(x,y)$ 的二阶偏导有

$$\begin{aligned}\dfrac{\partial^2 E}{\partial x^2}&\approx\dfrac{E(x+h,y)-2E(x,y)+E(x-h,y)}{h^2}\\ \dfrac{\partial^2 E}{\partial y^2}&\approx\dfrac{E(x,y+l)-2E(x,y)+E(x,y-l)}{l^2}\end{aligned} \quad (2.72)$$

代入偏微分方程（2.68）得

$$\dfrac{E(x+h,y)+E(x-h,y)}{h^2}+\dfrac{E(x,y+l)+E(x,y-l)}{l^2}-2\left(\dfrac{1}{h^2}+\dfrac{1}{l^2}-k_0^2 n^2\right)E(x,y)-\beta E(x,y)$$

$$(2.73)$$

如图 2.16 所示，采用 $E(i,j)$ 表示节点处的电场，则有

$$\dfrac{E(i+1,j)+E(i-1,j)}{h^2}+\dfrac{E(i,j+1)+E(i,j-1)}{l^2}-2\left(\dfrac{1}{h^2}+\dfrac{1}{l^2}-k_0^2 n^2\right)E(i,j)=\beta E(i,j) \quad (2.74)$$

如果记图 2.16 中 A 点的电场为 $E(i,j)$，则式（2.74）给出了节点 B、C、D、E 处电场和节点 A 处电场的关系，即所谓的五点差分格式。对所有节点列出这种关系式，并将其写成矩阵的形式，得到 $AX=\beta X$。

其中 X 是由各节点电场 $E(1,1),E(1,2),\cdots$ 组成的 $N_x\times N_y$ 个元素的列向量，A 是 $N_x\times N_y$ 行、$N_x\times N_y$ 列的矩阵，其每一行对应一个节点的五点差分格式方程。作为例子，这里给出如图 2.17 所示网格（节点处折射率均为 n）的矩阵方程为

$$\begin{pmatrix} \square & 0 & \triangle & 0 & 0 & 0 & 0 & 0 \\ & \square & 0 & \triangle & 0 & 0 & 0 & 0 \\ 0 & & \square & 0 & \triangle & 0 & 0 & 0 \\ \triangle & 0 & & \square & 0 & \triangle & 0 & 0 \\ 0 & \triangle & 0 & & \square & 0 & \triangle & 0 \\ 0 & 0 & \triangle & 0 & & \square & 0 & \triangle \\ 0 & 0 & 0 & \triangle & 0 & & \square & 0 \\ 0 & 0 & 0 & 0 & \triangle & 0 & & \square \end{pmatrix} \begin{pmatrix} E_{11} \\ E_{12} \\ E_{13} \\ E_{21} \\ E_{22} \\ E_{23} \\ E_{31} \\ E_{32} \\ E_{33} \end{pmatrix} = \beta \begin{pmatrix} E_{11} \\ E_{12} \\ E_{13} \\ E_{21} \\ E_{22} \\ E_{23} \\ E_{31} \\ E_{32} \\ E_{33} \end{pmatrix} \quad \begin{matrix} \triangle = \dfrac{1}{l^2} \\ = \dfrac{1}{h^2} \\ \square = k_0^2 n^2 - 2\left(\dfrac{1}{h^2}+\dfrac{1}{l^2}\right) \end{matrix} \quad (2.75)$$

由此可知，矩阵 A 是个数字分布有规律的对称而庞大的稀疏矩阵，转化为求解矩阵 A 的特征值以及相应的特征向量，从电磁波理论上讲，这里的一个特征向量对应一种电磁场在波导中的模式。

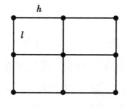

图 2.17 网格划分实例

2.3.3 有限元法

数值模拟技术通常用于研究"场"问题，包括位移场、应力场、电磁场、温度场、流场、振动特性等，其研究的问题归纳为在给定条件下求解其控制方程（常微分方程或偏微分方程）的问题。少数情况下，求解的方程简单，边界规则，能够获得精确解；多数情况下，求解的方程和边界条件能够简化，求得简化解；更多情况下，采用数值模拟技术，求得数值解。数值模拟技术的方法有有限元法、边界元法、离散单元法和有限差分法等。边界元法是近几年发展起来的，适用于板、壳问题，极大地简化了计算量。但使用时，存在一些限制。目前数值模拟应用最为广泛的方法是有限元法。

1）有限元法的概念

有限元法（Finite Element Method，FEM），称为有限单元法或有限元素法，是求解数理方程的一种数值计算方法。它是将理论、计算和计算机软件有机地结合在一起的一种数值分析技术。

其基本思想是将求解区域离散为一组有限个，且按一定方式相互连接在一起的单元的组合体。它是随着电子计算机的发展而迅速发展起来的一种现代计算方法。把物理结构分割成不同大小不同类型的区域，这些区域就称为单元。根据不同分析科学，推导出每一个单元的方程，组集成整个结构的系统方程，最后求解该系统方程，就是有限元法。简单地说，有限

元法是一种离散化的数值方法。离散后的单元与单元间只通过节点相联系,所有力和位移都通过节点进行计算。对每个单元选取适当的插值函数,使得该函数在子域内部、子域分界面上(内部边界)以及子域与外界分界面(外部边界)上都满足一定的条件。然后把所有单元的方程组合起来,就得到了整个结构的方程。求解该方程,就可以得到结构的近似解。离散化是有限元方法的基础。必须依据结构的实际情况决定单元的类型、数目、形状、大小以及排列方式。这样做的目的是将结构分割成足够小的单元,使得简单位移模型能足够近似地表示精确解。同时,又不能太小,否则计算量很大。

2) 有限元的发展概况

1943 年,Courant 在论文中取定义在三角形域上分片连续函数,利用最小势能原理研究 St. Venant 的扭转问题。

1960 年,Clough 在平面弹性论文中用"有限元法(FEM)"这个名称。

1970 年,随着计算机和软件的发展,有限元发展起来。有限元法所涉及的内容为有限元所依据的理论,单元的划分原则,形状函数的选取及协调性,数值计算方法及其误差、收敛性和稳定性。有限元法应用范围有固体力学、流体力学、热传导、电磁学、声学、生物力学等。有限元法能够求解的情况有杆、梁、板、壳、块体等各类单元构成的弹性(线性和非线性)、弹塑性或塑性问题(包括静力和动力问题),各类场分布问题(流体场、温度场、电磁场等的稳态和瞬态问题),水流管路、电路、润滑、噪声以及固体、流体、温度相互作用的问题。

3) 有限元法的基本思路

有限元法是求解数学物理问题的一种数值计算近似方法。它发源于固体力学,以后迅速扩展到流体力学、传热学、电磁学、声学等其他物理领域。有限元法的基本思路可以归结为将连续系统分割成有限个单元,对每个单元提出一个近似解,再将所有单元按标准方法组合成一个与原有系统近似的系统。

有限元分析的主要步骤如下:

(1) 连续体的离散化

也就是将给定的物理系统分割成等价的有限单元系统。一维结构的有限单元为线段,二维连续体的有限单元为三角形、四边形,三维连续体的有限单元可以是四面体、长方体或六面体。各种类型的单元有其不同的优缺点。根据实际应用,发展出了更多的单元,最典型的区分就是有无中节点。应用时必须决定单元的类型、数目、大小和排列方式,以便能够合理有效地表示给定的物理系统。

(2) 选择位移模型

假设的位移函数或模型只是近似地表示了真实位移分布。通常假设位移函数为多项式,最简单的情况为线性多项式。实际应用中,没有一种多项式能够与实际位移完全一致。用户所要做的是选择多项式的阶次,以使其在可以承受的计算时间内达到足够的精度。此外,还需要选择表示位移大小的参数,它们通常是节点的位移,但也可能包括节点位移的导数。

(3) 用变分原理推导单元刚度矩阵

单元刚度矩阵是根据最小位能原理或者其他原理,由单元材料和几何性质导出的平衡方程系数构成的。单元刚度矩阵将节点位移和节点力联系起来,物体受到的分布力变换为节点处的等价集中力。

(4) 集合整个离散化连续体的代数方程

也就是把各个单元的刚度矩阵集合成整个连续体的刚度矩阵,把各个单元的节点力矢量集合为总的力和载荷矢量。最常用的原则是要求节点能互相连接,即要求所有与某节点相关联的单元在该节点处的位移相同。但是最近研究表明,该原则在某些情况下并不是必需的。总刚度矩阵、总载荷向量以及整个物体的节点位移向量之间构成整体平衡,这样得出物理系统的基本方程后,还需要考虑其边界条件或初始条件,才能够使得整个方程封闭。如何引入边界条件依赖于对系统的理解。

（5）求解位移矢量

这种方法可能简单,也可能很复杂,如对非线性问题,在求解的每一步都要修正刚度和载荷矢量。

（6）由节点位移计算出单元的应力和应变

视具体情况,可能还需要计算出其他一些参量。

用在自重作用下的等截面直杆来说明有限元法的思路。

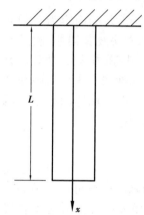

图2.18 受自重作用的等截面直杆

① 等截面直杆在自重作用下的材料力学解答。

受自重作用的等截面直杆如图2.18所示,杆的长度为L,截面积为A,弹性模量为E,单位长度的质量为q,杆的内力为N。试求杆的位移分布、杆的应变和应力。

$$N(x) = q(L-x) \quad (2.76)$$

$$du(x) = \frac{N(x)dx}{EA} = \frac{q(L-x)dx}{EA} \quad (2.77)$$

$$u(x) = \int_0^x \frac{N(x)dx}{EA} = \frac{q}{EA}\left(Lx - \frac{x^2}{2}\right) \quad (2.78)$$

$$\varepsilon_x = \frac{du}{dx} = \frac{q}{EA}(L-x) \quad (2.79)$$

$$\sigma_x = E\varepsilon_x = \frac{q}{A}(L-x) \quad (2.80)$$

② 等截面直杆在自重作用下的有限元法解答。

a. 首先,将等截面直杆离散化。如图2.19所示,将直杆划分成n个有限段,有限段之间通过一个铰接点连接。称两段之间的铰接点为节点,称每个有限段为单元。其中,第i单元的长度为L_i,包含第$i,i+1$节点。用单元节点位移表示单元内部位移,第i单元中的位移用所包含的节点位移表示为

$$u(x) = u_i + \frac{u_{i+1}-u_i}{L_i}(x-x_i) \quad (2.81)$$

b. u_i为第i节点的位移,x_i为第i节点的坐标。第i单元的应变为ε_i,应力为σ_i,内力为N_i。

$$\varepsilon_i = \frac{du}{dx} = \frac{u_{i+1}-u_i}{L_i} \quad (2.82)$$

$$\sigma_i = E\varepsilon_i = \frac{E(u_{i+1}-u_i)}{L_i} \quad (2.83)$$

$$N_i = A\sigma_i = \frac{EA(u_{i+1}-u_i)}{L_i} \quad (2.84)$$

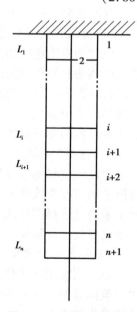

图2.19 离散后的直杆

c. 把外载荷集中到节点上,把第 i 单元和第 $i+1$ 单元质量的一半 $\dfrac{q(L_i+L_{i+1})}{2}$ 集中到第 $i+1$ 节点上(图 2.20)。

d. 建立节点的力平衡方程。

对第 $i+1$ 节点,由力的平衡方程可得

$$N_i - N_{i+1} = \dfrac{q(L_i+L_{i+1})}{2} \qquad (2.85)$$

令 $\lambda_i = \dfrac{L_i}{L_{i+1}}$,并将上式代入式(2.81)得

$$-u_i + (1+\lambda_i)u_{i+1} - \lambda_i u_{i+2} = \dfrac{q}{2EA}\left(1+\dfrac{1}{\lambda_i}\right)L_i^2 \qquad (2.86)$$

根据约束条件,$u_1 = 0$。

对第 $n+1$ 节点,

$$N_n = \dfrac{qL_n}{2} \qquad (2.87)$$

$$-u_n + u_{n+1} = \dfrac{qL_n^2}{2EA} \qquad (2.88)$$

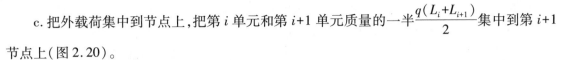

图 2.20 集中单元质量

建立所有节点的力平衡方程,可以得到由 $n+1$ 个方程构成的方程组,可解出 $n+1$ 个未知的节点位移。

【例 2.8】 将受自重作用的等截面直杆划分成 3 个等长的单元(图 2.21),试按有限元法的思路求解。

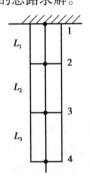

图 2.21 等长单元的有限法

解 定义单元的长度为

$$a = \dfrac{L}{3} \qquad (2.89)$$

对节点 1,$u_1 = 0$;

对节点 2 有

$$-u_1 + 2u_2 - u_3 = \dfrac{qa^2}{EA} \qquad (2.90)$$

同样,对节点 3 有

$$-u_2 + 2u_3 - u_4 = \dfrac{qa^2}{EA} \qquad (2.91)$$

对节点 4,可以有两种处理方法。

① 直接用第 3 单元的内力与节点 4 上的载荷建立平衡方程:

$$N_3 = \dfrac{qa}{2} = \dfrac{EA(u_4 - u_3)}{a} \qquad (2.92)$$

$$-u_3 + u_4 = \dfrac{qa^2}{2EA} \qquad (2.93)$$

② 假定存在一个虚拟节点 5,与节点 4 构成了虚拟单元 4:

$$L_4 = 0$$
$$u_5 = u_4$$
$$\lambda_3 = \frac{L_3}{L_4} \to \infty \tag{2.94}$$

在节点 4 上,
$$-u_3 + (1+\lambda_3)u_4 - \lambda_3 u_5 = \frac{q}{2EA}\left(1+\frac{1}{\lambda_3}\right)a^2$$
$$-u_3 + u_4 = \frac{qa^2}{2EA} \tag{2.95}$$

整理后得到线性方程组:
$$\begin{pmatrix} 2 & -1 & 0 \\ -1 & 2 & -1 \\ 0 & -1 & 1 \end{pmatrix} \begin{Bmatrix} u_2 \\ u_3 \\ u_4 \end{Bmatrix} = \begin{Bmatrix} \dfrac{qa^2}{EA} \\ \dfrac{qa^2}{EA} \\ \dfrac{qa^2}{2EA} \end{Bmatrix} \tag{2.96}$$

解得
$$\begin{cases} u_2 = \dfrac{5qa^2}{2EA} \\ u_3 = \dfrac{4qa^2}{EA} \\ u_4 = \dfrac{9qa^2}{2EA} \end{cases} \tag{2.97}$$

4)有限元法的计算步骤

有限元法的计算归纳为 3 个基本步骤,即网格划分、单元分析和整体分析。

(1)网格划分

有限元法的基础是用有限个单元体的集合来代替原有的连续体。首先要对弹性体进行必要的简化,再将弹性体划分为有限个单元组成的离散体。单元之间通过单元节点相连接。由单元、节点、节点连线构成的集合称为网格。通常把三维实体划分成四面体或六面体单元的网格,如图 2.22、图 2.23 所示,其单元划分分别如图 2.24、图 2.25 所示;平面问题划分成三角形或四边形单元的网格,如图 2.26、图 2.27 所示,其单元划分分别如图 2.28、图 2.29 所示。

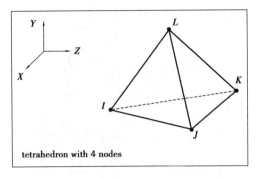

图2.22 四面体4节点单元

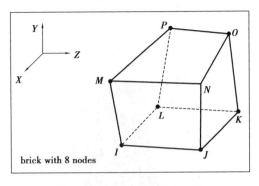

图2.23 六面体8节点单元

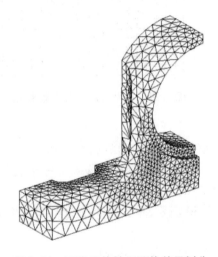

图2.24 三维实体的四面体单元划分

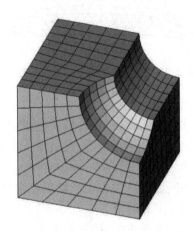

图2.25 三维实体的六面体单元划分

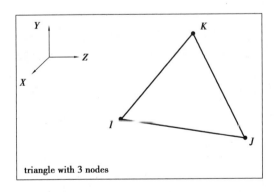

图2.26 三角形3节点单元

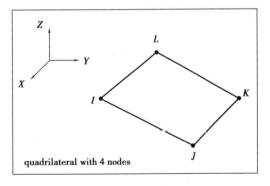

图2.27 四边形4节点单元

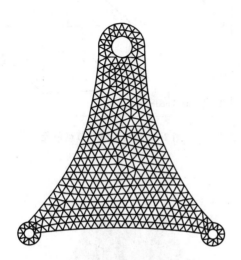
图2.28 平面问题的三角形单元划分

图2.29 平面问题的四边形单元划分

(2)单元分析

对弹性力学问题,单元分析就是建立各个单元的节点位移和节点力之间的关系式。将单元的节点位移作为基本变量,进行单元分析首先要为单元内部的位移确定一个近似表达式,然后计算单元的应变、应力,再建立单元中节点力与节点位移的关系式。

以平面问题的三角形3节点单元为例,如图2.30所示,单元有3个节点I、J、M,每个节点有两个位移u、v和两个节点力U、V。

单元的所有节点位移、节点力可以表示为节点位移向量(vector):

节点位移

$$\{\delta\}^e = \begin{Bmatrix} u_i \\ v_i \\ u_j \\ v_j \\ u_m \\ v_m \end{Bmatrix} \tag{2.98}$$

节点力

$$\{F\}^e = \begin{Bmatrix} U_i \\ V_i \\ U_j \\ V_j \\ U_m \\ V_m \end{Bmatrix} \tag{2.99}$$

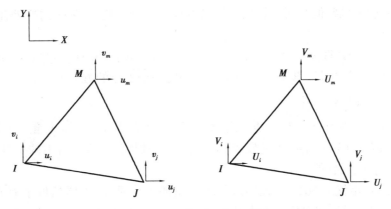

图2.30 三角形3节点单元

单元的节点位移和节点力之间的关系用张量(tensor)来表示：

$$\{F\}^e = [K]^e \{\delta\}^e \tag{2.100}$$

(3) 整体分析

对由各个单元组成的整体进行分析，建立节点外载荷与节点位移的关系，以解出节点位移，这个过程为整体分析。再以弹性力学的平面问题为例，如图2.31所示，在边界节点i上受到集中力P_x^i和P_y^i作用。节点i是3个单元的结合点，要把这3个单元在同一节点上的节点力汇集在一起建立平衡方程。

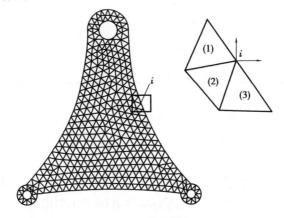

图2.31 整体分析

第i节点的节点力：

$$\left. \begin{array}{l} U_i^{(1)} + U_i^{(2)} + U_i^{(3)} = \sum_e U_i^{(e)} \\ V_i^{(1)} + V_i^{(2)} + V_i^{(3)} = \sum_e V_i^{(e)} \end{array} \right\} \tag{2.101}$$

第i节点的平衡方程：

$$\left. \begin{array}{l} \sum_e U_i^{(e)} = P_x^i \\ \sum_e V_i^{(e)} = P_y^i \end{array} \right\} \tag{2.102}$$

有限差分法直观、理论成熟、精度可选，但是不规则区域处理烦琐。虽然网格生成可以使

FDM 应用于不规则区域,但是对区域的连续性等要求较严。使用 FDM 的好处在于易于编程,易于并行。

有限元方法适合处理复杂区域,精度可选。缺陷在于内存和计算量巨大,并行不如 FDM 和 FVM 直观,FEM 的并行计算是当前和将来应用的一个不错的方向。

5) 有限元法的进展与应用

有限元法不仅能应用于结构分析,还能解决归结为场问题的工程问题。从 20 世纪 60 年代中期以来,有限元法得到了巨大的发展,为工程设计和优化提供了有力的工具。

(1) 算法与有限元软件

从 20 世纪 60 年代中期以来,人们进行了大量的理论研究,不但拓展了有限元法的应用领域,还开发了许多通用或专用的有限元分析软件。理论研究的一个重要领域是计算方法的研究,主要有大型线性方程组的解法、非线性问题的解法、动力问题计算方法。

目前应用较多的通用有限元分析软件见表 2.6。

表 2.6 常用的有限元分析软件

软件名称	简介
MSC/Nastran	著名结构分析程序,最初由 NASA 研制
MSC/Dytran	动力学分析程序
MSC/Marc	非线性分析软件
ANSYS	通用结构分析软件
ADINA	非线性分析软件
ABAQUS	非线性分析软件

还有许多针对某类问题的专用有限元软件,如金属成形分析软件 Deform、Autoform、焊接与热处理分析软件 SysWeld 等。

(2) 应用实例

有限元法已经成功地应用在以下一些领域:固体力学,包括强度、稳定性、震动和瞬态问题的分析;传热学;电磁场;流体力学。以下为一些有限元法应用的实例。

板坯连铸中,进入结晶器的高温钢水具有很大的动能,凝固壳包围的液态金属中存在着强烈的紊流流动。这种流动对卷渣、卷气、液穴域中温度分布、凝固传热和凝固壳厚度分布的均匀性都有重要影响,更重要的是直接和间接地影响板坯质量。如图 2.32 所示为水口倾角为 0° 连铸结晶器内钢液流场有限元数值的模拟结果。

由图可知,钢液从浸入式水口侧孔出来后分成向下和向上两大流股。其中向下流股是主流股,在遇到结晶器窄面后沿着结晶器下行,达到一定的冲击深度后,回流流向中心。上部流股在结晶器上部形成回流,这个回流的表面速度对结晶器内保护渣的熔化起决定性作用。沿结晶器窄面上流钢液会使钢液表面不平稳,对保护渣沿结晶器表面渗入有影响。流股对窄面的冲击点可以由工艺条件采用几何方法决定。下部流股沿窄面向下运动必然对柱状晶生长提供有利条件。从水口侧孔流出的钢液由于射流作用流向结晶器的宽面,并回流流向结晶器的宽面中心,形成两个对称的回流循环区。

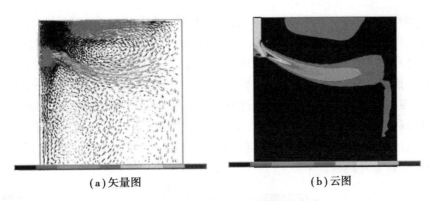

(a) 矢量图　　　　　　　　　　(b) 云图

图 2.32　水口倾角对速度场的影响(倾角为 0°)

控制冷却是通过控制钢材的冷却速度达到改善钢材的组织和性能的目的,热轧变形的作用,促使变形奥氏体向铁素体转变温度(A_{r3})提高,相变后的铁素体晶粒容易长大,造成力学性能降低,为了细化铁素体晶粒,减小珠光体片层间距,阻止碳化物在高温下析出,以提高析出强化效果,而采用人为地、有目的地控制冷却过程的工艺。准确掌握控冷过程中棒材温度的变化是制订有效、合理的控冷工艺的关键。运用 ANSYS 对某棒材厂三段式空冷冷却过程进行温度场模拟,求解温度场得到如图 2.33 所示温度分布云图。

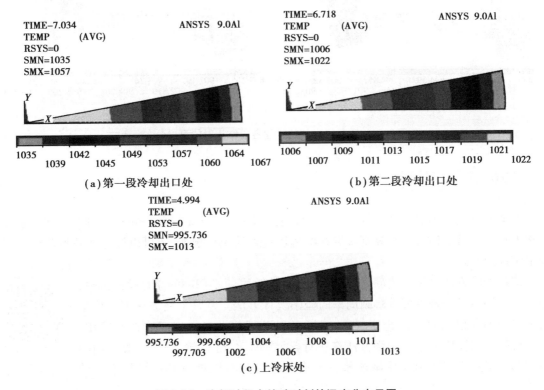

图 2.33　冷却过程中特殊时刻的温度分布云图

淬火加热的目的是使钢奥氏体化,淬火加热制度(加热时间和加热温度)应根据钢种、工件规格,结合产品要求制订。淬火加热制度的差异会使奥氏体组织产生差异,直接影响热处理质量,从而使产品实物性能指标及其稳定性显著不同。利用 ANSYS 软件对某规格车轮淬火加热过程的瞬态温度场进行了计算,得到任一时刻车轮内的温度分布。如图 2.34 所示为加热过程各段结束时车轮的温度分布情况。从模拟结果看,车轮加热过程中温度变化呈现以下特点:加热过程中,受热条件较好,轮毂和辐板升温较快,而轮毂部位较慢。加热初期,辐板较薄,温度上升最快;进入加热Ⅱ段后期,炉气温度与轮圈和辐板温度接近,这些部位的热交换基本处于平衡状态,轮毂部位除继续通过辐射吸热外,热传导的作用从辐板部位吸收热量,这就造成辐板部位温度略低于轮圈部位的温度。加热期间,车轮内侧面温度比外侧面温度高,这是因为该规格车轮加热时,车轮内侧面朝上暴露在外,而外侧面朝下靠近炉底,内侧面的换热条件明显好于外侧面。

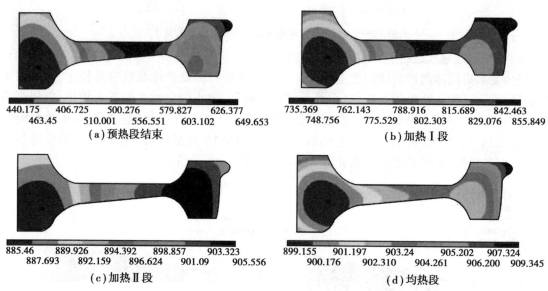

图 2.34 车轮淬火加热过程各段结束时的温度分布

2.4 概率论与统计学

本节介绍基于随机数序列抽样的模拟计算方法——蒙特卡洛(Monte Carlo)方法。蒙特卡洛方法不仅可以模拟自然界真实存在的随机过程的统计规律,还可以通过构建概率模型模拟确定性问题。

蒙特卡洛方法最早可追溯到 18 世纪法国数学家蒲丰(Buffon)的投针试验,蒲丰试验给出了一种近似求解圆周率的概率统计方法。蒙特卡洛方法需要大量与随机数抽样相关的统计计算,在计算机出现以前并没有得到实质性的应用。计算机技术的发展为蒙特卡洛方法在统计学、物理学、材料学、经济学等方面的应用奠定了基础。本节主要阐述蒙特卡洛方法的基本原理及其在材料学中的应用。

蒲丰与投针实验

2.4.1 蒙特卡洛方法的基本思想

自然界中有许多随机过程,如布朗运动、中子在材料中的碰撞和传输过程等,这些随机过程可以利用蒙特卡洛方法直接进行抽样试验(计算模拟),利用计算模拟可以相当好地描述这些过程的物理规律。这里主要通过一个简单的例子介绍蒙特卡洛方法中构建随机过程和模拟计算的基本思想。

蒲丰试验的基本思想：首先，在光滑的水平面上画一组间距为 l 的平行线；其次，将长度为 l 的细针随机投掷于水平面上；最后，计算细针与平行线的相交概率。

细针在平行线的法线上投影长度为 $l_z = l|\cos\alpha|$。细针与平行线相交的概率为

$$p(\alpha) = \frac{l|\cos\alpha|}{l} = |\cos\alpha| \tag{2.103}$$

由于 α 的取值范围为 $[0,\pi]$，所以细针与平行线相交的概率平均值为

$$\langle p \rangle = \frac{1}{\pi}\int_0^\pi |\cos\alpha|\mathrm{d}\alpha = \frac{2}{\pi} \tag{2.104}$$

如果在 N 次投针试验中，有 m 次与平行线相交，那么有

$$\langle p \rangle = \lim_{N\to\infty}\frac{m}{N} \tag{2.105}$$

即在 N 足够大时，可以得到 π 的近似值，即

$$\pi \approx \frac{2N}{m} \tag{2.106}$$

蒲丰试验表明，蒙特卡洛方法的基本思想为将待求解问题转化为概率统计问题，利用随机事件的概率统计求解问题。试验表明，需要大量次数的投针试验才能得到较好的结果，即便是进行 10^4 次投针试验，π 值的精度也只能达到 3 位有效数字，表明蒙特卡洛方法的收敛速度很慢，但上述方法简单、图像清晰。以上分析表明，蒙特卡洛方法不是计算圆周率的较好方法，这里主要以此说明蒙特卡洛方法的基本思想。

真正的蒙特卡洛方法在计算机上完成上述"试验"，无须像蒲丰那样真正去进行投针试验。计算模拟试验中需要随机、均匀地给出夹角 α 的数值，方能保证模拟计算的正确性。蒙特卡洛方法中通过 $[0,1]$ 区间内均匀分布的随机数来实现角度 α 的随机抽样。

通过上面的例子，可以得出蒙特卡洛方法的基本特点：①需要将要解决的问题转化为概率问题；②构建随机过程；③要求解的未知量是随机变量的平均值。

2.4.2 随机数

蒲丰试验中投针和求解定积分的投点"统计试验"中，投针或投点的随机性非常重要，是获得正确统计结果的保障。如何获得随机变量是蒙特卡洛方法的核心内容之一。在蒙特卡洛模拟中，随机变量是利用 $[0,1]$ 区间的随机数进行抽样得到的。一般将 $[0,1]$ 区间均匀分布的随机数简称为随机数，可以分为真随机数和伪随机数两种。

1) 真随机数

真随机数是 $[0,1]$ 区间内真正随机分布的随机变量，一般只能用具有随机性质的物理效应产生（如放射性元素的衰变、电路的噪声等）。物理方法产生的真随机数尽管具有较好的统计随机性，但费用较高、不可重复，难以满足复杂模拟计算的需要。实际上蒙特卡洛模拟一般使用数学方法生成的伪随机数。

2) 伪随机数

伪随机数一般用数学方法产生，通常情况下利用周期足够长的递推公式生成准随机数。

严格意义上讲,伪随机数不是数学上严格的随机数,但只要通过随机数的检验,并满足模拟计算的精度要求,伪随机数就是可以接受的。伪随机数一般要满足以下要求:①要具有良好的统计随机性和分布均匀性;②要有足够长的周期性;③具有较高的产生效率。

产生伪随机数的方法很多,如平方取中法、同余法等。

思考题

1. 简述数学模型建立的一般过程。
2. 简述常用的数学模型建立方法。
3. 什么是有限差分法和有限元法?其各有什么特点?各有什么优缺点?
4. 简述有限差分法和有限元法解决实际问题的基本思路。
5. 举例说明有限元软件在材料科学中的应用情况。
6. 如图2.35所示,受自重作用的等截面直杆的长度为L,截面积为A,弹性模量为E,单位长度的质量为q。将受自重作用的等截面直杆划分成3个等长的单元,将第i单元上作用的分布力作为集中载荷qL_i加到第$i+1$节点上,试按有限元法的思路求解。

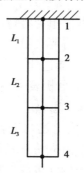

图2.35 思考题第6题图

7. 用有限差分法求解拉普拉斯方程:

$$\begin{cases} \dfrac{\partial^2 U}{\partial x^2}+\dfrac{\partial^2 U}{\partial y^2}=0, 0<x<0.5, 0<y<0.5 \\ U(0,y)=u(x,0)=0 \\ U(x,0.5)=200x \\ U(y,0.5)=200y \end{cases}$$

参考文献

[1] 吴石林,张玘. 误差分析与数据处理[M]. 北京:清华大学出版社,2010.

[2] 周志敏,孙本哲. 计算材料科学数理模型及计算模拟[M]. 北京:科学出版社,2013.

[3] 王鹏,潘保国,许道军,等. 概率论与数理统计[M]. 合肥:合肥工业大学出版社,2020.

[4] 王兆强,陈建,魏婷,等. Zr含量对Mg-5Gd-3Y-xZr合金晶粒尺寸及固溶行为的影

响[J]. 西安工业大学学报, 2015, 35(4): 317-321.

[5] 张鹏, 赵丕琪, 侯东帅. 计算机在材料科学与工程中的应用[M]. 北京:化学工业出版社, 2018.

[6] 周伟, 张宜新, 刘学锋, 等. 基于变步长 Velocity Verlet 算法的卢瑟福散射模拟的优化[J]. 实验技术与管理, 2020, 37(10): 80-83.

[7] 张跃, 谷景华, 尚家香, 等. 计算材料学基础[M]. 北京: 北京航天航空大学出版社, 2007.

[8] 费维栋, 郑晓航, 王国峰. 计算材料学[M]. 哈尔滨: 哈尔滨工业大学出版社, 2021.

第3章
第一性原理计算

第一性原理计算基于量子力学原理,允许从头开始预测和理解材料的性质和行为。本章首先介绍第一性原理理论基础,包括量子力学基础、多体系统的 Schrödinger 方程、Born-Oppenheimer 绝热近似、Hartree-Fock 方法和密度泛函理论。其次讨论电子结构计算方法及实现,包括电子结构计算方法和两种具体的计算流程:VASP 和 EMTO。最后介绍材料性能的第一性原理计算案例,包括物性参数计算方法和材料性能计算实践。

3.1 第一性原理理论基础

第一性原理(First-principles)计算是以量子力学理论为基础,根据原子核、电子之间的相互作用,通过一定的简化和近似,求解薛定谔方程(Schrödinger equation),获得体系基态性质的方法。其优势在于不依赖经验参数,只需原子序数、晶体结构等作为输入,就能够合理预测材料体系的总能量、稳定性、电子结构和各种物理、化学性质,在材料、化工、物理等重要领域有着越来越广泛的应用。一方面,以第一性原理为基础的材料性能计算可以与实验研究相互补充,建立准确、完备的材料性能基础数据;另一方面,第一性原理计算可以解释实验研究的合理性,指导实验研究继续深化,促进相关理论的发展。

3.1.1 量子力学基础

科学家故事:薛定谔的量子力学

固体材料是由大量的原子(或离子)以一定的方式排列而成,原子由原子核和核外电子构成,是构成物质的基本单元,决定了物质的基本性质。原子核和电子的质量都很小,且运动速度很快,对这种微观粒子的运动,经典力学将不再适用。经典粒子的运动规律可用粒子的运动轨迹加以描述,质点的位置和动量可以完全确定,而在量子力学中,微观粒子的位置和动量有一个是确定的,另一个量就不能确定,即微观粒子的运动具有量子化和波粒二象性两个特点。

量子化是指某一物理量的变化是不连续的,而是以某一最小的单位跳跃式地增减,而最小的增减单位称为这一物理量的"量子",如电荷的最小单位是一个电子的电荷,原子的能量、角动量等都是量子化的。波粒二象性是指微观粒子既有微粒的性质,又有波动的性质。根据著名的德布罗意(de Broglie)关系式,一个动量为 p 的电子的波长为

$$\lambda = \frac{h}{p} \tag{3.1}$$

则电子的动量可以表示为

$$p = \frac{h}{\lambda} = \hbar k \tag{3.2}$$

电子的动能为

$$E = \frac{p^2}{2m} = \frac{\hbar^2 k^2}{2m} \tag{3.3}$$

式中,h 为普朗克常数,$h \approx 6.626 \times 10^{-34}$ J·s;$\hbar$ 为约化普朗克常数,$\hbar = h/(2\pi)$;k 为电子波的波矢,$k = 2\pi/\lambda$;m 为电子的质量。

应当指出,电子和其他微观粒子一样,其粒子属性不能等同于经典力学运动中的粒子,并且电子的波动性并非指电子的运动路径是波动的,而是指电子运动状态具有可叠加性。

源于微观粒子波粒二象性,量子力学通过波函数方程揭示出了与经典物理学完全不同的物质运动规律,其理论框架主要由波函数假设、态的叠加原理、量子态演化假设、算符假设、量子测量假设及粒子全同性假设等基本假设构成。

1)波函数假设

微观粒子具有波粒二象性,对其运动状态的描述不能像在经典牛顿力学中用轨迹方程 $r = r(t)$ 来对质点的运动状态进行完备描述。也就是说,不能把电子想象成是绕着原子核外的某一固定轨道运动,其运动轨迹方程是不存在的,而且可以发生干涉或衍射的现象,这就是波动的必然要求。

波和场的概念是联系在一起的,实物粒子的波动性应理解为某种场的时空变化。$\Psi(r,t)$ 代表这个场的场量,称为描述电子等微观粒子运动状态的波函数,并赋予它一定的物理意义,就有了量子力学的第一个基本假设,其内容是"实物粒子的状态可由波函数 $\Psi(r,t)$ 来完全描述,归一化的波函数的模平方 $|\Psi(r,t)|^2$ 给出了粒子 t 时刻在空间 r 处附近出现的概率密度"。"完全"描述是指电子等微观粒子状态只需用一个 $\Psi(r,t)$ 来描写就够了,且由波函数的统计诠释易得出波函数满足归一化条件,即要求电子等微观粒子在各空间点的概率总和为1,则有

$$\int |\Psi(r,t)|^2 \mathrm{d}v = 1 \tag{3.4}$$

式中,积分区间为遍及电子等微观粒子存在的整个空间。

波函数 $\Psi(r,t)$ 一般要求满足连续、有限和单值3个条件:①波函数 $\Psi(r,t)$ 必须是连续函数,而且在整个空间平方可积;②波函数 $\Psi(r,t)$ 必须是有界的,因为 $|\Psi(r,t)|^2$ 代表发现微观粒子的概率密度,而概率密度只能是一个有限的数;③空间中不可能出现两个不同的微观粒子概率密度,波函数 $\Psi(r,t)$ 必须是单值的。

自由电子可以看作最简单的粒子,因为其不受任何势场的作用,在引入波函数和 Schrödinger 方程前,人们用最简单的波函数-简谐平面波来描述自由电子波函数,即

$$\Psi(r,t) = A e^{i(k \cdot r - \omega t)} = A e^{\frac{i}{\hbar}(p \cdot r - Et)} \tag{3.5}$$

式中,A 为归一化常数;k 为电子波矢;r 为电子在空间中的位置矢量。

通过自由电子的波函数可知,自由电子在空间各处的概率密度是一样的,这一点与经典粒子完全不同。

2)态的叠加原理

态的叠加原理是指,"如果 $\Psi_1, \Psi_2, \cdots, \Psi_n$ 所描述的状态都是粒子可能实现的状态,那么它们的线性组合所描述的状态也是粒子可能实现的状态"。

微观粒子总是在一定的环境下运动,通过粒子的势能、边界条件及初始条件来描述其运动的具体环境。在经典理论中这些条件的唯一性决定了粒子的运动。在量子力学中,粒子具有波粒二象性,粒子性表现了粒子总是整体地被测到,波动性表现为测量结果不确定。比如,电子枪只发射一个电子射到晶面上,电子射到晶面某一方向的结果是不确定的,但是概率是确定的。电子被散射到一个确定的方向上时,其动量、能量都是确定的,使得每一个确定方向上的电子状态都可用一对应的平面波来表示,这说明散射电子可能同时具有各种不同的状态,即同时处于 $\Psi_1, \Psi_2, \cdots, \Psi_n$,而且电子同处于各种不同可能状态中的各状态所占概率是确定的。那么,可由波函数完全描述粒子状态和波的叠加性,即

$$\Psi = \sum C_n \Psi_n \tag{3.6}$$

3) 量子态演化假设

量子态演化假设是指,"微观体系的运动状态波函数随时间的演化满足薛定谔(Schrödinger)方程"。Schrödinger 在 1926 年假定微粒运动的定态(即具有能量的状态)具有量子化的特征,而在经典波动力学中有量子化特征的只有驻波。波函数假设给出薛定谔方程只有一个初始条件 $\Psi(r,0)$,使得薛定谔方程应是时间的一阶微分方程,而态的叠加原理使得薛定谔方程应是线性方程。既然假定了定态与驻波相联系,且已知 $\nu = E/h, \lambda = h/p$,那么用来描述实物微粒运动的方程可以表示为

$$i\hbar \frac{\partial}{\partial t} \Psi(r,t) = -\frac{\hbar^2}{2m} \nabla^2 \Psi(r,t) + V\Psi(r,t) \tag{3.7}$$

即为薛定谔方程,也称为薛定谔波动方程,是量子力学的一个基本假设,其正确性根据它所推出的结论和客观实验事实相一致而得到验证。薛定谔方程是将物质波的概念和波动方程相结合建立的二阶偏微分方程,可描述微观粒子的运动,每个微观系统都有一个相应的薛定谔方程式,通过求解方程可得到波函数的具体形式以及对应的物理量本征值,从而了解微观系统的性质。

4) 算符假设

量子体系中的可观测量(力学量)用线性厄米(Hamilton)算符来描述是量子力学的又一个基本假设,这主要是由厄米算符一些重要的性质所决定。如算符的线性是状态叠加原理所要求的,而力学量之间的关系也可通过相应算符之间的关系(如对易关系)来反映出来。

变换式(3.7)可得

$$i\hbar \frac{\partial}{\partial t} \Psi(r,t) = \left\{ -\frac{\hbar^2}{2m} \nabla^2 + V(r,t) \right\} \Psi(r,t) \tag{3.8}$$

式中,$\left\{ -\frac{\hbar^2}{2m} \nabla^2 + V \right\}$ 称为 Hamilton 算符,以 $\hat{H}$ 表示,即

$$\hat{H} \equiv -\frac{\hbar^2}{2m} \nabla^2 + V \tag{3.9}$$

得

$$\hat{H} \Psi(r,t) = i\hbar \frac{\partial}{\partial t} \Psi(r,t) \tag{3.10}$$

两边同时乘以 $e^{-\frac{i}{\hbar}Et}$,则可以得

$$\hat{H}\Psi(r,t) = E\Psi(r,t) \tag{3.11}$$

其中，$\Psi(r,t)$ 是 Hamilton 算符 $\hat{H}$ 的本征函数（也称为本征态 eigenstate），能量 E 就是算符 $\hat{H}$ 的本征值。

3.1.2 多体系统的 Schrödinger 方程

固体材料是由大量的原子堆垛形成的，包含大量原子核和电子的多粒子系统。多粒子系统的 Schrödinger 方程可表示为

$$H(r,R)\Psi(r,R) = E\Psi(r,R) \tag{3.12}$$

式中，r 为电子坐标合集；R 为原子核坐标合集；$H(r,R)$ 为系统的哈密顿量；$\Psi(r,R)$ 为系统的波函数。

哈密顿量为体系中所有粒子的动能总和加上与系统相关粒子的势能，具体表示为

$$H(r,R) = H_e(r) + H_N(R) + H_{e-N}(r,R) \tag{3.13}$$

式中，$H_e(r)$ 为电子动能和势能之和；$H_N(R)$ 为原子核动能和势能之和；$H_{e-N}(r,R)$ 为原子核与电子相互作用能。

上式中 $H_e(r)$、$H_N(R)$ 和 $H_{e-N}(r,R)$ 的表达式分别为

$$H_e(r) = T_e(r) + V_e(r) = -\sum_i \frac{\hbar^2}{2m_i}\nabla^2 + \frac{1}{8\pi\varepsilon_0}\sum_{i\neq i'}\frac{e^2}{|r_i - r_{i'}|} \tag{3.14}$$

式中，右侧第一项为电子的动能；第二项为电子与电子之间的库仑相互作用能；ε_0 为真空介电常数；m_i 为第 i 个电子的质量。

$$H_N(R) = T_N(R) + V_N(R) = -\sum_j \frac{\hbar^2}{2M_j}\nabla^2 + \frac{1}{8\pi\varepsilon_0}\sum_{j\neq j'}\frac{Z_j Z_{j'}}{|R_j - R_{j'}|} \tag{3.15}$$

式中，右侧第一项为原子核的动能；第二项为原子核与原子核之间的相互作用能；M_j 为第 j 个原子核的质量；Z_j 为第 j 个原子核所带的核电荷数。

$$H_{e-N}(r,R) = \sum_{i,j} V_{e-N}(r_i, R_j) \tag{3.16}$$

理论上来讲，对式(3.12)—式(3.16)求解就可获得固体材料的所有物理性质。但是固体材料中含有大量的原子核和电子，粒子间的相互作用非常复杂，直接求解多体系统的 Schrödinger 方程是非常困难的，计算量达 10^{29} 数量级。需要对准确的系统哈密顿量进行合理的简化和近似，以近似求解多体粒子系统的 Schrödinger 方程。

3.1.3 Born-Oppenheimer 绝热近似

电子和原子核受到的静电力具有相同的数量级，两者的动量变化相近。但原子核的质量是电子的 $10^3 \sim 10^4$ 倍，电子的运动速度相较于原子核要快得多。电子在每一时刻仿佛运动在静止原子核构成的势场中，而原子核运动时则感受不到快速运动的电子的具体位置，感受到的是运动电子的平均作用力。可以将快速运动的电子看作一个均匀的背景，那么电子和原子核可以看作两个独立的子系统，将整个系统中多粒子体系波函数写成电子波函数和原子核波函数的乘积，这就是著名的玻恩-奥本海默(Born-Oppenheimer)绝热近似。根据 Born-Oppenheimer 绝热近似，一个子系统是原子核间相互作用的系统，即

$$H = -\frac{\hbar^2}{2m}\sum_\alpha \nabla^2 + \frac{1}{2}\sum_{\alpha\neq\beta} V(R_\alpha, R_\beta) + \sum_\alpha V_e(R_\alpha) \tag{3.17}$$

式中，$V_e(R_\alpha)$ 是电子对原子核的平均作用。

另一个子系统是电子间相互作用的系统，即

$$H = -\frac{\hbar^2}{2m}\sum_i \nabla_i^2 + \frac{1}{8\pi\varepsilon_0}\sum_{i\neq j}\frac{e^2}{|r_i-r_j|} + \sum_i V(r_i) \tag{3.18}$$

式中，$V(r_i)$ 是所有原子核对 i 个电子产生的平均势场。对一个周期结构或者均匀结构来讲，$V(r_i)$ 都有相同的形式。

3.1.4 Hartree-Fock 方法

对电子的薛定谔方程，由于电子和电子之间库仑相互作用项的存在，不能进行变量分离，所以不能精确求解电子的薛定谔方程。1928 年，道格拉斯·哈特利(Hartree) 为了求解多电子体系的薛定谔方程提出 Hartree 假设：将电子看成在由原子核和其他电子组成的势场中运动，把多电子问题转化成单电子问题；对薛定谔方程中的哈密顿量则由独立的单个电子的算符算术加和而成，而对体系的波函数就直接转换成了单个粒子波函数乘积的形式，即

$$\Psi(r_1,r_2,\cdots,r_n) = \phi_1(r_1)\varphi_2(r_2)\cdots\phi_n(r_n) \tag{3.19}$$

$$\widehat{H} = \sum_{i=1}^n -\frac{1}{2}\nabla_i^2 + \sum_{i=1}^n V_i(r_i) + \sum_{i,j(j\neq i)}\frac{e^2}{|r_i-r_j|} \tag{3.20}$$

粒子 i 的 Hartree 算符为

$$\widehat{hi} = -\frac{1}{2}\nabla_i^2 + V_i(r_i) + \sum_{j(j\neq i)}\frac{e^2}{|r_i-r_j|} \tag{3.21}$$

每个粒子的运动方程为

$$\widehat{hi}\phi_i(r_i) = \left[-\frac{1}{2}\nabla_i^2 + V_i(r_i) + \sum_{j(j\neq i)}\frac{e^2}{|r_i-r_j|}\right]\phi_i(r_i) = \varepsilon\phi_i(r_i) \tag{3.22}$$

其中所谓单粒子波函数 $\varphi_i(r_i)$ 只是 r_i 的函数，$|\phi_i(r_i)|^2$ 表示的物理含义就是第 i 个电子在 r_i 处出现的概率。只要把每个粒子的波函数表示出来，就可以得到多电子体系的波函数，然后需要通过求解哈密顿量算符的平均值得到体系的能量。

值得注意的是，电子具有自旋，且自旋量子数是半整数，即电子属于费米子。费米子的波函数满足交换反对称性，即如果量子粒子位置交换，波函数就会改变正负号，如

$$\Psi(r_1,r_2,r_3,\cdots,r_i,\cdots,r_j,\cdots,r_n) = -\Psi(r_1,r_2,r_3,\cdots,r_j,\cdots,r_i,\cdots,r_n) \tag{3.23}$$

而上述 Hartree 提出的波函数，粒子交换位置之后波函数不会改变符号，即不满足交换反对称性。1930 年，Hartree 的学生弗拉基米尔·福克(Fock) 和约翰·斯莱特(Slater) 分别将单电子波函数写成了斯莱特(Slater) 行列式的形式，即

$$\Psi(r_1,r_2,\cdots,r_n) = \frac{1}{\sqrt{n!}}\begin{vmatrix}\phi_1(r_1) & \phi_2(r_1) & \cdots & \phi_n(r_1)\\ \phi_1(r_2) & \phi_2(r_2) & \cdots & \phi_n(r_2)\\ \vdots & \vdots & & \vdots\\ \phi_1(r_n) & \phi_2(r_n) & \cdots & \phi_n(r_n)\end{vmatrix} \tag{3.24}$$

这就是 Hartree-Fock 近似，其中 n 为总电子数。交换两个电子的位置和交换矩阵中的两列是等价的，即改变了波函数的符号，行列式满足交换反对称性，可以作为电子的波函数。

Hartree-Fock 近似将多粒子系统的波函数用单电子波函数的斯莱特矩阵来表达，任意一个电子的运动均被其他电子所形成的库仑势场所影响。这种近似思想可以很轻松地处理原

子较少的系统。然而，当系统内原子数较多的时候，其波函数的解就会变得异常复杂，而其计算量随系统的规模会成 n^4 倍数增长。同时，Hartree-Fock 近似并没有考虑电子关联效应，具有一定的局限性。

3.1.5 密度泛函理论

如上所述，从第一原理计算描述固体特性意味着要求解大量相互作用的电子和原子核的薛定谔方程，即使对相对较小的系统，这也是一项非常难以完成的任务。Born-Oppenheimer 绝热近似是克服这一困难的第一步，其假定在原子核运动的时间尺度上，电子子系统总是处于稳定状态，原子核的运动被单独解决。剩下的一组电子稳态的薛定谔方程对于数值求解来说仍然比较复杂。

密度泛函理论（Density Functional Theory, DFT）为这一复杂问题提供了一个新的简练表述，即将粒子数密度函数作为变量，对体系基态下的物理性质进行描述，且以一无相互作用的、在有效单粒子势作用下运动的电子体系描述真实的电子系统，两者具有相同的基态密度函数。这个有效电势是总电荷密度的一个函数，它包含了所有电子和原子核的影响。也就是说，将初始问题的复杂性隐藏在有效电势的交换-关联部分。通过自洽求解单电子方程，可以得到平衡电荷密度和系统的总能量。值得指出的是，传统的量子理论将波函数 $\Psi(r_i)$ 作为体系的基本物理量，而密度泛函理论的主要目标就是用电荷密度 $n(r)$ 取代波函数作为研究的基本量。因为电荷密度只是空间坐标的函数，这样就会使 $3N$ 维波函数问题转化为 3 维粒子密度问题，十分简单直观。

1) Hohenberg-Kohn 定理

如前所述，如果固体材料中有 n 个电子，在求解 Schrödinger 方程时，就要求得到 $3n$ 个变量的波函数，这种求解相当困难。理论上来说，能够测量的物理量是 n 个电子在某特定坐标 $(r_1, r_2, \cdots, r_n)$ 出现的概率，这个概率值就是 $\phi^*(r_1, r_2, \cdots, r_n) \phi(r_1, r_2, \cdots, r_n)$。实际上，与该密度值密切相关的物理量就是空间中某个位置上的电荷密度 $n(r)$。由式 (3.19) 可知，n 个电子系统的波函数可以写成单电子波函数的乘积形式。那么电荷密度就可以用单电子波函数的形式进行定义：

$$n(r) = 2 \sum_i \phi_i^*(r) \phi_i(r) \tag{3.25}$$

式中，参数 2 是考虑了电子的自旋，求和项中的每一项就是每个电子位于 r 处的概率值。电荷密度 $n(r)$ 仅是 3 个坐标的函数，而且含有 Schrödinger 方程全波函数解的大量信息，通过 Schrödinger 方程在求解多体系统的基态能量时，就将求解全电子波函数问题转化为求解电荷密度的问题，从而使求解过程大大简化。基于这一思想，Hohenberg 和 Kohn 提出了两个重要的定理，从而奠定了密度泛函理论的基础。

定理 1：对任何在外部电势 $V_{\text{ext}}(r)$ 中的相互作用的粒子系统，电势 $V_{\text{ext}}(r)$ 是由基态粒子密度 $n_0(r)$ 唯一确定的。也就是说，从 Schrödinger 方程得到的基态能量是电荷密度的唯一函数。

定理 2：可以定义一个关于密度 $n(r)$ 的能量 $E[n]$ 通用函数（泛函），对任何外部势能 $V_{\text{ext}}(r)$ 有效。对任何特定的 $V_{\text{ext}}(r)$，系统的精确基态能量是该函数的全局最小值，而使该函数最小化的密度 $n(r)$ 是基态密度 $n_0(r)$。也就是说，使整体泛函最小化的电荷密度就对应 Schrödinger 方程完全解的真实电荷密度。

考虑在外部电势 $V_{ext}(r)$ 中移动的相互作用电子气,根据 Hohenberg-Kohn 定理,该系统的基态由能量泛函描述为

$$E_e[n] = F[n] + \int V_{ext}(r) n(r) dr \quad (3.26)$$

其中,$F[n]$ 是电子密度 $n(r)$ 的通用泛函,第二项是与外势的相互作用能。根据变分原理,实现了平衡电子密度的最小值 $E_e[n]$,它等于电子系统的总能量。通用泛函通常表示为

$$F[n] = T_s[n] + E_H[n] + E_{xc}[n] \quad (3.27)$$

其中,前两项是非相互作用粒子的动能 $T_s[n]$ 和 Hartree 能量 $E_H[n]$,$E_{xc}[n]$ 是所谓的交换关联泛函。

2) Kohn-Sham 方程

多电子系统是一个相互作用的系统,其中相互作用来源于库仑定律和泡利不相容原理。然而,在 Kohn-Sham 理论中,这个包含实际相互作用的完全相互作用系统被映射为一个有效势场下的非相互作用系统,且该系统具有与真实系统相同的基态密度,这种处理大大方便了计算。根据 Kohn-Sham 理论,变分得到有效的单电子 Schrödinger 方程:

$$\{-\nabla^2 + V([n];r)\} \psi_j(r) = \epsilon_j \psi_j(r) \quad (3.28)$$

Kohn-Sham 系统受制于一个有效势:

$$V([n];r) = V_{ext}(r) + V_H([n];r) + \mu_{xc}([n];r) \quad (3.29)$$

除 $V_{ext}(r)$ 外,这里的 $V_H([n];r)$ 是 Hartree 电势:

$$V_H([n];r) = 2 \int \frac{n(r')}{|r-r'|} dr' \quad (3.30)$$

$\mu_{xc}([n];r)$ 为交换关联势,定义为 $E_{xc}[n]$ 的导数,即

$$\mu_{xc}([n];r) = \frac{\delta E_{xc}[n]}{\delta n(r)} \quad (3.31)$$

后者包括 Hartree 项以外的所有电子-电子相互作用。

根据单电子轨道计算出电子密度得

$$n(r) = \sum_{\epsilon_j \leqslant \epsilon_F} |\psi_j(r)|^2 \quad (3.32)$$

在这个表达式中,求和运算在低于费米能级 ϵ_F 的所有 Kohn-Sham 状态上,而后者又是从以下条件中获得的:

$$N_e = \int n(r) dr \quad (3.33)$$

其中,N_e 是电子数。由式(3.28)—式(3.33)的自洽解可计算电子系统的基态能:

$$E_e[n] = T_s[n] + \frac{1}{2} \int V_H([n];r) n(r) dr + E_{xc}[n] + \int V_{ext}(r) n(r) dr \quad (3.34)$$

在实现 Kohn-Sham 方程自洽计算基础上,非相互作用动能泛函可以由单电子能量 ϵ_j 和自洽有效势表示为

$$T_s[n] \equiv \sum_{\epsilon_j \leqslant \epsilon_F} \int \psi_j^*(r) (-\nabla^2) \psi_j(r) dr$$

$$= \sum_{\epsilon_j \leqslant \epsilon_F} \epsilon_j - \int n(r) V([n];r) dr \quad (3.35)$$

对在晶格点 R 上的固定原子核产生的外部势能中移动的电子,有

$$V_{\text{ext}}(r) = -\sum_R \frac{2Z_R}{|r-R|} \quad (3.36)$$

Z_R 是核电荷量。由式(3.34)加上核-核排斥,得到电子与原子核形成的系统的总能量,即

$$E_{\text{tot}} = E_e[n] + \sum_{RR'}{}' \frac{z_R z_{R'}}{|R-R'|} \quad (3.37)$$

其中,$R = R'$ 项被排除在总和之外。式(3.28)—式(3.33)和式(3.36)表示来自固体物质的电子的非自旋极化 Kohn-Sham 理论。通过引入两个自旋密度 $n\uparrow(r)$ 和 $n\downarrow(r)$,得到自旋密度泛函形式:

$$\mu_{\text{xc}}^\sigma([n\uparrow, n\downarrow]; r) = \frac{\delta E_{\text{xc}}[n\uparrow, n\downarrow]}{\delta n^\sigma(r)} \quad (3.38)$$

($\sigma = \uparrow$ 或 $\downarrow$),取决于两个自旋密度。

正如这里所介绍的,Kohn-Sham 理论将最小化能量泛函的问题简化为求解一组单电子 Schrödinger 方程的问题。而且这种形式的描述比 Hartree-Fock 近似更简洁更严密。但问题是这种表述形式只有在很好地确定了交换关联能和交换关联势之后才有实际价值。交换关联泛函的确定在密度泛函理论中占有重要地位。

3) 交换关联泛函

目前应用较为广泛的交换关联泛函近似包括局域密度近似(Local Density Approximation,LDA)和广义梯度近似(Generalized Gradient Approximation,GGA)等。

局域密度近似(LDA)是 Kohn 和 Sham 随 Kohn-Sham 方程一起引入的交换关联泛函,其基本思想是假设电子密度随空间位置变化缓慢,可以利用均匀电子气的交换关联能密度 $\varepsilon_{\text{xc}}[n(r)]$ 代替非均匀电子气的交换关联能密度,并结合均匀电子气密度函数 $n(r)$ 获得非均匀电子交换关联泛函,即

$$E_{\text{XC}}[n(r)] = \int \varepsilon_{\text{XC}}[n(r)] n(r) \mathrm{d}r \quad (3.39)$$

式中,$\varepsilon_{\text{XC}}[n(r)]$ 是密度为 $n(r)$ 的均匀电子气的单个电子的交换关联能。注意它不是泛函,是 r 的函数。它可以分解为交换贡献 ε_{X} 和关联贡献 ε_{C}:

$$\varepsilon_{\text{XC}}[n(r)] = \varepsilon_{\text{X}}[n(r)] + \varepsilon_{\text{C}}[n(r)] \quad (3.40)$$

对电荷密度在空间均匀分布体系,基于 LDA 的基态性能计算是非常有效的,且对很多局域性不是很强的体系的性能计算,LDA 的可靠性也得到了广泛的证实,如金属、氧化物等体积特性的计算预测等。

广义梯度近似(GGA)是在电子密度基础上,考虑了电荷密度梯度大小 $|\nabla n(r)|$ 对交换关联密度的影响,即

$$E_{\text{XC}}[n(r)] = \int \varepsilon_{\text{XC}}[n(r), |\nabla n(r)|] n(r) \mathrm{d}r \quad (3.41)$$

引入密度梯度在一定程度上修正了 LDA 的不足,是现在比较常用的一类泛函,在计算大部分体系时能够较为准确地反映体系的性质。常见的 GGA 包括 PBE(Perdew-Burke-Ernzerhof)、PW91(Perdew-Wang 91)及 QNA(Quasi-non-uniform gradient-level exchange-correlation approximation)等。

在此基础上,在交换关联泛函中进一步考虑动能项,发展了 Meta-GGA 泛函,其中最为典型的是 SCAN 泛函(Strongly constrained and appropriately normed semilocal density functional),是第一个满足全部已知的 17 个约束的半局域泛函,在计算各种固体材料的性质方面有非常大的改进,将 Meta-GGA 泛函的精度提高到了杂化泛函的水平。

3.2 电子结构计算方法及实现

基于密度泛函理论的第一性原理计算实质是求解 Kohn-Sham 方程,以获得体系的基态电子结构和能量。随着密度泛函理论的不断完善,开发精确且有效的数值方法求解 Kohn-Sham 方程一直是计算材料科学重要的发展方向。经过几十年的发展,人们开发了许多计算实际晶体电子结构的模型和方法,如应用较为广泛的缀加平面波法(APW)、线性缀加平面波法(LAPW)、Muffin-tin 轨道线性组合法(LMTO)、赝势平面波法(PPW)、格林函数方法(KKR)等。不同数值求解方法的本质区别在于,其展开波函数的基组以及构造的晶体势函数存在差异。针对不同的体系和性质,各数值解法的计算精度及效率也会不同。这里简要、定性地介绍一些应用较为广泛的模型和方法,这些方法已被广泛应用于常用的第一性原理计算软件中。在此基础上,简要介绍较为常用的 VASP、EMTO 第一性原理计算程序的特点。

3.2.1 电子结构计算方法

1)缀加平面波法(Augmented Plane Wave, APW)

近原子核部分的核外电子受到原子核较强的库仑作用,使得这部分电子的波函数在空间分布中强烈振荡。需将原子核外电子拆分为芯电子和价电子两个部分进行描述。1937 年,Slater 提出晶体离子之间的广大区域里,晶体势几乎没有变化,可采用一种特殊的势,即 Muffin-tin(糕模)势处理问题。所谓的 Muffin-tin 势即假定 Wigner-Seitz 原胞中球对称势仅限于离子实周围半径 r_i 的球体内,这些球体彼此不相交,如图 3.1 所示,称为 M-T 球。在 M-T 球外的原胞势场,则假定为常数势。由于 Muffin-tin 势场的特殊性,在离子实内部可以利用球对称解出波函数,在离子实外部的波函数则是平面波的组合,并在离子实的表面保证两个波函数连续衔接。

图 3.1 Muffin-tin 势示意图

缀加平面波方法是在 Muffin-tin 势基础上建立的。芯电子波函数处于对原子构造的 Muffin-tin 球内,价电子位于球外,且选择适当的能量零点使价电子势为零。这样周围原子势场和 Muffin-tin 球中心的原子势场共同在球空间形成一个叠加势,以该中心原子为原点对叠加势展开球谐函数,从而构建一套缀加平面波,球空间内 Kohn-Sham 方程解为 $\varphi_{lm}(\vec{\rho}) = Y_{lm}(\vec{\rho})R_l(E,\rho)$,$R_l(E,\rho)$ 为径向波函数,用缀加平面波为基函数展开的电子波函数为 $\varphi(\vec{k},\vec{r}) = \sum_{i=1}^{M} c_i \phi_v(\vec{k},\vec{r})$。由于固体中没有能量 E_i 边界条件,所以只能取任意能量处对应的径向波函数作为基函数,然后不断比对直至实际能量本征值接近 E_i,才能获得足够精确的解,但这将导致巨大的工作量。

2)线性缀加平面波法(Linearized Augmented Plane Wave,LAPW)

线性缀加平面波法是在 Muffin-tin 球内给缀加平面波基组函数增加一个对能量求导的项,使径向薛定谔方程的解是一个待定的能量参数,不再是能量本征值的函数。也就是充分利用线性化,在某个能量点 E_i 上得到径向波函数,再由泰勒展开得到其附近其他能量点的波函数,无须重新求薛定谔方程的解。这样就发展了线性缀加平面波方法,线性缀加平面波基组为

$$\phi_v(\vec{\rho}) = \sum_{lm} [a_{lm} R_l(E,\rho) + b_{lm} \dot{R}_l(E)] Y_{lm}(\vec{\rho}) \quad (\rho \leq \rho_v)$$
$$\phi_v(\vec{\rho}) = e^{i\vec{k}\vec{\rho}} \quad (\rho > \rho_v) \tag{3.42}$$

在满足线性化基础上,线性缀加平面波法比缀加平面波法更好地满足了导数连续性,消除了分母为零的因子,从而使方程中可能出现的奇异性消失。但其仍全面考虑了芯电子性质,模拟精度虽高但计算成本也高。

3)格林函数法(Korringa-Kohn-Rostoker,KKR)

格林函数方法是 Korring 在 1947 年以及 Kohn 和 Rostoker 在 1954 年独立提出的一种计算能带的有效方法,简称为 KKR 方法。KKR 方法同样采用 Muffin-tin 势,但它是通过格林函数计算平面波受到离子实的散射幅度来得到能谱关系。相比全势、赝势方法常用的哈密顿方法,即通过本征值和本征向量的求解获得电子结构和波函数,格林函数方法通过格林函数等价求解 Kohn-Sham 方程,获得体系所有的电子结构信息,更适用于处理固溶体、晶体缺陷等无序体系。许多基于 Muffin-tin 势的计算方法都是采用格林函数方法实现。

对于金属而言,KKR 的计算结果和 APW 接近,且已成为推广至无序体系的一个有效方法。值得注意的是,KKR 久期行列式的非对称矩阵元和 APW 一样,也是能量的函数,不能利用矩阵对角化办法求解给定波矢的所有能量值,而需要多次循环迭代计算。与 LAPW 方法相似,Muffin-tin 轨道线性组合(LMTO)方法是 KKR 法的"线性化"形式,保留了 KKR 方法的优点,但经线性化后单电子哈密顿量的矩阵元已与能量无关,从而避免了 KKR 方法的上述困难。这些线性化方法已成为处理原胞内含多原子的晶体和过渡金属的表面等复杂系统的普遍方法。

4)赝势平面波法(Pseudopotential Plane Wave,PPW)

赝势平面波方法实际上是采用了平面波来展开晶体波函数,并用赝势方法作有效的近似处理,极大地简化了求解 Kohn-Sham 方程。

赝势的提出主要是将平面波函数作为展开基组时,原子核与电子的库仑相互作用在靠近原子核附近具有奇异性,导致在原子核附近电子波函数剧烈振荡。需要选取较大的截断能量

才能正确反映电子波函数在原子核附近的行为,大大地增加了计算量。然而,在真正反映分子或固体性质的原子间成键区域,其电子波函数较为平坦。基于这些特点,将固体看作价电子和离子实的集合体,离子实部分由原子核和与其紧密结合的芯电子组成,价电子波函数与离子实波函数满足正交化条件,由此发展出所谓的赝势方法。1959 年,Phillips 和 Kleinman 提出了赝势的概念,即可以用一个有效势能取代正交化平面波方法里的正交化操作。基本思路是适当选取一个平滑赝势,波函数用少数平面波展开,使计算出的能带结构与真实的结构接近。换句话说,使电子波函数在原子核附近表现更为平滑,而在一定范围以外又能正确反映真实波函数的特征,如图 3.2 所示。

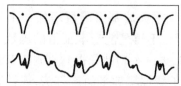 

(a)实际的晶体势和相应的波函数　　　　(b)赝势和相应的赝波函数

图 3.2　晶体中赝势示意图

如上所述,所谓赝势是在离子实内部用假想的势取代真实的势,在离子实内 $V<0$,而 $\varepsilon(k)>\varepsilon_i$,正交化给出的势能修正可以抵消离子实的势场,给出一个较弱的有效势场。由此,可找到一个赝波动方程,它与严格的布洛赫(Bloch)函数的能量本征值相同,但赝势和赝波函数相对于真实势和严格波函数都是被平滑了,组合少数平面波就可以描述赝波函数的展式。计算能带时可以不必先求布洛赫函数,而是先求解赝势,然后用赝波动方程求解出平滑函数所对应的能量 $\varepsilon(k)$ 值。这便是基于正交化平面波方法建立的赝势方法。赝势方法从理论上回答了尽管在晶体中电子和离子的相互作用很强,近自由电子模型在很多情形下仍十分成功的原因。

在现代的平面波电子结构数值计算中,模守恒赝势和超软赝势是较为常见的两种赝势方法。模守恒赝势是在原子中指定一个截断半径 R_c,赝势波函数在赝化半径 R_c 以外与真实波函数的形状和振幅都相同(即模守恒),在 R_c 以内则比较平缓,且在截断半径之内赝电荷与真实电荷相等。模守恒赝势方法可以在局域密度近似下,采用平面波基有效计算固态性质,且可移植性好,但在描述局域价轨道平面波基组时仍然很大,在第Ⅰ族元素和过渡族金属中的应用受到了限制。

为了进一步缩小必需的基组集合,Vanderbilt 松弛了模守恒赝势中的正交归一限制,对波函数引入一个重叠算符,提出了超软赝势。超软赝势尽可能平滑在核心范围内的赝波函数,使用较低的截断能量计算平面波组,即可使计算所需的平面波函数基组更少,且不再遵守规范守恒条件,主要靠定义附加电荷满足广义规范守恒条件。超软赝势算法保证了在预先选择的能量范围内具有良好的可传递性、转换性和准确性。与模守恒赝势不同之处在于超软赝势中的重叠算符、波函数与系数有关,且投影算符函数数量比模守恒赝势大两倍多。赝势波函数比较平坦,截断能大幅度降低,计算效率提高,但精度降低,尤其对高能散射(磁性)计算,精度较差。

5)投影缀加平面波法(Projector Augmented Wave,PAW)

结合全电子势和超软赝势,Blöchl 提出了投影缀加平面波法。投影缀加平面波法中赝波

函数仍按照 Vanderbilt 的形式,并在离子实内部缀加一个额外的较为真实的原子势用于修正高能散射。PAW 法的核心就是寻找一个形变算符 $\hat{T}$,把真实振荡的离子实波函数转变为平滑的赝波函数 $|\psi_n>=\hat{T}|\widetilde{\psi}_n>$。真实轨道与赝轨道通过 $\hat{T}$ 联系:$|\phi_i^a>=(1+\hat{T}^a)|\widetilde{\phi}_i^a>$。在球外,两个轨道波函数是一样的,再将赝轨道展开形式转化为投影函数形式,得到最终的波函数形式:

$$\psi_n(r) = \widetilde{\psi}_n(r) + \sum_a \sum_i (\phi_i^a(r) - \widetilde{\phi}_i^a(r)) <\widetilde{p}_i^a|\widetilde{\psi}_n> \tag{3.43}$$

$\widetilde{\psi}_n(r)$ 为赝波,其余部分是包含赝的原子轨道和投影函数的原子势补偿,其包含赝原子轨道和投影函数。

PAW 方法主要考虑赝波函数与全电子波函数之间的变换,通过在原子周围作分波展开,求得赝波函数能量、电荷密度等信息。赝波函数较为平滑,用少量的平面波就能展开,从而减小截断能,计算效率显著高于模守恒赝势,同时精度高于超软赝势,但相比于超软赝势所选取的截断能较大,考虑的电子数目较多,计算相对较慢。

3.2.2 VASP 计算流程简介

VASP(Vienna Ab-initio Simulation Package)即维也纳从头计算模拟程序包,基于赝势和平面波基组,利用自洽迭代求解 Kohn-Sham 方程,支持超软赝势和投影缀加平面波赝势,是材料计算研究中应用非常广泛的商用软件之一。

VASP 自洽迭代求解过程如图 3.3 所示,在初始猜测电荷密度基础上,构造体系的哈密顿量和能量本征方程,迭代优化波函数和电荷密度,并以截断能、原子相互作用力作为判据实现自洽求解。即先输入独立的电荷密度和波函数,然后在每个自洽回路中,利用电荷密度来建立哈密顿量,对波函数进行迭代优化,使它们更接近哈密顿量的精确波函数。随后根据优化后的波函数计算出新的电荷密度,并与原有的输入电荷密度进行混合。计算过程中,通过共轭梯度法、迭代矩阵对角化确定计算体系电子基态。共轭梯度和残差最小化法不重新计算精确的 Kohn-Sham 本征函数,而是最低本征函数的任意线性组合,然后将试验波函数所组成的子空间中的哈密顿量对角化,并相应地对波函数进行变换,这一步通常称为子空间对角化,子空间对角化可以在共轭梯度或剩余最小化法之前或之后进行。通过高效矩阵对角化求解电子基态,然后根据其对称性选择相应的 k 点网格,在保证计算精度的前提下,实现加速自洽循环收敛。

VASP 计算过程中,主要有 4 个输入文件:INCAR、POTCAR、POSCAR 和 KPOINTS。INCAR 文件最为重要,也是最为复杂的输入文件,决定了 VASP 需要算什么,以什么样的精度计算等关键信息。INCAR 文件中包含大量的参数,每一个参数都有默认值。它们决定了生成初始波函数、电荷密度的方式、计算精度和方法、截断能、弛豫收敛标准和自旋极化等重要信息。POTCAR 文件包含合金体系中各元素的赝势,相对原子质量及价态,其中赝势主要用来描述核和芯电子对价电子的作用。POSCAR 文件包含计算的合金体系的晶格参数、原子个数及晶胞中原子位置。KPOINTS 描述了布里渊区中 K 点值的选取。计算完成后,相应的计算结果和每步迭代情况将输出至 OUTCAR 文件中。值得注意的是,VASP 计算是在倒空间和实空间中交互进行,倒空间的一个点就是布洛赫波,对无限晶体就存在无限布洛赫波,每个点有无数个能级,无数个能级由低到高构成能带,只有体积分能求出总能,而计算体积分都是用求和代替,K点的选择对计算精度有很大的影响。

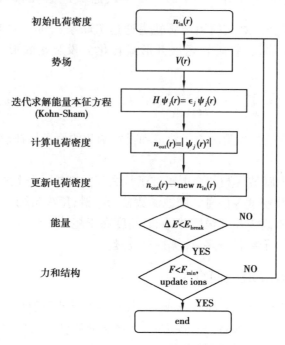

图 3.3　VASP 自洽计算示意图

与同类计算软件相比,VASP 计算具有以下优势:①几乎提供了元素周期表中全部元素的赝势,每个赝势文件都经过了详细测算,可用性较高,且采用的优化算法效率高稳定性好;②具有强大的计算功能,可用于研究金属、半导体、纳米材料、晶体、表面及界面等体系,且不仅可以得到不同体系的基态能和平衡构型,还能预测材料的电子性质和物理化学性质;③软件兼容性好,适用于各种计算机平台,且支持跨核、跨节点的大规模并行计算。

3.2.3　EMTO 计算方法简介

EMTO 即 Exact Muffin-tin orbital,是应用优化的、相互交叠的 Muffin-tin 势表征有效单电子势,采用格林函数方法求解 Kohn-Sham 方程,并结合全电荷(Full Charge Density)计算方法,在保证较高计算效率的同时,获得与全势方法相当的高精度计算方法。EMTO 方法应用相干势近似 CPA(Coherent Potential Approximation)和 DLM(Disordered Local Moment)模型,有效描述体系中复杂的化学无序、磁无序状态,可准确计算复杂体系不同应变等条件下的能量,获得弹性、结构、力学性能等关键材料参数,已成为计算预测不同磁有序/无序构型下,复杂多元无序合金(如钢、高熵合金等)本征性能的最强有力工具之一。

如图 3.4 所示,在 EMTO 第一性原理计算方法中,将 Kohn-Sham 方程中的有效单电子势近似为以晶格势 $\vec{R}$ 为中心,半径为 s_R 的球形势阱 $v_R(r_R)-v_0$ 以及势球半径 s_R 外间隙位置的常数势 v_0 两个部分,即

$$v_{FP}(r_R) \approx v_{MT}(r_R) \equiv v_0(r_R) + \sum_R [v_R(r_R) - v_0] \tag{3.44}$$

对应不同区域内的势函数,应用不同的波函数基组构造 EMTO 轨道波函数 $\overline{\psi}_{RL}(\varepsilon_i, \vec{r}_R)$,并在

系数矩阵作用下，构造 Kohn-Sham 轨道波函数求解 Kohn-Sham 方程。$\bar{\psi}_{RL}(\varepsilon_i,\vec{r}_R)$ 的最终表达式为

$$\bar{\psi}_{RL}(\varepsilon_i,\vec{r}_R)=\psi_{RL}(\varepsilon_i-v_0,\vec{r}_R)+\varphi_{RL}(\varepsilon_i,r_R)-\varphi_{RL}(\varepsilon_i,r_R)Y_L(r_R) \tag{3.45}$$

式中，等式右边第一项为间隙范围的波函数，第二项为球形势内的分波 ($r_R \leqslant s_R$)，而第三项为自由电子波函数。自由电子波函数的引入，是为了获得 Kohn-Sham 方程的全局解，即满足 EMTO 轨道波函数在半径为 s_R 和 a_R 处连续可导，其中 s_R 是可相互交叠、变化的势球半径，而 a_R 为势球中不可交叠的半径，也称硬球半径。

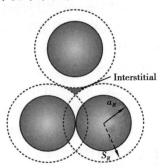

图 3.4　EMTO 中相互交叠的 Muffin-tin 势的示意图

材料中往往存在各种复杂的无序状态，如固溶体中不同合金元素可以随机占据晶格位置，顺磁构型中具有不同原子磁矩的原子可随机取向等，对材料性能有着重要的影响。但准确描述材料中的化学、磁无序状态一直是计算材料的难题之一。目前，有 3 种较为常用方法用以描述合金中的化学无序状态，分别是虚拟晶体近似、特殊准随机结构近似和相干势近似。相较而言，由 Soven 和 Taylor 提出，并由 Györffy 采用格林函数方法实现的相干势近似 (CPA) 方法，具有计算效率高、准确可靠，且可对连续变化的组分浓度进行计算等特点。

相干势近似 (CPA) 的基本思想是定义一个有效介质代替原始无序合金，使有效介质的散射性质与原始合金散射性质的平均值相同，通过自平均量 (格林函数) 的平均自洽计算确定模型参数，并将无序合金中的复杂问题转化为在有效势场下单点掺杂的问题。如图 3.5 所示，对多组元合金 ($A_aB_bC_c\cdots$)，可用一个有效的相干势 $\tilde{P}$ 描述，对应的相干格林函数为 $\tilde{g}$，而对不同的合金组分 $i(i=A,B,C,\cdots)$，可用相应的局域势 P_i 和格林函数 g_i 描述。根据格林函数计算方法，格林函数可由相干势计算为

$$\tilde{g}=[S-\tilde{P}]^{-1} \tag{3.46}$$

其中，S 是与晶体结构相关的 KKR 结构常数矩阵。接下来，合金组元的格林函数 g_i 可通过将 CPA 有效相干势替代为原子的真实局域势 P_i 确定，即在实空间求解所谓的戴森 (Dyson) 方程：

$$g_i=\tilde{g}+\tilde{g}(P_i-\tilde{P})g_i \tag{3.47}$$

而体系格林函数 $\tilde{g}$ 可表示为不同组元格林函数 g_i 的加权平均：

$$\tilde{g}=ag_A+bg_B+cg_C \tag{3.48}$$

通过迭代计算求解，获得 $\tilde{g}$ 和 g_i，可确定无序合金的电子结构、电荷密度和总能。

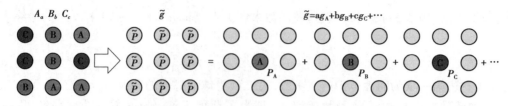

图 3.5 相干势近似(CPA)原理示意图

对磁性体系,需对完全无序、部分有序、完全有序等不同磁性结构进行准确的描述。EMTO 方法中,应用 DLM(Disordered Local Moment)模型描述不同磁性结构对体系电子结构和能量的影响。DLM 的实质是在 CPA 近似框架下,应用伪二元合金 $A_{1-m}^{\uparrow}A_m^{\downarrow}$ 描述金属 A 的磁性结构。其中,$1-m$ 为合金中自旋向上的原子密度,而 m 为合金中自旋向下的原子密度。当 $m=0$ 时,合金为完全有序的铁磁结构;当 $m=0.5$ 时,合金为完全无序的顺磁结构。DLM 模型应用于多元合金体系则可表示为 $A_{1-m}^{\uparrow}A_m^{\downarrow}B_{1-n}^{\uparrow}B_n^{\downarrow}\cdots$,其中 $m+n+\cdots=0.5$。

EMTO 计算过程中,需依次进行 BMDL、KSTR、SHAPE、KGRN 和 KFCD 5 个步骤的计算。BMDL 用以计算与晶体结构相关的马德隆势(Madelung),输入文件与 KSTR 相似。KSTR 用以计算实空间中与能量相关的斜率矩阵或屏蔽结构常数,其输入文件包含了计算中包含的轨道数目、晶体结构类型、基矢、原子坐标等重要信息。在 KSTR 计算基础上,SHAPE 用以计算所谓的形状函数,将围绕原胞的三维体积积分转化为围绕原胞的球形积分,输入参数与 KSTR 相似。KGRN 为采用格林函数方法自洽求解 Kohn-Sham 方程的过程,其输入文件包含了合金成分、体积、交换关联泛函、原子磁矩、K 点设置等重要信息。在 KGRN 计算基础上,KFCD 采用全电荷技术计算体系的基态总能,并在计算过程中可采用与 KGRN 计算不同的交换关联泛函进行微扰修正。EMTO 计算结束后,体系总能、磁矩等重要信息将输出到 KFCD 文件,自洽求解过程输入至 KGRN 文件。

相较而言,EMTO 方法将 CPA 和 DLM 模型相结合,有效描述多组元合金体系中化学无序、磁无序及两者同时存在的复杂化学、磁无序状态,实现了以有效的单点计算代替繁杂的多构型超胞计算,在保证高精度计算的同时有效提升了计算效率。EMTO 方法可应用于较为开放的体系,准确计算不同条件下的能量变化,预测复杂多元合金(如钢、高熵合金等)本征物性参数及其随合金成分的演变规律。

3.3 材料性能的第一性原理计算

如前所述,第一性原理方法的理论体系及其数值实现方法都取得了很大的发展,且随着高性能计算机运算速度的飞速发展,基于密度泛函理论的第一性原理方法被广泛地应用于固体、表面以及大分子等体系的研究中。以第一性原理计算为基础,可以从电子结构角度出发,获得材料组成基元的本征物性参数,认识材料性能演变的物理本质。以下将简要介绍材料状态方程、弹性常数、层错能等部分重要结构物性参数的计算方法和思路,并列举部分计算实例说明。

3.3.1 状态方程

状态方程描述的是体系能量 E 随体积 V 的变化规律。根据状态方程,不同体积下的压强

和体模量可确定为

$$P(V) = -\frac{\partial E(V)}{\partial V} \tag{3.49}$$

$$B(V) = -V\frac{\partial P}{\partial V} = V\frac{\partial^2 E(V)}{\partial V^2} \tag{3.50}$$

计算过程中,通过计算不同体积下的体系能量,并采用一定函数形式拟合确定状态方程(E-V 曲线),可确定体系基态能量(E_0)、平衡体积(V_0)、体模量(B_0)等重要物性参数。常用的状态方程拟合函数包括 Murnaghan、Birch-Murnaghan 及 Morse 函数等。

1) Murnaghan 和 Birch-Murnaghan 函数状态方程

Murnaghan 状态方程源于体积模量 B 对压强 P 的导数 B'(与表征晶格振动中非简谐效应的 Grüneisen 常数相关)和压强无明显相关的近似,即

$$\frac{\partial B}{\partial P} \approx B_0' = \frac{\partial B}{\partial P}\bigg|_{V=V_0} \tag{3.51}$$

根据体积模量 B 的定义,代入上式中得

$$B_0' = -\frac{V}{B}\frac{\partial B}{\partial V} \tag{3.52}$$

将 V_0 到 V 作为积分区间,对上式进行积分可得

$$B(V) = B_0\left(\frac{V_0}{V}\right)^{B_0'} \tag{3.53}$$

结合体积模量 B 的定义,选取 V_0 到 V 作为积分区间,得到压强 $P(V)$ 以及体系总能量 $E(V)$ 表达式为

$$P(V) = \frac{B_0}{B_0'}\left[\left(\frac{V_0}{V}\right)^{B_0'} - 1\right] \tag{3.54}$$

$$E(V) = E_0 + \frac{B_0 V}{B_0'}\left(\frac{\left(\frac{V_0}{V}\right)^{B_0'}}{B_0' - 1} + 1\right) - \frac{B_0 V_0}{B_0' - 1} \tag{3.55}$$

式(3.54)、式(3.55)即为 Murnaghan 函数表示的状态方程。

与此相似,应用较为广泛的三阶 Birch-Murnaghan 函数状态方程可表示为

$$P(V) = \frac{3}{2}B_0\left[\left(\frac{V_0}{V}\right)^{\frac{7}{3}} - \left(\frac{V_0}{V}\right)^{\frac{5}{3}}\right]\left\{1 + \frac{3}{4}(B_0' - 4)\left[\left(\frac{V_0}{V}\right)^{\frac{2}{3}} - 1\right]\right\} \tag{3.56}$$

$$E(V) = E_0 + \frac{9}{16}B_0 V_0 \times \left\{\left[\left(\frac{V_0}{V}\right)^{\frac{2}{3}} - 1\right]^3 B_0' - \left[\left(\frac{V_0}{V}\right)^{\frac{2}{3}} - 1\right]^2 \left[4\left(\frac{V_0}{V}\right)^{\frac{2}{3}} - 6\right]\right\} \tag{3.57}$$

值得注意的是,Murnaghan 和 Birch-Murnaghan 函数都涉及 4 个独立参数:E_0、V_0、B_0 和 B_0'。不同材料中 E_0、V_0 和 B_0 会存在明显的差异,但 B_0' 较为相似。

2) Morse 函数状态方程

对很多体系,采用指数函数拟合状态方法可以得到较好的精度。其中较为常用的一种便是 Morse 函数,其形式为

$$E(w) = a + be^{-\lambda w} + ce^{-2\lambda w} \tag{3.58}$$

其中,w 是平均 Wigner-Seitz 原胞半径,与平均原子体积的关系为 $V = 4\pi w^3/3$;λ、a、b 和 c 是函

数中独立的参数。令 $x \equiv e^{-\lambda w}$，根据压强 $P(V)$ 定义可得

$$P(w) = \frac{x\lambda^3}{4\pi(\ln x)^2}(b+2cx) \tag{3.59}$$

令 w_0 为平衡 Wigner-Seitz 原胞半径，根据平衡条件下 $P(w_0)=0$ 得

$$w_0 = -\frac{\ln x_0}{\lambda}, x_0 = -\frac{b}{2c} \tag{3.60}$$

结合体积模量 B 定义与压强 $P(w)$ 表达式，可以得到体积模量 B 与 Wigner-Seitz 原胞半径 w 的函数关系为

$$B(w) = -\frac{x\lambda^3}{12\pi \ln x}\left[(b+4cx) - \frac{2}{\ln x}(b+2cx)\right] \tag{3.61}$$

当 $w=w_0$ 时，将 w_0 和 x_0 表达式代入上式，得

$$B_0 = -\frac{cx_0^2\lambda^3}{6\pi \ln x_0} \tag{3.62}$$

最后，在平衡体积 V_0 处，体积模量 B 对压强 $P(w)$ 的导数 B'_0 为

$$B'_0 = 1 - \ln x_0 \tag{3.63}$$

3.3.2 弹性常数

弹性常数是材料重要的物性参数，描述了材料抵抗弹性变形的能力。根据广义 Hooke 定律，在弹性变形阶段，应力张量 σ_{ij} 与应变张量 e_{kl} 间的关系可描述为

$$\sigma_{ij} = \sum_{kl} c_{ijkl} e_{kl} \tag{3.64}$$

式中，自由指标 i、j、k 和 l 为 1~3 的整数；c_{ijkl} 为四阶弹性张量，共有 $3^4=81$ 个分量。由于应力张量 σ_{ij} 和应变张量 e_{kl} 的对称性，弹性张量 c_{ijkl} 对自由指标 i 和 j、k 和 l 是对称的，即

$$c_{ijkl} = c_{jikl}, c_{ijkl} = c_{ijlk} \tag{3.65}$$

因此，独立弹性张量的分量由 81 个减少至 36 个。此外，从应变能角度出发，还可证明弹性张量 c_{ijkl} 对双指标 ij 和 kl 也具有对称性，即

$$c_{ijkl} = c_{klij} \tag{3.66}$$

独立弹性张量的分量再次缩减至 21 个，应用 Voigt 标志法可由一个 6×6 的对称矩阵表示。Voigt 标志下应力张量和应变张量间的关系可表示为

$$\sigma_\alpha = \sum_\beta c_{\alpha\beta} e_\beta \tag{3.67}$$

绝热条件下，弹性常数是内能 E 相对于应变张量 e 的二阶导数，可表示为

$$c_{\alpha\beta} = \frac{1}{V}\frac{\partial E}{\partial e_\alpha \partial e_\beta} \tag{3.68}$$

计算过程中，通过计算晶格应变和由应变引起的总能量变化，便可得到相关的弹性常数。值得注意的是，体积变化对体系总能量的影响远高于应变的影响。为保证计算精度，计算中往往需要满足体积守恒，即利用等容应变进行计算。

独立弹性常数的数量与晶体对称性密切相关，对称性越高，独立弹性常数的数目越少。如立方晶格只有 3 个独立弹性常数 c_{11}、c_{12} 和 c_{44}，六方晶系有 5 个独立的弹性常数 c_{11}、c_{12}、c_{13}、c_{33} 和 c_{44} 等。以下为几种典型晶体结构单晶和多晶弹性常数的计算方法和思路。

1）单晶弹性常数计算

①立方晶格：立方晶格具有 3 个独立弹性常数 c_{11}、c_{12} 和 c_{44}，体系能量随应变的变化可表示为

$$\frac{1}{V}\Delta E = \frac{1}{2}c_{11}(e_1^2+e_2^2+e_3^2)+c_{12}(e_1e_2+e_2e_3+e_1e_3)+$$
$$\frac{1}{2}c_{44}(e_4^2+e_5^2+e_6^2)+O(e^3) \tag{3.69}$$

且立方晶体的弹性常数中 c_{11} 和 c_{12} 与体积模量 B 和剪切模量 c' 存在以下关系：

$$B = \frac{1}{3}(c_{11}+2c_{12}) \tag{3.70}$$

$$c' = \frac{1}{2}(c_{11}-c_{12}) \tag{3.71}$$

通过计算体积模量 B 和剪切模量 c' 便可确定 c_{11} 和 c_{12}。如前所述，体积模量 B 与各向同性的晶格膨胀有关，可由体系的状态方程确定。剪切模量 c' 可通过斜方变形获得，根据不同晶格变形（$\delta_o = 0, 0.01, 0.02, \cdots$）导致的能量变化确定，即构造以下的应变矩阵：

$$D_o + I = \begin{pmatrix} 1+\delta_o & 0 & 0 \\ 0 & 1-\delta_o & 0 \\ 0 & 0 & \dfrac{1}{1-\delta_o^2} \end{pmatrix} \tag{3.72}$$

计算与此相对应的能量变化为

$$\Delta E(\delta_o) = 2Vc'\delta_o^2 + O(\delta_o^4) \tag{3.73}$$

剪切模量 c_{44} 可以通过单斜应变得到，即可构造以下的应变（$\delta_m = 0, 0.01, 0.02, \cdots$）矩阵：

$$D_m + I = \begin{pmatrix} 1 & \delta_m & 0 \\ \delta_m & 1 & 0 \\ 0 & 0 & \dfrac{1}{1-\delta_m^2} \end{pmatrix} \tag{3.74}$$

则与此相对应的能量变化为

$$\Delta E(\delta_m) = 2Vc_{44}\delta_m^2 + O(\delta_m^4) \tag{3.75}$$

根据晶体结构不同，如简立方、体心立方及面心立方等，选择基矢和原胞，构造相应的结构实现上述变形，可计算获得相应的弹性常数。变形结构的构造方法可参考《Computational Quantum Mechanics for Materials Engineers: The EMTO Method and Applications》。

②六方晶系：六方晶系具有 5 个独立的弹性常数 c_{11}、c_{12}、c_{13}、c_{33} 和 c_{44}，体系能量随应变的变化可表示为

$$\frac{1}{V}\Delta E = \frac{1}{2}c_{11}(e_1^2+e_2^2)+c_{33}e_3^2+c_{12}e_1e_2+c_{13}(e_2e_3+e_1e_3)+$$
$$\frac{1}{2}c_{44}(e_4^2+e_5^2)+\frac{1}{2}c_{66}e_6^2+O(e^3) \tag{3.76}$$

式中，$c_{66} = (c_{11}-c_{12})/2$。通过不同方法可计算微小形变对应的能量变化 ΔE，并得到弹性常数。这里简要介绍 Steinle-Neumann 等提出的方法，即体模量及弹性常数间存在以下关系：

$$B = \frac{c^2}{c_s} \tag{3.77}$$

其中

$$c^2 \equiv c_{33}(c_{11}+c_{12}) - 2c_{13}^2 \tag{3.78}$$

$$c_s \equiv c_{11}+c_{12}+2c_{33}-4c_{13} \tag{3.79}$$

此外，密排六方晶体的轴比 c/a 可随着体积的变化而变化，与其沿 a 轴和 c 轴的压缩性能差异密切相关。由体系状态方程，获得平衡的 (c/a) 随体积的变化关系，可确定无量纲量 R 为

$$R = -\frac{d\ln(c/a)_0(V)}{d\ln V} \tag{3.80}$$

而通过密排六方结构的弹性常数，无量纲量 R 又可计算为

$$R = \frac{c_{33}-c_{11}-c_{12}+c_{13}}{c_s} \tag{3.81}$$

在平衡轴比 $(c/a)_0$ 接近理想值的体系中，体积对轴比 $(c/a)_0$ 的影响较小，可忽略，即 $R \approx 0$。由上式可得 $c_{13}+c_{33} \approx c_{11}+c_{12}$，与体积模量的关系可表示为

$$B \approx \frac{2(c_{11}+c_{12})+4c_{13}+c_{33}}{9} \approx \frac{2c_{13}+c_{33}}{3} \tag{3.82}$$

弹性常数 c_s 表示平衡轴比 $(c/a)_0$ 附近，体系能量随轴比变化的二阶导数。可以通过以下等容应变计算为

$$D_h + I = \begin{pmatrix} 1+\delta_h & 0 & 0 \\ 0 & 1+\delta_h & 0 \\ 0 & 0 & \frac{1}{(1+\delta_h)^2} \end{pmatrix} \tag{3.83}$$

与此相应的能量变化为

$$\Delta E(\delta_h) = Vc_s\delta_h^2 + \mathcal{O}(\delta_h^3) \tag{3.84}$$

从式(3.77)、式(3.79)和式(3.81)可得弹性常数 c_{11} 与 c_{12} 之和。在此基础上，可通过斜方变形求解 c_{66} ($c_{66}=(c_{11}-c_{12})/2$)，并联立求解 c_{11} 和 c_{12}。求解 c_{66} 的变形矩阵如下

$$D_o + I = \begin{pmatrix} 1+\delta_o & 0 & 0 \\ 0 & 1-\delta_o & 0 \\ 0 & 0 & \frac{1}{1-\delta_o^2} \end{pmatrix} \tag{3.85}$$

与此相应的能量变化为

$$\Delta E(\delta_o) = 2Vc_{66}\delta_o^2 + \mathcal{O}(\delta_o^4) \tag{3.86}$$

第五个弹性系数 c_{44} 可由单斜变形计算确定：

$$D_m + I = \begin{pmatrix} 1 & 0 & \delta_m \\ 0 & \frac{1}{1-\delta_m^2} & 0 \\ \delta_m & 0 & 1 \end{pmatrix} \tag{3.87}$$

与此相应的能量变化为

$$\Delta E(\delta_m) = 2Vc_{44}\delta_m^2 + \mathcal{O}(\delta_m^4) \tag{3.88}$$

2) 多晶弹性常数计算

如上所述,应用第一原理方法,通过计算不同应变下体系能量的变化可直接计算预测相应的单晶弹性常数。而对于多晶体而言,则可以在获得单晶弹性常数基础上,采用不同的平均方法计算确定相关多晶弹性常数,如杨氏模量 E、剪切模量 G、泊松比 v 和体模量 B。各弹性常数间存在以下关系:

$$E = \frac{9BG}{3B+G} \tag{3.89}$$

$$v = \frac{3B-2G}{2(3B+G)} \tag{3.90}$$

Voigt 和 Reuss 平均方法是两种重要的由单晶弹性常数计算多晶弹性常数的方法。Voigt 方法基于均匀应变假设,采用弹性常数 c_{ij} 计算多晶弹性常数,而 Reuss 方法则基于均匀应力假设,采用弹性柔度 s_{ij} 计算多晶弹性常数。Voigt(V)和 Reuss(R)方法中,体模量和剪切模量的广义表达为

$$B_V = \frac{(c_{11}+c_{22}+c_{33})+2(c_{12}+c_{13}+c_{23})}{9} \tag{3.91}$$

$$G_V = \frac{(c_{11}+c_{22}+c_{33})-(c_{12}+c_{13}+c_{23})+3(c_{44}+c_{55}+c_{66})}{15} \tag{3.92}$$

$$B_R = \frac{1}{(s_{11}+s_{22}+s_{33})+2(s_{12}+s_{13}+s_{23})} \tag{3.93}$$

$$G_R = \frac{15}{4(s_{11}+s_{22}+s_{33})-4(s_{12}+s_{13}+s_{23})+3(s_{44}+s_{55}+s_{66})} \tag{3.94}$$

对立方晶系,有 $c_{11}=c_{22}=c_{33}$,$c_{12}=c_{13}=c_{23}$,$c_{44}=c_{55}=c_{66}$,$s_{11}=s_{22}=s_{33}$,$s_{12}=s_{13}=s_{23}$,$s_{44}=s_{55}=s_{66}$,代入上述公式可得

$$B_V = \frac{c_{11}+2c_{12}}{3} \tag{3.95}$$

$$G_V = \frac{c_{11}-c_{12}+3c_{44}}{5} \tag{3.96}$$

$$B_R = \frac{1}{3(s_{11}+2s_{12})} \tag{3.97}$$

$$G_R = \frac{5}{4s_{11}-4s_{12}+3s_{44}} \tag{3.98}$$

立方晶系的弹性柔度可用弹性常数表示,弹性柔度矩阵与弹性常数矩阵互为逆矩阵。根据弹性柔度和弹性常数之间关系,可得

$$B_R = B_V = \frac{c_{11}+2c_{12}}{3} \tag{3.99}$$

$$G_R = \frac{5(c_{11}-c_{12})c_{44}}{4c_{44}+3(c_{11}-c_{12})} \tag{3.100}$$

对六方晶系,基于 5 个独立弹性常数,Voigt 和 Reuss 方法获得的体模量和剪切模量为

$$B_V = \frac{2(c_{11}+c_{12})+4c_{13}+c_{33}}{9} \tag{3.101}$$

$$G_V = \frac{12c_{44}+12c_{66}+c_S}{30} \tag{3.102}$$

$$B_R = \frac{c^2}{c_S} \tag{3.103}$$

$$G_R = \frac{5}{2} \frac{c_{44}c_{66}c^2}{(c_{44}+c_{66})c^2 + 3B_V c_{44}c_{66}} \tag{3.104}$$

此外,Hill 等研究发现 Voigt 和 Reuss 方法计算获得的多晶弹性常数代表了其极大和极小值,而采用两者的平均值,可获得更为准确的预测结果,即

$$B_H = \frac{B_R + B_V}{2} \tag{3.105}$$

$$G_H = \frac{G_R + G_V}{2} \tag{3.106}$$

3.3.3 层错能

层错是指原子发生错位堆垛的现象,与其对应的原子错位堆垛形成能即为层错能,是金属材料重要的本征参数,与金属材料变形机制和力学性能密切相关。以面心立方结构为例,理想晶体沿(111)密排面具有…ABCABC…的堆垛顺序,在外力作用下,原子堆垛顺序可发生变化,如转变为…ABCA|CABC…的堆垛结构,形成一个内禀层错(如"|"所示)。根据其定义,层错能可计算为

$$\gamma_{SF} = \frac{E_{fault} - E_{bulk}}{A_{2D}} \tag{3.107}$$

其中,E_{fault} 和 E_{bulk} 分别是存在堆垛层错的晶体及完美晶体(无层错缺陷)对应的能量,而 A_{2D} 是层错的面积。

将层错能进一步拓展,Vitek 等提出了广义层错能的概念,描述的是位错滑移过程中,体系能量随滑移方向上原子切变位移的变化规律。以面心立方结构为例,如图 3.6 所示,A 构型为理想面心立方结构;B 构型中,滑移面上下原子层相对位移为 0.5 个柏氏矢量,能量出现极大值,为不稳定层错能;C 构型中,上下原子排列与 A 构型等同,滑移面上下原子层相对位移为一个柏氏矢量,形成能出现极小值,结构较为稳定,称为本征层错能。计算过程中,可构造具有不同堆垛层错结构的原子模型,进行总能计算,并与完美晶体的能量作对比,获得广义层错能曲线。

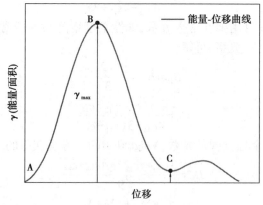

图 3.6 面心立方晶体中<112>方向的能量-位移曲线

3.4　材料性能计算实践

3.4.1　纯金属的计算

应用 EMTO 方法，计算 hcp-Mg 的状态方程，确定其平衡轴比（c/a）、晶格常数及体模量等基态性质的计算步骤：

①构建与晶体结构参数有关的 kstr、shape、bmdl 输入文件。

以轴比为 1.63 为例，在 bmdl 文件夹下构建 kstr 输入，如图 3.7 所示，包含了晶体结构类型、基矢、原子坐标等重要信息。与其对应，在 shape 文件夹下构建的 shape 输入文件如图 3.8 所示，而 bmdl 文件夹下，构建的 bmdl 输入文件，如图 3.9 所示。为了统一，在不同文件目录下的输入文件均可命名为 hcp1.63. dat。输入文件中各参数的物理含义、默认值可参考 EMTO 程序中 README 文件。

```
KSTR      HP......=N                                   22 Jan 08
JOBNAM...=hcp1.63    MSGL.=  0 MODE...=B STORE..=Y HIGH...=Y
DIR001=smx/
DIR006=
Slope matrices, hcp (spdf), (kappa*w)^2= 0.0
NL.....= 4 NLH...=11 NLW...= 9 NDER..= 6 ITRANS= 3 NPRN..= 0
(K*W)^2..=  0.000000 DMAX....=  2.420760 RWATS...=      0.10
NQ3...=  2 LAT...= 4 IPRIM.= 0 NGHBP.=13 NQR2..= 0
A........= 1.0000000 B.......= 1.0000000 C.......= 1.6300000
BSX......= 1.0000000 BSY.....= 0.0000000 BSZ.....= 0.0000000
BSX......=-0.5000000 BSY.....= 0.8660254 BSZ.....= 0.0000000
BSX......= 0.0000000 BSY.....= 0.0000000 BSZ.....= 1.6300000
QX.......= 0.0000000 QY......= 0.0000000 QZ......= 0.0000000
QX.......= 0.0000000 QY......= 0.5773503 QZ......= 0.8150000
a/w(IQ)..= 0.70 0.70 0.70 0.70
a/w(IQ)..= 0.70 0.70 0.70 0.70
LAMDA....=    2.5000 AMAX....=    4.5000 BMAX....=    4.5000
Rc= 1
```

图 3.7　EMTO 中 kstr 输入文件示例

```
SHAPE      HP......=N
JOBNAM...=hcp1.63     MSGL.=  0
FOR001=../kstr/smx/hcp1.63.tfh
DIR002=shp/
DIR006=
Lmax..= 30 NSR..=129 NFI..= 11
NPRN..=  0 IVEF.=  3
```

图 3.8　EMTO 中 shape 输入文件示例

```
BMDL      HP......=N                                   17 Sep 20
JOBNAM...=hcp1.63    MSGL.=  0 NPRN.=  0
FOR001=mdl/
FOR006=
Madelung potential for hcp bulk
NL.....= 7
LAMDA....=      2.50 AMAX....=      4.50 BMAX....=      4.50
NQ3...=  2 LAT...= 4 IPRIM.= 0 NQR2..= 0
A........= 1.0000000 B.......= 1.0000000 C.......= 1.6300000
BSX......= 1.0000000 BSY.....= 0.0000000 BSZ.....= 0.0000000
BSX......=-0.5000000 BSY.....= 0.8660254 BSZ.....= 0.0000000
BSX......= 0.0000000 BSY.....= 0.0000000 BSZ.....= 1.6300000
QX.......= 0.0000000 QY......= 0.0000000 QZ......= 0.0000000
QX.......= 0.0000000 QY......= 0.5773503 QZ......= 0.8150000
a/w(IQ)..= 0.70 0.70 0.70 0.70
```

图 3.9　EMTO 中 bmdl 输入文件示例

②进行 KSTR、SHAPE 和 BMDL 计算。

应用构建的输入文件(如 hcp1.63.dat),分别在 kstr、shape 和 bmdl 文件夹下运行以下命令,以在本机/登录节点进行相应的计算:

time kstr< hcp1.63.dat

time shape < hcp1.63.dat

time bmdl< hcp1.63.dat

3 个子计算运行速度较快,计算完成后,将在屏幕显示计算用时。计算结果将分别保存于相应路径下 smx、shp 和 mdl 文件夹。在此基础上,便可以进行电子结构自洽计算。

③针对固定的轴比 c/a 和体积,构建电子结构自洽计算输入文件 x.scf (x 为文件名),进行 KGRN 电子结构自洽迭代计算。

以固定轴比 c/a=1.63 (即沿用上述计算结果),原子体积(Wigner-Seitz 原胞半径)SWS=3.34 为例,EMTO 电子结构自洽计算的输入文件(命名为 Mg-3.34-1.63.scf)如图 3.10 所示。可见 scf 文件中包含了 K 点(NKX、NKY、NKZ)、体积 SWS、研究对象(Mg)和成分(CONC),以及交换关联泛函 IEX 等重要信息。输入文件中各参数的物理含义、默认值可参考 README 文件。

```
Self-consistent KKR calculation for hcp1.63 Mg100
Band: 10 lines
NITER.=500 NLIN.= 31 NPRN.=  0 NCPA.= 15 NT...=  1 MNTA.=  1
MODE..= 3D FRC..=  N DOS..=  N OPS..=  N AFM..=  P CRT..=  M
Lmaxh.=  8 Lmaxt=  4 NFI..= 31 FIXG.=  2 SHF..=  0 SOFC.=  Y
KMSH...= G IBZ..=  4 NKX..= 29 NKY..= 29 NKZ..= 19 FBZ..=  N
KMSH2..= G IBZ2.=  1 NKX2.=  4 NKY2.=  0 NKZ2.= 51 CPU..=  2
ZMSH...= C NZ1..= 16 NZ2..= 16 NZ3..=  8 NRES.=  4 NZD.=1600
DEPTH..=  1.000 IMAGZ.=  0.005 EPS...=  0.200 ELIM..= -1.000
AMIX...=  0.010 EFMIX.=  1.000 VMTZ..=  0.000 MMOM..=  0.000
TOLE...=1.0e-07 TOLEF.=1.0e-07 TOLCPA=1.0e-06 TFERMI= 500.00
SWS......=  3.340000 NSWS.=  1 DSWS..=   0.05 ALPCPA= 0.6020
Setup: 2 + NQ*NS lines
EFGS...= -0.080 HX....=  0.100 NX...=  7 NZ0..=  6 STMP..= A
Symb   IQ IT ITA NZ  CONC   Sm(s)  S(ws) WS(wst) QTR SPLT Fix
Mg      1  1  1  12 100.00  1.000  1.000  1.000  0.0  0.0  N
Mg      2  1  1  12 100.00  1.000  1.000  1.000  0.0  0.0  N
Atom:  4 lines + NT*NTA*6 lines
IEX...=  7 NP..= 251 NES..= 15 NITER=300 IWAT.=  0 NPRNA=  0
VMIX.....=  0.300000 RWAT....=  3.500000 RMAX....= 20.000000
DX.......=  0.030000 DR1.....=  0.002000 TEST....=  1.00E-12
TESTE....=  1.00E-12 TESTY...=  1.00E-12 TESTV...=  1.00E-12
```

图 3.10 EMTO 中电子结构自洽计算输入文件示例

在此基础上,执行以下命令可在本机/登录节点进行电子结构自洽计算:

time kgrn_omp< Mg-3.34-1.63.scf &

需要注意的是,电子结构自洽计算是第一性原理计算中最为耗时的过程,较大体系需要计算机集群完成。可通过 sbatch 命令,指定计算时间、cpu 数目等参数,将任务提交计算机集群进行计算。EMTO 中,电子结构自洽计算完成后,收敛结果将存于 chd 及 pot 目录,并生成 x.kgrn (x 为文件名),记录了整个自洽迭代计算过程。

④在此基础上,构建全电荷计算输入文件,进行 KFCD 计算,获得对应的基态能量。

与上述电子结构自洽计算相对应,kfcd 计算的输入文件如图 3.11 所示(如命名为 Mg-3.34-1.63.fcd)。执行下述命令可进行 kfcd 计算:

time kfcd_cpa< Mg-3.34-1.63.fcd &

计算完成后,可在 Mg-3.34-1.63.kfcd 中查看计算获得的基态能量,如图 3.12 所示。至此,针对固定的轴比和体积,完成了全部的 EMTO 计算,获得了一个能量点。

图 3.11 EMTO 中 kfcd 输入文件示例

图 3.12 EMTO 中 kfcd 计算结果示例

⑤计算确定固定轴比下,体系能量随体积的变化。

为获得特定轴比下(如 c/a = 1.63),hcp Mg 的基态能量随体积的变化规律,可改变 x.scf 文件中的体积(如 SWS = 3.35,3.36,…),并重复第③、④步的计算。

⑥计算确定不同轴比下,体系能量随体积的变化。

采用不同的轴比(如 c/a = 1.60,1.61,…),重复①—⑤的内容,获得 hcp Mg 基态能量随 c/a 和体积的变化。结果如图 3.13 所示。

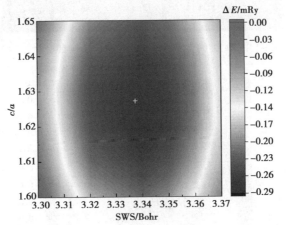

图3.13

图 3.13 EMTO 计算获得的 hcp Mg 基态能量随 c/a 和 SWS 的变化关系

⑦对状态方程进行拟合,求解基态性质。

在上述计算基础上,在不同轴比和体积下拟合状态方程,确定 hcp Mg 的基态性质。计算获得的 hcp Mg 平衡体积、轴比、晶格常数及体模量见表 3.1。

表 3.1　计算获得的镁的基态性质

SWS/Bohr	c/a	a/Å	c/Å	B/GPa
3.340 2	1.628	3.201 5	5.212 0	35.7

3.4.2　计算 Mg-Zn-Ca 多元合金体系

EMTO 方法采用相干势近似（CPA）可有效描述多组元合金中，不同合金元素无序固溶的合金状态，计算效率较高，且可对连续变化的组分浓度进行计算。对 Mg-Zn-Ca 合金状态方程的计算，其计算过程、步骤与 3.4.1 中纯 Mg 的方法相同。区别在于，在电子结构计算的输入文件中，需明确各个合金元素的浓度。以 Mg-0.68Zn-0.12Ca 合金为例，其电子结构自洽计算的输入文件如图 3.14 所示。各元素在不同原子位置的浓度相同，均匀分布。

计算获得的 Mg-0.68Zn-0.12Ca 合金基态能量随轴比和体积的变化规律如图 3.15 所示，由此确定的平衡体积、轴比、晶格常数及体模量见表 3.2。

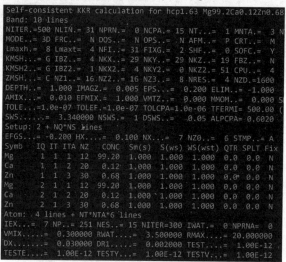

图 3.14　EMTO 中 Mg-0.68Zn-0.12Ca 合金电子结构自洽计算输入文件示例

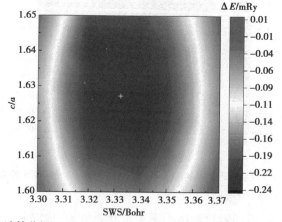

图3.15

图 3.15　EMTO 计算获得 Mg-0.68Zn-0.12Ca 合金的基态能量随 c/a 和 SWS 的变化关系

表3.2 计算获得的 Mg-0.68Zn-0.12Ca 合金的基态性质

SWS/Bohr	c/a	a/Å	c/Å	B/GPa
3.330	1.627	3.195 0	5.199 3	36.4

3.4.3 广义层错能曲线

层错能或广义层错能是原子形成错位堆垛所需的能量,与金属材料塑性变形机制和力学性能密切相关。根据定义,层错能可由式(3.107)计算获得。计算过程中,可构建一系列具有不同晶体结构缺陷的原子结构,计算其能量,并与完美晶体(无缺陷)对比,获得原子堆垛位置和能量的关系,即广义层错能。

应用 VASP 程序,计算 hcp-Mg 沿柱面<11-20>方向滑移的广义层错能曲线计算步骤:

①构建具有10层{10-10}柱面原子的 hcp Mg 完美晶体结构输入文件 POSCAR。

如图3.16所示,POSCAR 文件中包含了晶格常数、平移矢量、原子坐标等重要的晶体结构信息。

```
1    Mg
2    1.0
3           3.2608058453      0.0000000000       0.0000000000
4           1.6304026567      6.0043336685       0.0000000000
5           0.0000000000     -0.6364038141      12.4606028041
6       Mg
7       10
8    Direct
9           0.000000000       0.000000000        0.000000000
10          0.266666688       0.466666628        0.033333330
11          0.600000000       0.799999985        0.199999995
12          0.866666627       0.266666643        0.233333338
13          0.200000033       0.599999959        0.399999991
14          0.466666671       0.066666669        0.433333352
15          0.800000027       0.400000010        0.599999967
16          0.066666691       0.866666685        0.633333367
17          0.400000018       0.199999996        0.799999982
18          0.666666633       0.666666697        0.833333343
```

图3.16 具有10层{10-10}柱面原子的 hcp Mg 超胞结构的 POSCAR 示例

②准备输入文件 INCAR、KPOINT 以及 POTCAR。

在构建晶体结构文件后,需准备相应的 INCAR、KPOINT 及 PORCAR 三个输入文件。INCAR 为计算参数设置文件,包含计算任务类型、精度、使用核数等设置,如图3.17(a)所示。KPOINT 文件为 K 点设置文件,如图3.17(b)所示。POTCAR 为赝势文件,如图3.17(c)所示。

值得注意的是,VASP 提供多种赝势文件供选择,对多元素合金的赝势文件,只需按晶体结构模型中元素的排列顺序,将赝势库中的对应元素的赝势文件依次复制到一个 POTCAR 文件中即可。也可以采用以下操作命令:

cat　　~/file of pseudo potential/**E1**/POTCAR　　~/file of pseudo potential/**E2**/POTCAR > POTCAR

生成赝势文件 POTCAR,其中 E1、E2 为合金元素,如 Mg、Al 等。

```
1    #### initial I/O ####
2    NPAR = 5
3    ISTART = 0
4    ICHARG = 2
5    LWAVE = .FALSE.
6    LCHARG = .TRUE.
7    LVTOT = .FALSE.
8    LVHAR = .FALSE.
9    LELF = .FALSE.
10   #### Ele Relax ####
11   ENCUT = 450
12   PREC = Accurate
13   ALGO = Normal
14   EDIFF = 5E-7
15   NELM = 300
16   GGA = PE
17   ISMEAR = 1
18   SIGMA = 0.2
19   LREAL = .FALSE.
20   #ISYM = 0
21   SYMPREC = 1E-10
22   #### Geo opt ####
23   EDIFFG = 1E-5
24   EDIFFG = -0.001
25   IBRION = -1
26   POTIM = 0.2
27   NSW = 0
28   ISIF = 2
29   #### Mag ####
30   #ISPIN = 2
31   #MAGMOM = 24*5 7*5 1
```

(a)

```
1    K-Mesh
2    0
3    G
4    25   13   6
5    0.0  0.0  0.0
```

(b)

```
1    PAW_PBE Mg 13Apr2007
2     2.00000000000000
3    parameters from PSCTR are:
4      VRHFIN =Mg: s2p0
5      LEXCH  = PE
6      EATOM  =    23.0369 eV,     1.6932 Ry
7
8      TITEL  = PAW_PBE Mg 13Apr2007
9      LULTRA =        F    use ultrasoft PP ?
10     IUNSCR =        1    unscreen: 0-lin 1-nonlin 2-no
11     RPACOR =    1.500    partial core radius
12     POMASS =   24.305; ZVAL   =    2.000    mass and valenz
13     RCORE  =    2.000    outmost cutoff radius
14     RWIGS  =    2.880; RWIGS  =    1.524    wigner-seitz radius (au A)
15     ENMAX  =  200.000; ENMIN  =  100.000 eV
16     RCLOC  =    1.506    cutoff for local pot
17     LCOR   =        T    correct aug charges
18     LPAW   =        T    paw PP
19     EAUG   =  454.734
20     DEXC   =    0.000
21     RMAX   =    2.045    core radius for proj-oper
22     RAUG   =    1.300    factor for augmentation sphere
23     RDEP   =    2.025    radius for radial grids
24     RDEPT  =    1.942    core radius for aug-charge
25
26   Atomic configuration
27    6 entries
28     n  l    j            E        occ.
29     1  0  0.50    -1259.6230    2.0000
30     2  0  0.50      -79.8442    2.0000
31     2  1  1.50      -46.6121    6.0000
32     3  0  0.50       -4.7055    2.0000
33     3  1  0.50       -1.3660    0.0000
34     3  2  1.50       -1.3606    0.0000
35   Description
```

(c)

图 3.17　输入文件 INCAR、KPOINT 以及 POTCAR 文件内容示例

③进行 hcp Mg 完美晶体电子结构自洽计算,获得体系总能。

在准备好上述 4 个输入文件后,就可以进行 VASP 计算了。VASP 计算完成后,自洽计算过程、能量等将汇总至 OUTCAR 文件,且将重要结果分类输出至不同的文件,主要有 CHGCAR、CONTCAR 和 OSZICAR 等。其中 CHGCAR 主要包含电荷密度分布信息。CONTCAR 为弛豫后的晶体结构文件,含有原子位置、晶格常数等信息。OSZICAR 为能量迭代记录文件,含有最终需要的基态体系能量结果。

④构建具有不同层错结构的超胞原子结构,进行电子结构及能量计算。

具有不同层错结构的超胞原子结构电子、能量计算的步骤与 hcp Mg 完美晶体相同,即重复①—③的内容即可。区别在于,POSCAR 文件有一定的区别,即需构造出具有不同错位堆垛的原子结构。如图 3.18 所示为超胞中部分原子在{10-10}柱面沿<11-20>滑移方向切变 0.5b 和 1b(b 为柏氏矢量)的 POSCAR 文件。与 hcp Mg 完美晶体相比,晶体中原子的切变是通过改变平移矢量来实现的。

⑤提取计算获得的基态能量,计算广义层错。

VASP 计算完成后,体系能量结果输出于 OSZICAR 文件。如图 3.19 所示为计算获得的 hcp Mg 完美晶体的能量。依次提取具有不同错位堆垛的原子结构的能量,根据式(3.107)可计算获得纯镁中沿柱面<11-20>方向滑移的广义层错能曲线,如图 3.20 所示。

```
#POSCAR-5
Mg
1.0
    3.2608058453      0.0000000000      0.0000000000
    1.6304026567      6.0043336685      0.0000000000
    2.0380037582     -0.6364034165     12.4606026908
Mg
10
Direct
  0.000000000      0.000000000      0.000000000
  0.245833356      0.466666626      0.033333330
  0.474999928      0.799999972      0.199999997
  0.720833353      0.266666647      0.233333340
  0.949999890      0.599999933      0.399999995
  0.195833348      0.066666665      0.433333356
  0.425000045      0.399999971      0.599999973
  0.670833334      0.866666644      0.633333373
  0.899999969      0.199999984      0.799999989
  0.145833342      0.666666682      0.833333351
```

(a)

```
#POSCAR-8
Mg
1.0
    3.2608058453      0.0000000000      0.0000000000
    1.6304026567      6.0043336685      0.0000000000
    3.2608057064     -0.6364045838     12.4606033908
Mg
10
Direct
  0.000000000      0.000000000      0.000000000
  0.233333353      0.466666632      0.033333335
  0.399999990      0.800000012      0.200000005
  0.633333286      0.266666654      0.233333346
  0.800000053      0.599999933      0.400000010
  0.033333285      0.066666667      0.433333332
  0.200000003      0.400000009      0.599999977
  0.433333302      0.866666692      0.633333414
  0.599999996      0.199999994      0.800000021
  0.833333299      0.666666681      0.833333304
```

(b)

图 3.18 原子在 {10-10} 柱面沿 <11-20> 滑移方向切变 $0.5b$ 和 $1b$ 的 POSCAR 文件示例

```
0-OSZICAR
       N       E                  dE              d eps        ncg     rms       rms(c)
DAV:   1    0.115317191420E+02    0.11532E+02    -0.52555E+03 39040   0.638E+02
DAV:   2   -0.142193049900E+02   -0.25751E+02    -0.23345E+02 51340   0.702E+01
DAV:   3   -0.150186547243E+02   -0.79935E+00    -0.78278E+00 54670   0.109E+01
DAV:   4   -0.150253047535E+02   -0.66500E-02    -0.66470E-02 45650   0.118E+00
DAV:   5   -0.150253834234E+02   -0.78670E-04    -0.78664E-04 55550   0.136E-01   0.216E+00
DAV:   6   -0.149967579563E+02    0.28625E-01    -0.37802E-03 47180   0.470E-01   0.139E+00
DAV:   7   -0.149589135468E+02    0.37844E-01    -0.14634E-02 45440   0.811E-01   0.730E-02
DAV:   8   -0.149589333718E+02   -0.19825E-04    -0.96620E-05 55580   0.508E-02   0.187E-02
DAV:   9   -0.149589173388E+02    0.16033E-04    -0.88433E-06 48470   0.156E-02   0.121E-03
DAV:  10   -0.149589161067E+02    0.12321E-05    -0.64583E-08 39860   0.153E-03   0.412E-04
DAV:  11   -0.149589158365E+02    0.27011E-06    -0.89890E-09 33090   0.509E-04
   1 F= -.14958916E+02 E0= -.14958449E+02  d E =.139973E-02
```

图 3.19 OSZICAR 文件中体系总能示例

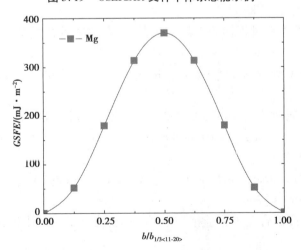

图 3.20 镁基体沿柱面 <11-20> 方向滑移的广义层错能曲线

思考题

1. 量子力学的理论框架主要由哪些假设构成？简述其含义。
2. 简述 Hohenberg-Kohn 第一定理和第二定理，并结合 Kohn-Sham 方程说明利用密度泛函理论处理多电子问题的基本思想。
3. 简述局域密度泛函、广义梯度近似和杂化泛函的含义及特点。
4. 不同电子结构计算方法的本质区别是什么？简述赝势平面波法及其优势。
5. 材料中复杂的化学、磁构型往往对其性能有着重要的影响，试简述相干势近似和 DLM 模型描述多组元体系中化学、磁性构型无序状态的原理。
6. 以金属 Ti 为例，试简述应用第一性原理方法计算其单晶弹性常数的方法和流程。

参考文献

[1] 谢希德, 陆栋. 固体能带理论[M]. 2版. 上海: 复旦大学出版社, 2007.

[2] VITOS L. Computational quantum mechanics for materials engineers: The EMTO method and applications[M]. London: Springer London, 2007.

[3] 曾谨言. 量子力学: 卷1[M]. 3版. 北京: 科学出版社, 1990.

[4] 黄昆. 固体物理学[M]. 北京: 高等教育出版社, 1998.

[5] VITOS L, KORZHAVYI P A, JOHANSSON B. Modeling of alloy steels[J]. Materials Today, 2002, 5(10): 14-23.

[6] DE COOMAN B C, BHADESHIA H K D H, BARLAT F. Advanced steel design by multi-scale modeling[J]. Materials Science Forum, 2010, 654-656: 41-46.

[7] 徐光宪, 黎乐民, 王德民. 量子化学: 基本原理和从头计算法(上册)[M]. 2版. 北京: 科学出版社, 2007.

[8] 董志华. 高温连铸过程钢的性能演化及 Fe 基体相性能的第一性原理研究[D]. 重庆: 重庆大学, 2016.

[9] BORN M, HUANG K. Dynamical theory of crystal lattices[M]. Oxford: Clarendon Press, 1954.

[10] 江树勇. 金属塑性变形多尺度模拟[M]. 北京: 科学出版社, 2022.

[11] SLATER J C. A simplification of the hartree-Fock method[J]. Physical Review, 1951, 81(3): 385-390.

[12] KAXIRAS E. Atomic and electronic structure of solids[M]. Cambridge: Cambridge University Press, 2003.

[13] 贺双. 镍基高温合金中原子相互作用与相稳定性的多尺度研究[D]. 长沙: 湖南大学, 2019.

[14] 李晓庆. 聚变堆结构材料力学性能及缺陷效应[D]. 大连: 大连理工大学, 2011.

[15] THOMAS L H. The calculation of atomic fields[J]. Mathematical Proceedings of the Cambridge Philosophical Society, 1927, 23(5): 542-548.

[16] HOHENBERG P, KOHN W. Inhomogeneous electron gas[J]. Physical Review, 1964, 136(3B): 864-871.

[17] DREIZLER R M, GROSS E K U. Density Functional Theory: An approach to the quantum many-body problem [M]. Berlin, Heidelberg: Springer-Verlag, 1990.

[18] JONES R O, GUNNARSSON O. The density functional formalism, its applications and prospects[J]. Reviews of Modern Physics, 1989, 61(3): 689-746.

[19] VITOS L, KORZHAVYI P A, JOHANSSON B. Evidence of large magnetostructural effects in austenitic stainless steels[J]. Physical Review Letters, 2006, 96(11): 117210-117214.

[20] GHOLIZADEH H. The influence of alloying and temperature on the stacking-fault energy of iron-based alloys [D]. Leoben: Montanuniversität Leoben, 2013.

[21] MARTIN R M. Electronic structure: Basic theory and practical methods[M]. Cambridge: Cambridge University Press, 2004.

[22] KOHN W, SHAM L J. Self-consistent equations including exchange and correlation effects[J]. Physical Review, 1965, 140(4A): A1133-A1138.

[23] KOHN W. Nobel Lecture: Electronic structure of matter: Wave functions and density functionals[J]. Reviews of Modern Physics, 1999, 71(5): 1253-1266.

[24] PERDEW J P, CHEVARY J A, VOSKO S H, et al. Erratum: Atoms, molecules, solids, and surfaces: Applications of the generalized gradient approximation for exchange and correlation[J]. Physical Review B, 1993, 48(7): 4978.

[25] WANG C S, KLEIN B M, KRAKAUER H. Theory of magnetic and structural ordering in iron[J]. Physical Review Letters, 1985, 54(16): 1852-1855.

[26] PERDEW J P. Density-functional approximation for the correlation energy of the inhomogeneous electron gas[J]. Physical Review B, 1986, 33(12): 8822-8824.

[27] VITOS L, JOHANSSON B, KOLLÁR J, et al. Exchange energy in the local Airy gas approximation[J]. Physical Review B, 2000, 62(15): 10046-10050.

[28] ARMIENTO R, MATTSSON A E. Functional designed to include surface effects in self-consistent density functional theory[J]. Physical Review B, 2005, 72(8): 085108.

[29] SUN J W, RUZSINSZKY A, PERDEW J P. Strongly constrained and appropriately normed semilocal density functional [J]. Physical Review Letters, 2015, 115(3): 036402.

[30] SUN J W, REMSING R C, ZHANG Y B, et al. Accurate first-principles structures and energies of diversely bonded systems from an efficient density functional[J]. Nature Chemistry, 2016, 8: 831-836.

[31] ZHANG G X, REILLY A M, TKATCHENKO A, et al. Performance of various density-functional approximations for cohesive properties of 64 bulk solids[J]. New Journal of Physics, 2018, 20(6): 063020.

[32] 李正中. 固体理论[M]. 2版. 北京: 高等教育出版社, 2002.

[33] 阎守胜. 固体物理基础[M]. 3版. 北京: 北京大学出版社, 2011.

[34] HAFNER J, HEINE V. The crystal structures of the elements: Pseudopotential theory revisited[J]. Journal of Physics F: Metal Physics, 1983, 13(12): 2479-2501.

[35] SCHWERDTFEGER P. The pseudopotential approximation in electronic structure theory[J]. Chemphyschem, 2011, 12(17): 3143-3155.

[36] SJÖSTEDT E, NORDSTRÖM L, SINGH D J. An alternative way of linearizing the augmented plane-wave method[J]. Solid State Communications, 2000, 114(1): 15-20.

[37] TROULLIER N, MARTINS J L. Efficient pseudopotentials for plane-wave calculations[J]. Physical Review B, 1991, 43(3): 1993-2006.

[38] SKRIVER B H L. The LMTO Method: Muffin-Tin Orbitals and Electronic Structure[M]. Berlin, Heidelberg: Springer, 1984.

[39] VITOS L, ABRIKOSOV I A, JOHANSSON B. Anisotropic lattice distortions in random alloys from first-principles theory[J]. Physical Review Letters, 2001, 87(15): 156401.

[40] BLÖCHL P E. Projector augmented-wave method[J]. Physical Review B, 1994, 50(24): 17953-17979.

[41] KRESSE G, JOUBERT D. From ultrasoft pseudopotentials to the projector augmented-wave method[J]. Physical Review B, 1999, 59(3): 1758-1775.

[42] 许强. 大尺度第一性原理方法发展和软件开发[D]. 长春: 吉林大学, 2020.

[43] VITOS L, ABRIKOSOV I A, JOHANSSON B. Coherent potential approximation within the exact muffin-tin orbitals theory[M]//Complex Inorganic Solids. Boston: Springer, 2007: 339-352.

[44] ABRIKOSOV I A, KISSAVOS A, SIMAK S I, et al. Electronic structure and total energy calculations for random alloys: the EMTO-CPA method[C]//Annual APS March Meeting, 2003: W19.005.

[45] TIAN F Y, ZHAO H Y, WANG Y D, et al. Investigating effect of ordering on magnetic-elastic property of FeNiCoCr medium-entropy alloy[J]. Scripta Materialia, 2019, 166: 164-167.

[46] VITOS L, SKRIVER H L, JOHANSSON B, et al. Application of the exact muffin-tin orbitals theory: The spherical cell approximation[J]. Computational Materials Science, 2000, 18(1): 24-38.

[47] KISSAVOS A E, SIMAK S I, OLSSON P, et al. Total energy calculations for systems with magnetic and chemical disorder[J]. Computational Materials Science, 2006, 35(1): 1-5.

[48] GRIMVALL G. Thermophysical properties of materials[M]. Amsterdam, Netherlands: Elsevier, 1999.

[49] MORUZZI V L, JANAK J F, SCHWARZ K. Calculated thermal properties of metals[J]. Physical Review B, 1988, 37(2): 790-799.

[50] STEINLE-NEUMANN G, STIXRUDE L, COHEN R E. First-principles elastic constants for the hcp transition metals Fe, Co, and Re at high pressure[J]. Physical Review B,

1999, 60(2): 791.

[51] HILL R. The elastic behaviour of a crystalline aggregate [J]. Proceedings of the Physical Society Section A, 1952, 65(5): 349-354.

[52] VOIGT W. Lehrbuch der Kristallphysik [M]. Wiesbaden: Vieweg + Teubner Verlag, 1928.

[53] DONG Z H, LI W, SCHÖNECKER S, et al. Thermal spin fluctuation effect on the elastic constants of paramagnetic Fe from first principles[J]. Physical Review B, 2015, 92(22): 224420.

[54] DONG Z H, SCHÖNECKER S, CHEN D F, et al. Elastic properties of paramagnetic austenitic steel at finite temperature: Longitudinal spin fluctuations in multicomponent alloys[J]. Physical Review B, 2017, 96(17): 174415.

[55] LI W, LU S, HU Q M, et al. Generalized stacking fault energy of γ-Fe[J]. Philosophical Magazine, 2016, 96(6): 524-541.

[56] DONG Z H, SCHÖNECKER S, CHEN D F, et al. Influence of Mn content on the intrinsic energy barriers of paramagnetic FeMn alloys from longitudinal spin fluctuation theory[J]. International Journal of Plasticity, 2019, 119: 123-139.

[57] DONG Z H, SCHÖNECKER S, LI W, et al. Plastic deformation modes in paramagnetic γ-Fe from longitudinal spin fluctuation theory[J]. International Journal of Plasticity, 2018, 109: 43-53.

[58] JO M, KOO Y M, LEE B J, et al. Theory for plasticity of face-centered cubic metals [J]. Proceedings of the National Academy of Sciences of the United States of America, 2014, 111(18): 6560-6565.

[59] VITOS L, NILSSON J O, JOHANSSON B. Alloying effects on the stacking fault energy in austenitic stainless steels from first-principles theory[J]. Acta Materialia, 2006, 54(14): 3821-3826.

第4章
分子动力学计算

分子动力学计算是一种强大的计算方法,用于模拟原子和分子在时间上的运动和相互作用。其特点包括精确地追踪微观粒子的位置和速度,模拟系统在不同条件下的行为,以及提供了对材料性质、相变、反应动力学等的深入理解。分子动力学计算允许研究复杂的分子系统,揭示材料的结构和性质,预测化学反应过程,以及优化分子设计。

4.1 分子动力学计算理论基础

Alder 和 Wainwright 于 1957 年首次采用硬球模型观察了液固相变,从此开启了使用分子动力学模拟(molecular dynamics simulation)方法研究物质宏观性能的先河。自那时起,高效的算法和不断升级的计算能力大大加快了分子动力学的发展。分子动力学发展过程中的一些重要历史时刻列举如下:

1957 年,基于刚球势的分子动力学法(Alder and Wainwright)。
1964 年,利用 Lennard-Jones 势函数法对液态氩性质的模拟(Rahman)。
1967 年,提出了 Verlet 算法(Verlet)。
1971 年,模拟具有分子团簇行为的水的性质(Rahman and Stillinger)。
1977 年,约束动力学方法(Rychaert, Ciccotti & Berendsen; van Gunsteren)。
1980 年,恒压条件下的动力学方法(Andersen 法、Parrinello-Rahman 法)。
1983 年,非平衡态动力学方法(Gillan and Dixon)。
1984 年,恒温条件下的动力学方法(Berendsen et al.)。
1984 年,恒温条件下的动力学方法(Nosé-Hoover)。
1985 年,第一原理分子动力学法(Car-Parrinello)。
1991 年,巨正则系综的分子动力学方法(Cagin and Pettit)。

分子动力学模拟是一种用来计算经典多体系的平衡和传递性质的确定性方法,与第一性原理计算相比,分子动力学的计算量非常小,这个突出特点使得分子动力学可以计算很大的原子体系。在分子动力学模拟中,原子是最基本的粒子单位,并且被视为经典粒子,其运动遵循牛顿运动方程。分子动力学模拟结果的可靠性和精度从根本上取决于原子间相互作用的信息,即势函数。本节详细介绍分子动力学模拟的基本原理和模拟中使用的势函数。

4.1.1 计算原理

1)分子动力学的计算原理

前一章的第一性原理计算基于量子力学,考虑了电子云的影响,计算更为精确,而分子动力学将由原子核和电子云的系统直接简化成一个原子,如图 4.1 所示,大大提高了计算的效率。基于经典牛顿力学,分子动力学方法按照体系内部的动力学规律,跟踪系统中每个粒子的运动,确定原子的位置和速度随时间的演化过程。根据统计物理规律,给出微观量(坐标、速度)与宏观可观测量(温度、压力、弹性模量、比热等)的关系,从而研究材料的性能。分子动力学方法与蒙特卡洛法不同,其不存在任何的随机因素,一旦知道了体系的初态,那么体系在之后任何时刻的状态都是确定的。分子动力学方法可以处理与时间相关的过程。目前,分子动力学模拟的时间尺度通常为 10^{-12} s 到 10^{-9} s,随着算法的进步和计算能力的提升,分子动力学模拟的时间尺度还会进一步增大。

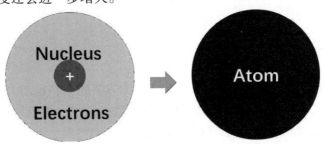

图 4.1　分子动力学方法中的原子模型示意图

考虑含有 N 个粒子的运动系统,分子动力学方法主要用于计算经典粒子之间的相互作用,根据经典力学,系统中任何一个原子 i 所受的力为势能的梯度:

$$\vec{F}_i = -\nabla_i U = -\left(\vec{i}\frac{\partial}{\partial x_i} + \vec{j}\frac{\partial}{\partial y_i} + \vec{k}\frac{\partial}{\partial z_i}\right) U \tag{4.1}$$

其中,U 为势能;F 为力。

所研究的粒子完全遵从牛顿运动方程,可得 i 原子的加速度为

$$\vec{a}_i = \frac{\vec{F}_i}{m_i} \tag{4.2}$$

将牛顿运动方程对时间进行积分,可以预测 i 原子经过时间 t 后的速度和位置。

$$\frac{d^2}{dt^2}\vec{r}_i = \frac{d}{dt}\vec{v}_i = \vec{a}_i \tag{4.3}$$

$$\vec{v}_i = \vec{v}_i^0 + \vec{a}_i t \tag{4.4}$$

$$\vec{r}_i = \vec{r}_i^0 + \vec{v}_i^0 t + \frac{1}{2}\vec{a}_i t^2 \tag{4.5}$$

式中,$\vec{r}_i$ 为粒子的位置;$\vec{v}$ 为粒子的速度;上标"0"为各物理量的初始数值。

分子动力学计算的基本原理,即采用牛顿运动方程,先由体系中各粒子位置计算系统的势能,再根据式(4.1)和式(4.2)计算系统中各原子所受的力和加速度,然后在式(4.4)和式(4.5)中令 $t = \Delta t$(Δt 表示一段非常短的时间间隔),则可以得到经过时间 Δt 后粒子的速度和位置。重复以上步骤,由新的位置计算系统的势能,各原子所受的力和加速度,预测再经过 Δt 后各粒子的位置和速度……如此反复循环,可以得到各时间下体系中粒子运动的位置、速度和加速度等信息。各时间下粒子的位置称为运动轨迹(trajectory),如图 4.2 所示为典型的五原子系统的运动图。

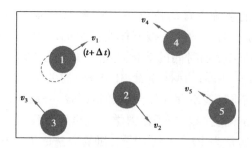

图4.2　五原子系统的运动过程

2）牛顿运动方程的数值解法

（1）Verlet算法

在分子动力学计算中必须求解式(4.4)和式(4.5)中的牛顿运动方程以计算速度和位置。在众多的算法中，Verlet提出的数值解法在分子动力学中运用较为广泛。最早的Verlet算法，将粒子的位置以泰勒式展开，忽略高阶小量：

$$r(t+\Delta t)=r(t)+\frac{\mathrm{d}}{\mathrm{d}t}r(t)\Delta t+\frac{1}{2!}\frac{\mathrm{d}^2}{\mathrm{d}t^2}r(t)(\Delta t)^2 \quad (4.6)$$

将式中的Δt换为$-\Delta t$，可得

$$r(t-\Delta t)=r(t)-\frac{\mathrm{d}}{\mathrm{d}t}r(t)\Delta t+\frac{1}{2!}\frac{\mathrm{d}^2}{\mathrm{d}t^2}r(t)(\Delta t)^2 \quad (4.7)$$

将式(4.6)和式(4.7)相加，得

$$r(t+\Delta t)=-r(t-\Delta t)+2r(t)+\frac{\mathrm{d}^2}{\mathrm{d}t^2}r(t)(\Delta t)^2 \quad (4.8)$$

因$\frac{\mathrm{d}^2}{\mathrm{d}t^2}r(t)=a(t)$，故根据式(4.8)，可由$t$和$t-\Delta t$的位置预测$t+\Delta t$时的位置。将式(4.6)减去式(4.7)，得到速度，即

$$v(t)=\frac{\mathrm{d}r(t)}{\mathrm{d}t}=\frac{1}{2\Delta t}[r(t+\Delta t)-r(t-\Delta t)] \quad (4.9)$$

式(4.9)表示，时间t时的速度可由$t+\Delta t$和$t-\Delta t$的位置得到。Verlet算法的优点是精确，每次积分只计算一次力，时间可逆。缺点是速度有较大误差，轨迹与速度无关，无法与热浴耦联。为了进一步矫正这些缺点，Verlet发展出另一种蛙跳(Leap-frog)算法。这种方法计算速度和位置的公式为

$$\vec{v}_i\left(t+\frac{1}{2}\Delta t\right)=\vec{v}_i\left(t-\frac{1}{2}\Delta t\right)+\vec{a}_i(t)\Delta t \quad (4.10)$$

$$\vec{r}_i(t+\Delta t)=\vec{r}_i(t)+\vec{v}_i\left(t+\frac{1}{2}\Delta t\right)\Delta t \quad (4.11)$$

（2）蛙跳(Leap-frog)算法

蛙跳法分子动力学计算流程如图4.3所示，计算时假设已知$\vec{v}_i\left(t-\frac{1}{2}\Delta t\right)$和$\vec{r}_i(t)$，则由$t$时的位置$\vec{r}_i(t)$计算质点所受的力和加速度$\vec{a}_i(t)$。再根据式(4.11)预测时间为$t+\frac{1}{2}\Delta t$时的

速度 $\vec{v}_i\left(t+\frac{1}{2}\Delta t\right)$,以此类推。时间为 t 时的速度可由式(4.12)算出,即

$$\vec{v}_i(t) = \frac{1}{2}\left[\vec{v}_i\left(t+\frac{1}{2}\Delta t\right) + \vec{v}_i\left(t-\frac{1}{2}\Delta t\right)\right] \tag{4.12}$$

采用 Leap-frog 算法计算仅需储存 $\vec{v}_i\left(t-\frac{1}{2}\Delta t\right)$ 和 $\vec{r}_i(t)$ 两种资料,可以节省储存空间。Leap-frog 算法的优点是精确度更高,轨迹和速度有关,可与热浴耦联。其缺点是速度近似,比 Verlet 算法所需时间更长。

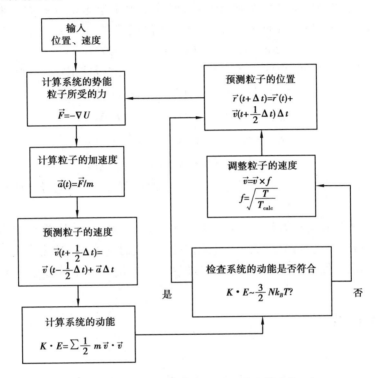

图 4.3 Verlet 蛙跳法分子动力学计算流程

(3) Beaman 算法

除 Verlet 蛙跳算法外,Beeman 提出的 Beeman 算法也与 Verlet 算法有关,其方程为

$$\vec{r}_i(t+\Delta t) = \vec{r}_i(t) + \vec{v}_i(t)\Delta t + \frac{1}{6}[4\vec{a}_i(t) - \vec{a}_i(t-\Delta t)]\Delta t^2$$

$$\vec{v}_i(t+\Delta t) = \vec{v}_i(t) + \frac{1}{6}[2\vec{a}_i(t+\Delta t) + 5\vec{a}_i(t) - \vec{a}_i(t-\Delta t)]\Delta t \tag{4.13}$$

这种方法需要储存 $\vec{r}_i(t)$、$\vec{v}_i(t)$ 和 $\vec{a}_i(t-\Delta t)$,储存量大于 Verlet 蛙跳算法,它的优点是引用了较长的积分时间间隔 Δt。Beeman 算法运用了更准确的速度表达式,因为动能是直接由速度计算得到的,所以它更好地保持了能量守恒。然而,由于它的表达式比 Verlet 算法更加复杂,因此计算量更大。

(4) 预测-校正(Predictor-Corrector)算法(Gear 算法)

此外,Gear 基于预测-校正积分方法,提出了 Gear 算法,也称为预测-校正法。预测阶段,其基本思想是泰勒展开:

$$\vec{r}^p(t+\Delta t) = \vec{r}(t) + \vec{v}(t)\Delta t + \frac{1}{2}\vec{a}(t)\Delta t^2 + \frac{1}{6}\vec{b}(t)\Delta t^3 + \cdots$$

$$\vec{v}^p(t+\Delta t) = \vec{v}(t) + \vec{a}(t)\Delta t + \frac{1}{2}\vec{b}(t)\Delta t^2 + \cdots$$

$$\vec{a}^p(t+\Delta t) = \vec{a}(t) + \vec{b}(t)\Delta t + \cdots$$

$$\vec{b}^p(t+\Delta t) = \vec{b}(t) + \cdots \tag{4.14}$$

式中,$\vec{v}(t)$、$\vec{a}(t)$、$\vec{b}(t)$ 为 $\vec{r}(t)$ 的 1 次、2 次和 3 次微分。式(4.14)所产生的速度、加速度等并非完全正确,因为这些物理量来自泰勒展开式,而非由解牛顿运动方程式而来。根据新的原子位置 r^p,可以计算获得校正后的 $a^c(t+\Delta t)$,定义预测误差:

$$\Delta \vec{a}(t+\Delta t) = \vec{a}^c(t+\Delta t) - \vec{a}^p(t+\Delta t) \tag{4.15}$$

利用此预测误差,对预测出的位置、速度、加速度等量进行校正:

$$\vec{r}^c(t+\Delta t) = \vec{r}^p(t+\Delta t) + c_0 \Delta \vec{a}(t+\Delta t)$$

$$\vec{v}^c(t+\Delta t) = \vec{v}^p(t+\Delta t) + c_1 \Delta \vec{a}(t+\Delta t)$$

$$\vec{a}^c(t+\Delta t) = \vec{a}^p(t+\Delta t) + c_2 \Delta \vec{a}(t+\Delta t)$$

$$\vec{b}^c(t+\Delta t) = \vec{b}^p(t+\Delta t) + c_3 \Delta \vec{a}(t+\Delta t) \tag{4.16}$$

式中,c_0、c_1、c_2、c_3 均为常数。以上所述为 Gear 的一次预测校正法,也可将此计算法推展至更高次的校正法。

综上所述,基于牛顿运动方程,在分子动力学计算中,最原始、最关键的信息就是每一个原子的位置、速度和受力(加速度),需要去调控的也是原子的位置、速度和受力。在实际代码计算中,所有命令的出发点和核心,都是去定义这三个中的某一个或多个的初值或者去调控它们的变化方式。

4.1.2 势函数

1)势函数简介

如前所述,如果要对一个原子体系进行分子动力学模拟,就必须计算该体系中任意一个原子的受力,才能将整个体系的运动状态推演下去。而要计算体系中原子的受力,就必须首先知道原子间的相互作用关系是怎样的。这种用以描述原子(或分子)间相互作用关系的函数或模型称为原子间相互作用势(interatomic potential),简称势函数或势(potential),在分子体系中多称为力场(force field)。典型的五原子对势相互作用如图 4.4 所示。由于势函数的模型主要是根据经验提出来的,势参数往往是通过拟合实验参数获得,所以势函数常称为经验势(empirical potential)。由于势函数中包含了原子体系中相互作用的信息,因此它从根本上决定了分子动力学模拟结果的可靠性和精度。时至今日,数以百计的势函数已被应用于原子模拟之中,并且不断有新的势函数被提出。总的来说,势函数的发展一直很缓慢,这是因为势函数的开发和拟合流程非常复杂,极具挑战,其过程涉及众多参数、大量 DFT 数据的计算和实验数据的拟合,且需要长时间的验证,这从很大程度上制约了分子动力学在实际中的广泛应用。值得一提的是,近 10 年发展起来的机器学习势函数,它与传统势函数相比没有任何的经验模型和固定表达式,而是直接通过机器学习算法拟合 DFT 计算出来的能量和力等参数,具有很高的精度。尽管势函数的数量众多,应用背景各不相同,但对于一个特定的势函数而

言,其优劣的评价标准却是相对固定的,主要有以下几点:

①精度。第一,计算结果能够与参考值(实验结果或第一原理结果)尽可能接近;第二,满足第一点要求的计算结果尽可能多,即势函数能够用来描述相关体系的众多性质。值得注意的是,势函数模型本身并非是决定计算结果精确性的唯一因素,势参数也起到至关重要的作用,但势函数模型却从根本上决定了它在精度上的潜力。

②计算效率。进行原子模拟的重要原因就是期望它可以模拟尽可能大的体系的相关性质。如果势函数过于复杂,会使得编程实现较为困难,更重要的是难以将其应用于大体系的模拟之中。

③可移植性。势函数均是基于某些特定的假设或模型提出来的,不可能适用于所有体系的所有模拟应用。但如果某个势函数能够在很大范围内满足模拟的需求,那么就可以认为它具有很好的可移植性。具有很好的可移植性的势函数往往能够在更大范围内得到应用。

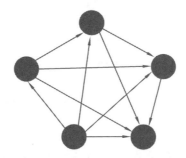

图4.4 五原子系统之间的对势相互作用

2)势函数模型

传统势函数模型是由 N 个原子组成的体系,其总能量可以写成单体、二体、三体以至更多体势的和的形式,即

$$E_{\text{tot}} = \sum_i \phi_1(r_i) + \sum_{i,j} \phi_2(r_i, r_j) + \sum_{i,j,k} \phi_3(r_i, r_j, r_k) + \cdots \tag{4.17}$$

式中, $r_n(n=i,j,k,\cdots)$ 是第 n 个原子的位置。该式的第一项 $\phi_1(r_i)$ 是原子本身的能量,与原子间的相互作用无关,在大多数情况下都不作考虑。第二项 $\phi_2(r_i, r_j)$ 是体系中每两个原子间相互作用的能量,仅依赖于两个原子间的距离 $r_{ij} = r_i - r_j$,也可以写作 $\phi_2(r_{ij})$。第三项 $\phi_3(r_i, r_j, r_k)$ 是体系中每 3 个原子间相互作用的能量。以此类推,后面的 n 阶项代表每 n 个原子间相互作用的能量。

由于式(4.17)中的高阶项会收敛很快,而在实际处理中很难考虑任意多原子间的相互作用,因此通常都会根据实际需要,对式(4.17)作一些近似,只取前 n 项,所对应的势函数相应地被称为"n 体势"。在原子模拟早期,限于计算能力和研究经验,人们大多使用二体势(2-body potential),也称对势(pair/pairwise potential)。随着计算机技术的发展和人们对模拟体系的精度要求的提高,人们逐渐尝试使用三体势(3-body potential)来描述过渡金属或共价晶体间的相互作用,以获得更好的结果。四体势的使用目前多出现于有机分子的模拟中,但并不多见。至于更高阶的势,由于涉及的自由参数过多,在实际计算模拟中非常少见。大于二阶的势函数可以统称为多体势(many-body potential)。然而,多体势却并不局限于此。20 世纪 80 年代之后,人们使用类似密度泛函理论中局域电子密度(local electron density)的概念,在金属和合金体系中发展了另外一类完全不同的多体势函数,从而极大地拓展了原子模拟的应用范围。实际上,当人们提到多体势时,更多是指这一类的势函数。从势函数形式上进行分类,一般可以分为二体势、三体势、四体势和多体势,因二体势和三体势发展较早,本书不作过多详细阐释,而多体势中的嵌入原子势(Embedded Atom Method, EAM)在金属领域的广泛应用将在下文中详细介绍。常见的势函数模型见表4.1。

表4.1 常见势函数模型

二体势	三体势	多体势
Lennard Jones Morse Burkingham Born-Mayer	S-W Tersoff	Einnis Sinclair EAM MEAM AEAM Sutton-Chen

(1)对势

在分子动力学模拟的早期,人们经常采用的是对势。对势是最简单的一类势函数,其参数拟合、受力计算、编程实现都比较容易实现。应用对势的首次计算是Alder和Wainwright在1957年的分子动力学模拟中采用的间断对势。Rahman在1964年采用非间断的对势对氩元素进行研究,在此后的1971年,他和Stillinger首次完成了对液体H_2O分子的模拟,对分子动力学方法作出了许多重要的贡献。对势的精度相对较低,但对电子云耦合较弱的体系,如惰性气体、惰性气体与金属,对势仍然能够很好地描述其相互作用。此外,对势的计算效率非常高,体系庞大、精度要求相对较低的体系也常采用对势。比较常见的对势包括Lennard-Jones势(图4.5)、Morse势、Buckingham势。

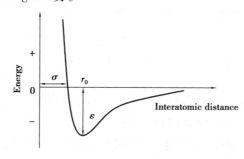

图4.5 L-J对势示意图

虽然对势简单,广泛地应用于材料的微观模拟中,得到的结果也符合某些宏观的物理规律,但在实际体系中,原子间的相互作用往往不是两两单独作用,而是多体间相互耦合的结果,这就使得忽略了多体相互作用的对势存在一些自身难以克服的严重问题,如必然导致Cauchy关系,即$C_{12}=C_{44}$,而一般金属并不满足Cauchy关系,对势实际上不能准确地描述晶体的弹性性质。为了克服这些缺陷,人们开始尝试从不同的角度考虑原子间的多体相互作用,逐渐发展出了三体势、四体势以及多体势等。

(2) 三体势

三体势除考虑对势中两两原子之间的相互作用以外,还考虑每 3 个原子间的相互作用。对势的能量仅仅是原子间距离的函数,而三体势除包括与距离相关的二体项外,还包括了与 3 个原子间距离及夹角相关的三体项。通常,三体势用于共价晶体中,如 C、Si、Ge 等。常见的三体势包括 Stillinger-Weber 势和 Tersoff 势。

(3) 多体势

在共价体系中,两个原子通过共用电子对成键,而在金属体系中,所有的电子都是共有的,可以在整个晶体内运动,成为金属键。这样的差异用来描述共价体系的三体势很难精确地描述金属及合金体系。为此,人们从另外的角度为金属及合金体系提出了多体势。多体势于 20 世纪 80 年代初期开始出现,Daw 和 Baskes 在 1983 年首次提出了嵌入原子法。嵌入原子势的基本思想是把晶体的总势能分成两个部分:一部分是位于晶格点阵上的原子核之间的相互作用对势;另一部分是原子核镶嵌在电子云背景中的嵌入能,它代表多体相互作用。构成 EAM 势的对势与嵌入势的函数形式都是根据经验选取。在嵌入原子法中,系统的总势能表示为

$$E_{\text{tot}} = \sum_{i=1}^{N} F_i(\overline{\rho_i}) + \frac{1}{2}\sum_{j \neq i} \Phi(r_{ij}) \tag{4.18}$$

式中,$\overline{\rho_i}$ 为原子 i 所处位置的电子密度,由体系中周围其他原子贡献;$F_i(\overline{\rho_i})$ 为嵌入能,将原子 i 嵌入背景电荷密度 ρ 中所需要的能量;$\Phi(r_{ij})$ 为相距为 r_{ij} 的原子 i 和 j 之间的排斥对势能。

原子 i 处的电子密度 $\overline{\rho_i}$ 可以计算为

$$\rho_i = \sum_{j \neq i} f(r_{ij}) \tag{4.19}$$

式中,$f(r_{ij})$ 为原子 i 周围的其他原子 j 所贡献的电子密度,可称为原子电子密度。

通过以上式可知,如果知道了嵌入能函数、电子密度函数以及对势函数的具体形式,就可以使用 EAM 势计算体系的能量。但 Daw 等人最初提出 EAM 势时,并没有给定具体的解析函数形式,而是通过较为复杂的计算过程确定的。这使得 EAM 势的应用受到了很大的限制。为此,不少学者在 EAM 势的基础上,为这 3 个函数提供了解析表达式,发展出了一系列的解析型嵌入原子法(Analytical EAM, AEAM)。其中,应用较多的包括 Johnson EAM、Cai-Ye EAM、Zhou EAM。

Baskes 于 1992 年在 EAM 模型的基础上,通过考虑角向电子密度提出了修正型嵌入原子法(Modified Embedded Atom Method, MEAM)。MEAM 和 EAM 的基本理论框架是一致的,在 MEAM 理论中,任意体系的总能为

$$E = \sum_i \left[F(\overline{\rho_i}) + \sum_{j \neq i} \Phi(r_{ij}) \right] \tag{4.20}$$

式中,F 为嵌入能函数;$\overline{\rho_i}$ 为原子 i 所处位置的背景电子密度(background electron density);$\Phi(r_{ij})$ 为相距为 r_{ij} 的原子 i 和原子 j 之间的对势相互作用能。

从式(4.20)可知,嵌入能是多体相互作用能,而对势能是二体相互作用能。

① 嵌入能。

嵌入能函数的形式并不唯一,很多研究者根据自己的使用需要提出了不同版本的嵌入能函数。MEAM 理论中采用以下公式描述嵌入能函数:

$$F(\overline{\rho}_i) = AE_c\left(\frac{\overline{\rho}_i}{\overline{\rho}_0}\right)\ln\left(\frac{\overline{\rho}_i}{\overline{\rho}_0}\right) \tag{4.21}$$

式中,A 为可调参数,可在一定程度上调节嵌入能在总能中的比重;E_c 为参考结构的溶解能,绝大多数情况下使用结合能;$\overline{\rho}_0$ 为参考结构中每个原子的背景电子密度。

参考结构是专门为特定体系选择的晶体结构,用来辅助 MEAM 理论模型的构建,一般选择与体系相对应的基态结构,如 bcc、fcc 等。对于一元体系而言,其参考结构中每个原子都是完全等价的,每个原子的背景电子密度也都是相同的。在式(4.21)中,$\frac{\overline{\rho}_i}{\overline{\rho}_0}$ 即任意体系中某一原子的背景电子密度与参考结构中某一原子的背景电子密度的比值,大致可反映出任意体系中该原子附近的原子结构与参考结构的偏离情况。如果完全没有偏离参考结构,那么这个比值就是 1,其对应的嵌入能就是 0。也就是说,如果一个体系与参考结构完全相同,那么该体系的嵌入能就是 0,其总能完全由对势能贡献。

MEAM 和 EAM 两种势函数模型存在的最大差异为原子的背景电子密度。在 EAM 中,原子的电子密度函数仅仅是一个球形对称的函数,也就是说原子在各个方向上的电子密度都是相同的。而 MEAM 在球形电子密度函数 $\overline{\rho}_i^{(0)}$ 的基础上增加了 3 个与方向相关的角向电子密度函数 $\overline{\rho}_i^{(1)}$、$\overline{\rho}_i^{(2)}$、$\overline{\rho}_i^{(3)}$,MEAM 可以较好地描述非对称体系原子间的相互作用,如表面、缺陷等。MEAM 中背景电子密度各分量的数学表达式如下:

$$\begin{aligned}
\overline{\rho}_i^{(0)} &= \sum_{j\neq i} \rho_j^{a(0)}(r_{ij}) \\
\left(\overline{\rho}_i^{(1)}\right)^2 &= \sum_{\alpha}\left[\sum_{j\neq i}\frac{r_{ij}^{\alpha}}{r_{ij}}\rho_j^{a(1)}\right]^2 \\
\left(\overline{\rho}_i^{(2)}\right)^2 &= \sum_{\alpha,\beta}\left[\sum_{j\neq i}\frac{r_{ij}^{\alpha}r_{ij}^{\beta}}{r_{ij}^2}\rho_j^{a(2)}\right]^2 - \frac{1}{3}\left[\sum_{j\neq i}\rho_j^{a(2)}\right]^2 \\
\left(\overline{\rho}_i^{(3)}\right)^2 &= \sum_{\alpha,\beta,\gamma}\left[\sum_{j\neq i}\frac{r_{ij}^{\alpha}r_{ij}^{\beta}r_{ij}^{\gamma}}{r_{ij}^3}\rho_j^{a(3)}\right]^2 - \frac{3}{5}\sum_{\alpha}\left[\sum_{j\neq i}\frac{r_{ij}^{\alpha}}{r_{ij}}\rho_j^{a(3)}\right]^2
\end{aligned} \tag{4.22}$$

式中,$\overline{\rho}_i^{(h)}(h=0,1,2,3)$ 为原子电子密度,表示原子 j 对 i 处原子电子密度的贡献;$r_{ij}^k(k=\alpha,\beta,\gamma)$ 为原子 i 和 j 之间的距离矢量 r_{ij} 在 k 方向上的分量。

将这些角向电子密度分量组合起来就可以构成原子 i 的背景电子密度。组合的方式并不唯一,使用较多的是

$$\overline{\rho}_i = \overline{\rho}_i^{(0)} G(\Gamma) \tag{4.23}$$

$$G(\Gamma) = \frac{2}{1+e^{-\Gamma}} \tag{4.24}$$

$$\Gamma = \sum_{h=1}^{3} t_i^{(h)}\left(\frac{\overline{\rho}_i^{(h)}}{\overline{\rho}_0^{(0)}}\right)^2 \tag{4.25}$$

式中,$t_i^{(h)}(h=1,2,3)$ 为可调参数,表示 3 个不同方向的角向电子密度分量在原子总的背景电子密度中所占的权重。

式(4.22)中的原子电子密度 $\rho_j^{a(h)}(h=0,1,2,3)$ 的表达式为

$$\rho_j^{a(h)}(r_{ij}) = e^{-\beta^{(h)}(r_{ij}/r_e - 1)} \tag{4.26}$$

式中,$\beta^{(h)}(h=0,1,2,3)$ 为可调参数,表示原子电子密度在不同方向上的衰减系数;r_e 为参考

结构在平衡状态下的最近邻距离。

平衡状态一般是指体系处于能量最低时的状态;最近邻距离是第一近邻原子与参考原子间的距离。

②对势能。

前面介绍了如何计算任意体系的嵌入能。根据式(4.20),如果要获得该任意体系的总能,就必须同时计算出该体系的对势能,而要获得对势能,就必须首先得到对势相互作用函数。在二体势函数模型中,对势函数通常是通过解析表达式直接给出的,而在 EAM 或 MEAM 模型中,对势函数是通过求解参考结构的状态方程得到的,并不具有特定的解析表达式。具体来说,将参考结构选作"任意体系",那么其总能就可以由状态方程直接获得,而其嵌入能可以根据前面介绍的方法计算得到。然后,将嵌入能从总能中减去,就可以获得对势能。更进一步,根据对势能与对势函数之间的关系,就能够得到对势函数。

用以描述参考结构的状态方程并不是唯一的,MEAM 模型中使用 Rose 提出的状态方程,由下式给出:

$$E^u(r_{ij}) = -E_c(1+a^*)e^{-a^*} \tag{4.27}$$

$$a^* = \alpha(r_{ij}/r_e - 1) \tag{4.28}$$

$$\alpha = \sqrt{9B\Omega/E_c} \tag{4.29}$$

式中,$E^u(r_{ij})$ 为参考结构的结合能;B 为体弹性模量;Ω 为平衡原子体积,依赖于平衡最近邻距离;E_c 为结合能。

对势能与对势函数之间的关系与所考虑的近邻原子数紧密相关。如果只考虑第一近邻原子对对势能的贡献,那么根据式(4.20)和式(4.27)可以得到每个原子(参考原子)的能量为

$$E^u(r_1) = F[\bar{\rho}(r_1)] + \frac{1}{2}Z_1\Phi(r_1) \tag{4.30}$$

式中,Z_1 为参考结构第一近邻的原子数;r_1 为参考结构第一近邻原子与参考原子之间的距离。

需要注意的是,这里的 r_1 与前面提到的 r_e 并不相同,后者是平衡状态下第一近邻的距离,是前者的特殊情形。

从式(4.30)可以很容易推算出对势函数的表达式为

$$\Phi(r_1) = \frac{2}{Z_1}(E^u(r_1) - F[\bar{\rho}(r_1)]) \tag{4.31}$$

尽管该式并不是对势函数的解析表达式,但通过对 r_1 进行离散化取值,仍然可以获得对势与原子间相互作用距离之间的关系。然后,将这个离散的对势函数关系用在式(4.20)中,就能够计算任意体系的总能。

③屏蔽函数。

上一节在提出对势函数的式(4.30)时,用到了一个隐含的假设,即只考虑第一近邻原子对对势能的贡献。实际上,第一近邻原子之外的那些原子与参考原子间仍然有对势相互作用,对于有些体系来说这些作用还比较强,不能简单地忽略它们。为了能够妥善地处理这些相互作用,MEAM 模型中引入了多体屏蔽函数(many-body screening function)的概念。

多体屏蔽函数 S_{ij} 是用来定量地描述体系中其他原子 k 对原子 i 和 j 之间的相互作用的屏蔽大小。通常原子 k 是原子 i 和 j 周围的原子。

为了清楚地解释屏蔽函数 S_{ij}，可以假设有一个椭圆（在三维坐标下是椭球），如图4.6所示，穿过原子 i、j 和 k，椭圆的短轴刚好由原子 i 和 j 决定。那么椭圆方程就可以由下式给出：

$$x^2 + \frac{1}{C} y^2 = \left(\frac{1}{2} r_{ik}\right)^2 \qquad (4.32)$$

其中，参数 C 可以由下式给出：

$$C = \frac{2(X_{ik} + X_{jk}) - (X_{ik} - X_{jk})^2 - 1}{1 - (X_{ik} - X_{jk})^2} \qquad (4.33)$$

其中，$X_{ik} = (r_{ik}/r_{ij})^2$，$X_{jk} = (r_{jk}/r_{ij})^2$，这里 r 代表相应原子间的距离。屏蔽因子即被定义为关于 C 的函数：

$$S_{ikj} = f_c\left(\frac{C - C_{\min}}{C_{\max} - C_{\min}}\right) \qquad (4.34)$$

其中，$C_{\max}$ 和 $C_{\min}$ 是参数 C 的极值，可以从图4.6看出其含义。f_c 是截断函数。若 C 大于 $C_{\max}$，即原子落在最大的椭圆之外，S_{ij} 为0，代表完全屏蔽；若 C 小于 $C_{\min}$，即原子落在最大的椭圆以内，S_{ij} 为1，代表完全没有屏蔽；若 C 处于两者之间，S_{ikj} 的值在0和1之间，代表部分屏蔽。

屏蔽函数就是所有近邻原子间所构成的屏蔽因子的连乘，即

$$\overline{S_{ij}} = \prod_{k \neq i,j} S_{ikj} \qquad (4.35)$$

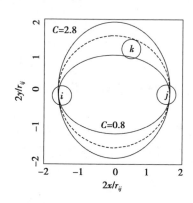

图4.6 屏蔽函数示意图

此外，为了计算方便，除了屏蔽函数，还定义了一个径向截断函数 $f_c[(r_c - r)/\Delta r]$，其中 r_c 是截断距离，Δr 是截断区域，一般取为0.1。

事实上，在使用式(4.20)计算总的对势相互作用能和使用式(4.22)计算背景电子密度时，默认都有多体屏蔽函数和径向截断函数的共同作用。

④第二近邻修正型嵌入原子势。

Baskes提出的MEAM（也称为1 NN MEAM），因其精度和规范性，被广泛地应用在众多的金属或合金体系中。但在用1 NN MEAM模拟某些bcc金属的性质时，发现它存在一些问题，而这些问题不能通过调整势参数得到解决。这些问题主要包括不能准确预测某些bcc金属的基态结构，可能会把某些非基态结构的能量计算得更低；计算出来的(111)面的表面能比(100)面更低，而这与实验是不符合的。Lee认为这是因为在这些bcc体系中，第二近邻原子离第一近邻原子较近，相互作用较强，不能单单通过屏蔽系数消除其影响。为了能够解决这些问题，Lee在1 NN MEAM的基础上进行了进一步的修正，提出了第二近邻修正型嵌入原子势模型（Second Nearest Neighbor MEAM），即2NN MEAM。

2NN MEAM模型绝大部分公式与1 NN MEAM相同，这包括前面提到的式(4.20)—式(4.29)，由于2NN MEAM中考虑了第二近邻原子对对势能的贡献，因此式((4.30)变为下面的形式：

$$E^u(r_1) = F[\bar{\rho}(r_1)] + \frac{1}{2}Z_1\Phi(r_1) + \frac{1}{2}Z_2\Phi(a_2 r_1)S_2 \qquad (4.36)$$

式中,Z_2 为参考结构的第二近邻原子数;a_2 为参考结构的第二近邻原子离参考原子之间的距离与第一近邻原子离参考原子之间距离的比值;S_2 为参考结构中第二近邻原子对第三近邻原子的屏蔽系数。

对于指定的参考结构而言,如果给定 C_{max} 和 C_{min},那么 a_2、S_2 就是常量。

为了能够从式(4.36)中求得对势,需要引入中间变量函数将方程化简为

$$E^u(r_1) = F[\bar{\rho}(r_1)] + \frac{1}{2}Z_1\Psi(r_1) \qquad (4.37)$$

其中,$\Psi(r_1)$ 由下式给出:

$$\Psi(r_1) = \Phi(r_1) + \frac{Z_2}{Z_1}\Phi(a_2 r_1) \qquad (4.38)$$

这样,中间变量函数 $\Psi(r_1)$ 就可以依据式(4.31)求解出来。进一步,最终的对势函数 $\Phi(r_1)$ 则可以按照下式求解出来:

$$\Phi(r_1) = \Psi(r_1) + \sum_{n=1}(-1)^n (Z_2 S/Z_1)^n \Psi(a_2^n r_1) \qquad (4.39)$$

除此之外,2NN MEAM 在计算参考结构的背景电荷密度时,也考虑了第二近邻原子的贡献,并进行了以下的修正:

$$\bar{\rho}^0(r_1) = Z_1 \rho^{a(0)}(r_1) + Z_2 S_2 \rho^{a(0)}(a_2 r_1) \qquad (4.40)$$

在计算任意体系的嵌入能时,式(4.21)并没有进行修改,但考虑到第二近邻原子作用,相关参数仍然需要调整。

(4)机器学习势函数

传统经验势函数与机器学习势函数的主要区别见表4.2。

表4.2 传统经验势函数与机器学习势函数的对比

	传统经验势函数	机器学习势函数
模型	有固定表达式	无固定表达式
目标	理论计算或者实验结果,如弹性常数、结合能等	能量、力
效果	可以较好地描述平衡位置的热力学性能,很难捕捉在极端条件的复杂结构	接近DFT的精度,描述不同状态下材料的性能
速度	计算速度快	计算速度慢

近年来,随着机器学习的发展,机器学习与势函数相结合的研究日益蓬勃,机器学习势函数的主要发展历史如下:

2007年,神经网络势函数。

2010年,高斯近似势函数。

2015年,谱邻域分析势(SNAP)。

2015年,自适应势函数。

……

机器学习势函数具有和第一性原理计算相当的准确性,且计算成本低得多,在原子模拟中极具前景。通常机器学习势函数的拟合过程如图4.7所示,其拟合精度高,可以很好地描述材料的复杂动力学过程。然而机器学习势函数的可靠性、速度和可移植性在很大程度上取决于原子构型的表示,即材料特征指纹的选取。适当地选取用作机器学习程序输入的描述符是一个成功的机器学习势函数表示的关键。采用机器学习方法构建纯Zr的势函数如图4.8所示。此外,当前机器学习势函数存在的最大问题是计算速度很慢,如果其计算速度大大地提升,有望基本甚至完全取代传统势函数。

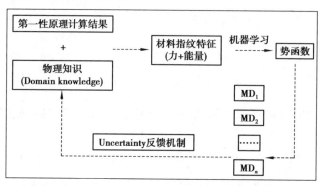

图4.7 机器学习势函数拟合流程

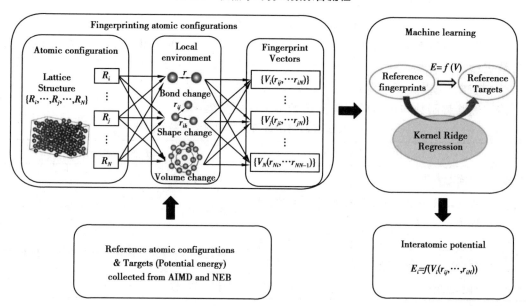

图4.8 机器学习方法构建纯Zr的势函数

2018年,普林斯顿的鄂维南团队提出了一种基于机器学习的分子动力学方法(Deep Potential Molecular Dynamics,DeePMD),通过使用由从头算分子动力学(ab initio molecular dynamics,AIMD)方法得到的数据训练深度神经网络(Deep Neural Networks,DNN),将训练好的DNN网络作为原子的势函数,提供给LAMMPS等分子动力学模拟软件进行计算。在加快了模拟速度的同时,保证了模拟结果可以达到AIMD方法的精度。当前,DeePMD-kit这款开源软件可以用于此计算。

科学家故事:
鄂维南

4.2 分子动力学软件及实现

4.2.1 分子动力学软件

目前,可用于做分子动力学模拟的软件包括 DL POLY、NAMD、Gromacs、CHARMM、AMBER、TINKER、Materials Explorer、LAMMPS 等,不同软件的适用体系和使用场合不同,以下为几种软件的使用特点:

①DL POLY:通用形分子模拟软件,界面友好,计算效率高。

②NAMD:主要适用于生物和化学软材料体系,程序设计水平高,计算效率高。

③Gromacs:主要针对生物体系,部分适用于一般化学体系。算法好,界面友好,计算效率高。

④CHARMM:主要适用于生物体系,包含部分化学体系。势能模型更新很快,自定义新模型比较方便,计算效率低。

⑤AMBER:主要针对生物体系,适当兼容一般化学分子。有很好的内置势能模型,自定义新模型和新分子很方便,有很完善的维护网站。运算速度慢,计算效率不高。

⑥TINKER:开源、免费、一般性分子动力学软件,对生物体系略有偏重。优点是支持多种模型,仍在开发中,某些方面还不完善。

⑦Materials Explorer:立足于 Windows 平台的多功能分子动力学软件。拥有强大的分子动力学计算机 Monte Carlo 软件包,是结合应用领域来研究材料工程的有力工具。Materials Explorer 可以用来研究有机物、高聚物、生物大分子、金属、陶瓷材料、半导体等晶体、非晶体、溶液、流体、液体和气体相变、膨胀、压缩系数、抗张强度、缺陷等。Materials Explorer 软件中包含 2-body、3-body、EAM、AMBER 等 63 个力场可供用户选择。Materials Explorer 软件拥有完美的图形界面,方便使用者操作。

⑧LAMMPS:全称为 Large-scale Atomic Massively Parallel Simulator,是目前主流的分子动力学软件,开放源代码,用户可以根据自己的需求对源代码进行修改,支持单核或多核并行计算,支持各种力场及边界条件的设置,可以模拟软材料和固体物理体系,可以模拟高达百万甚至上亿原子数的体系。此外,LAMMPS 通过邻近列表的方式来追踪周围原子的变化。邻近列表针对近距为排斥作用的体系进行了优化,能够保证局部原子密度不会出现过大的不合理情况。在多核机器上,LAMMPS 采用了空间域分解技术将整个盒子分成了若干个小的子域,每个子域分配给一个独立的核心进行计算。为了提高计算效率,每个核心都会存储相邻子域的部分原子信息,核心间通过并行通信交换相关信息。LAMMPS 在计算具有均匀原子分布的长方体盒子体系时并行效率最高。LAMMPS 旨在有效求解满足牛顿运动方程的粒子系统,并未集成太多的前处理和后处理功能。一般需要借助各种程序,以及 OVITO、VMD、AtomEye 等外部可视化和数据分析软件来对模型和数据进行处理。

4.2.2 LAMMPS 模拟基本流程

LAMMPS 模拟的基本流程如图 4.9 所示。总的来说,LAMMPS 计算的过程就像生活中使用洗衣机洗衣服的过程,首先输入的初始"模型"就像是准备清洗的衣服;其次根据需要清洗的衣服加入适量的洗衣液、增香剂等,再设定是否漂洗、清洗的各种模式,洗衣服的时长等,这些过程就对应 LAMMPS 中的"参数设置"过程,其中包含了初始条件设定、选取合适的系综、确定边界条件、选择合适的势函数等;再次设定好所有的参数之后,洗衣机就开始正式运行清洗,这一步就对应着 LAMMPS 真正开始计算的过程,也就是"动力学演化"过程,也是前面原理部分提到的牛顿积分过程;最后全部运行完以后,对感兴趣的物理量输出进行统计。这一整套的模拟流程被写入 in 文件代码中。

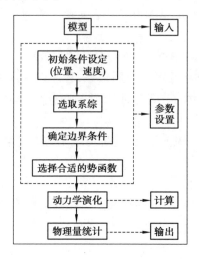

图 4.9　LAMMPS 模拟基本流程

在 4.1 节中,对 LAMMPS 计算的基本原理和势函数进行了详细的介绍,此外,在 LAMMPS 计算流程中,还有几个重要的内容,即模型、系综和边界条件,以下对模型、常用的系综和边界条件进行介绍。

1)模型

LAMMPS 计算中的输入模型有两种构建方法:内部代码建模和外部建模。内部建模主要采用 LAMMPS 提供的内置命令建立模型,适用于快速构建比较简单和标准的体系。相关的命令举例如下:

lattice:定义晶格类型。
region:定义模拟盒子的大小。
create_box:创建模拟盒子。
create_atoms:在模拟盒子中创建原子。
delete_atoms:删除原子。

外部建模主要针对一些较复杂的模型,常用的外部建模软件包括 VESTA、Materials Studio、Atomsk 等,灵活运用各种外部建模软件可以构建各种复杂的模型,通过外部建模软件构建好所需的模型后,转换成 LAMMPS 可以读入的模型文件格式即可。

2)系综

在一定的宏观条件下,大量性质和结构完全相同的、处于各种运动状态的、各自独立的系统的集合称为系综。根据待求解问题的实际物理情况,选择合适的系综。比较常用的系综有微正则系综(NVE)、正则系综(NVT)、等温等压系综(NPT)。

(1) 微正则系综

微正则系综,简写为 NVE,即表示体系内的粒子总数(N)、体积(V)和总能量(E)都保持恒定。该系综下,没有任何物质或能量在体系的内部与外界之间进行交换,只有动能和势能之间的转化,是一种孤立的保守的系综。这种系综可以用于模拟与辐照损伤过程相关的级联碰撞过程。

(2) 正则系综

正则系综表示系统内部粒子数目(N)、系统体积(V)及其温度(T)均保持恒定。处于该系综描述下的粒子系统的总动能为零,也称为 NVT 系综。在系统温度不变的情况下,体系能量将发生变化,系统与外界交换能量以保持温度恒定。在实现恒温的过程中,多数算法一般假设该系统与外界无限大恒温系统相连,并处于热平衡状态。在分子动力学软件实现过程中一般采用速度标定方法,赋予系统恒定动能以保证系统温度基本恒定,其理论基础在于系统温度与能量直接相关,只需对系统动能进行有效处理即可实现。在此类系综描述下,体系能量将会发生涨落,多数情况下,算法设计中可在孤立无约束系统拉格朗日方程中引入广义力,以便表示系统-热库耦合。

(3) 等温等压系综

等温等压系综表示体系内的粒子总数(N)、压强(P)和温度(T)都保持恒定。该系综下,要实现对体系内压强和温度调节的方式有多种,对温度的调节常用的方法有 Berendsen 热浴法、Nose-Hoover 热浴法、Gaussian 热浴法和速度标度法等;对压强的调节常用的方法有 Berendsen 方法、Nose-Hoover 方法和 Andersen 方法等。

3) 边界条件

为了模拟尽可能多的原子,并且减少计算机的计算量,对有限空间,就存在边界的限制。根据模拟体系的特性,选择合适的边界条件。一般情况下,当模拟宏观性质或较大体积物质时,需使用三维周期性边界条件以减少计算量,而对纳米颗粒、团簇等体系,会使用孤立边界条件。

(1) 周期性边界条件 p

原子可以自由从一个边界出去,然后从对应的另一个边界进来。如果左右边界是一对周期边界条件,那么左边界右边的原子(也就是模型里面的原子)和右边界左边的原子(模型里面的原子)接壤,相互作用。二维周期性系统的粒子排列与移动如图 4.10 所示。

(2) 固定边界条件 f

边界位置不变,就像墙一样,只有墙一边(墙内)有原子作用,原子撞墙会被弹回来。

(3) 收缩边界条件 s

如果模型缩小,那么边界位置也会减小,但保证模型里面最远的那个原子还是被包含在边界范围里面;反之,模型膨胀的话,边界也会放大,让原子都在里面。

(4) 收缩边界条件 m

功能同 s,不过能让用户自己设置一个边界位置最小值。比如,右边界设置值为 50,那么右边界的位置要大于或者等于 50,而不能小于 50。这可以保证仿真盒子的最小体积。也就是说,即使盒子里没初始原子,盒子也会有 50 的宽度(如果左边界为 0)。

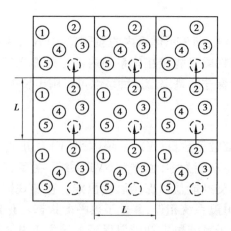

图 4.10 二维周期性系统的粒子排列与移动

4.3 材料结构与性能的分子动力学计算

分子动力学模拟在材料领域内应用广泛,只要是与原子尺度相关的过程,LAMMPS 基本都可以模拟,LAMMPS 尤其适用于金属材料的模拟,LAMMPS 可以计算的性质主要包括以下方面:

①计算材料的基本物性参数,包括晶格常数、弹性常数、结合能、晶界能、表面能、层错能、空位形成能、间隙形成能、热导率、热容、导热系数、黏度、径向分布函数、均方根位移、扩散系数等。

②可以对金属进行力学加载模拟,包括拉伸、压缩、剪切、扭转变形等,进而分析金属的微观变形机理,包括孪晶、位错滑移、层错、析出相、裂纹扩展等。

③可以用于金属的辐照损伤模拟,分析辐照过程中产生的点缺陷、位错、位错环、层错四面体、孔洞等。

④可以模拟金属的界面行为,包括孪晶界、复合界面、涂层等。

⑤可以模拟金属熔体的结构演变。

⑥模拟金属熔体的相变、扩散行为等。

⑦可以模拟金属的纳米压痕、摩擦磨损、烧结、沉积行为。

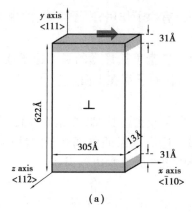

(a)

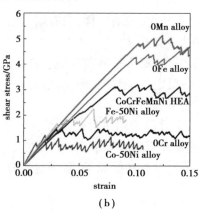

(b)

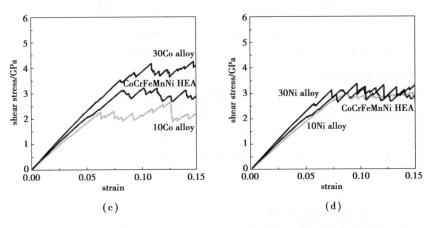

图4.11 分子动力学模拟 CoCrFeMnNi 高熵合金的剪切变形行为

4.3.1 LAMMPS 计算平衡晶格常数、结合能、空位形成能和单轴拉伸

LAMMPS 模拟中若采用内部代码构建模型,其输入文件通常包括以下3个:

①in 文件(模型构建、模拟、计算、后处理相关的所有热力学参数设置,类似于 VASP 计算中的 POSCAR+KPOINTS+INCAR 文件)。

②势函数文件(原子间相互作用力,相当于 VASP 计算中的 POTCAR 赝势文件)。

③脚本提交文件(设置 in 文件的名称、提交到服务器上运算所需的节点和核数)。

若计算使用的初始模型是采用外部软件构建的,那么输入文件还需增加一个模型文件,这个模型文件通过 LAMMPS 中的 read_data 命令进行读入。

LAMMPS 运算完成之后,其输出文件通常包括:

①log 文件(LAMMPS 计算过程中所有日志信息记录,相当于 VASP 计算中的 OUTCAR 文件)。

②dump 文件(模型、动力学演化轨迹输出文件,输出后可通过外部可视化软件 OVITO、VMD、AtomEye 等进行结果后处理、分析)。

③.txt 和.dat(记录计算的一些热、力学数据文件)。

LAMMPS 模拟中最关键的就是 in 文件代码的编写。以 fcc Al 具体的某项性质计算为例,详细介绍其模拟过程。

1)平衡晶格常数和结合能的计算

平衡晶格常数对应的体系能量是最低的,通过计算 Al 一系列不同晶格常数下体系的能量,则体系能量最小时对应的晶格常数就是平衡晶格常数,最低点的能量就是 Al 的结合能。脚本中需要使用的主要命令为能量最小化命令 minimize。

第一步:系统初始化。

```
units       metal        #指定模拟系统为金属体系
boundary    p p p        #x、y、z 轴三维周期性边界条件
atom_style  atomic       #原子模式
```

第二步:定义变量。

```
variable   i loop 22    #循环次数:计算 22 个晶格常数值及对应的能量
```

```
variable    istart equal 3.6
variable    istep equal 0.05        #晶格常数每次增加的步长
variable    lat equal ${istart}+${i}*${istep}        #晶格常数
```
第三步:构建模型(LAMMPS 内置代码建模)。
```
lattice    fcc ${lat}        #晶体类型和晶格常数
region box block 0 6 0 6 0 6        #创建长方体块体区域
create_box 1 box        #在这个区域中创建一个模拟盒子
create_atoms 1 box        #在这个盒子中按指定晶格类型填满原子
```
第四步:势函数设置。
```
pair_style eam/fs
pair_coeff    * * Al_mm.eam.fs Al
```
第五步:计算参数设置。
```
min_style cg        #能量最小化模式,采用共轭梯度算法
minimize 1e-10 1e-10 1000 1000        #能量最小化参数设置,前两项分别为能量和力的收敛标准,后两项为能量和力的最多迭代次数
variable natom equal count(all)        #计算体系内总原子数量
variable Eatom equal pe/${natom}        #计算每个原子的平均势能
```
第六步:输出结果。
```
print "@ ${lat}    ${Eatom}"        #输出计算结果
```
第七步:循环计算。
```
clear
next i
jump SELF
```
第八步:后处理。

计算完成后在 Linux 系统下使用 grep ^@ log.lammps> lattice.txt 命令将 log 文件中所有的计算结果一次性提取到 lattice.txt 文件中,得到的 22 次晶格常数及对应的能量粘贴到 Origin 中绘图,如图 4.12 所示,对散点进行 5 阶多项式拟合可得平衡晶格常数约为 4.05 Å,结合能约为 -3.41 eV。

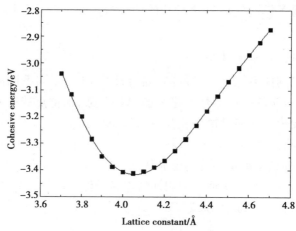

图 4.12　Al 结合能 vs 晶格常数

2）空位形成能的计算

第一步：初始模拟系统设置。

units   metal
boundary   p p p
atom_style atomic

第二步：构建模型（LAMMPS 内置代码建模）。

lattice fcc 4.045
region box block 0 20 0 20 0 20   #x、y、z 各方向上的晶胞重复倍数
create_box 1 box
create_atoms 1 box

第三步：势函数设置。

pair_style eam/fs
pair_coeff * * Al_mm.eam.fs Al

第四步：计算、输出等参数设置。

thermos   100   #热力学信息输出
dump   1 all custom 1 vac.xyz id type x y z   #模型输出
#第一次结构优化以得到完美晶体的能量
minimize 1.0e-12 1.0e-12 10000 10000   #能量最小化
#记录第一次优化后的能量值与总原子数目
variable E0 equal etotal
variable E_perfect equal ${E0}   #完美晶体的能量
variable N equal count(all)
variable N0 equal ${N}   #总原子数目
#在模型中心附近删除一个原子得到一个空位
region 2 sphere 10 10 10 0.1 side in
delete_atoms region 2
#第二次结构优化以得到有一个空位存在时的能量
minimize 1.0e-12 1.0e-12 1000 1000
#记录第二次优化后的能量
variable E_defect equal etotal
#公式计算空位形成能
variable Ev equal (${E_defect}-((${N0}-1)/${N0})*${E_perfect})

第五步：结果输出。

print "ALL done"
print "Vacancy formation energy = ${Ev}" eV

第六步：后处理。

将输出的模型文件 vac.xyz 导入 OVITO 可视化软件中，通过 Common neighbor analysis+slice 分析可以观察到盒子中心存在一个空位，如图 4.13 所示。

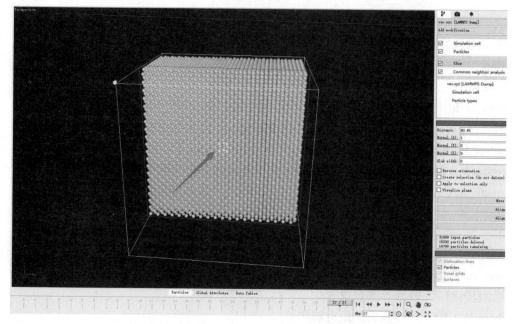

图 4.13　盒子中心含有一个空位的 Al 晶体模型

查看 log 文件，如图 4.14 所示，最终计算出的空位形成能为 0.657830535623361 eV。

```
#公式计算空位形成能
variable Ev equal (${E_defect}-((${N0}-1)/${N0})*${E_perfect})
variable Ev equal (-109136.949412719-((${N0}-1)/${N0})*${E_perfect})
variable Ev equal (-109136.949412719-((32000-1)/${N0})*${E_perfect})
variable Ev equal (-109136.949412719-((32000-1)/32000)*${E_perfect})
variable Ev equal (-109136.949412719-((32000-1)/32000)*-109141.017900064)
Last command: Vacancy formation energy = 0.657830535623361
```

图 4.14　最终计算出的空位形成能

3）单轴拉伸模拟（沿着模型 z 轴方向拉伸）

第一步：初始模拟系统设置+定义变量。

```
units    metal
boundary      p p p
atom_style     atomic
---------------
variable t equal 300      #温度
variable srate equal 1.0e10
variable srate1 equal "v_srate / 1.0e12"      #定义应变速率
variable totalstep equal 20000      #定义变形的总步数
variable pstep equal  1000      #热力学信息输出，定义每多少步在屏幕上打印一次
```

第二步：构建模型（LAMMPS 内置代码建模）。

```
lattice fcc 4.045
region box block 0 10 0 10 0 10      #x,y,z 各方向上的晶胞重复倍数
```

```
create_box 1 box
create_atoms 1 box
```
第三步:势函数设置。
```
pair_style eam/fs
pair_coeff  * * Al_mm.eam.fs Al
```
第四步:计算、热力学输出、变形等参数设置。
```
compute csym all centro/atom fcc      #中心对称参数计算,便于后处理时分析位错等缺陷
compute peratom all pe/atom           #势能计算
```

```
#初始结构平衡(NPT系综,温度为300 K)
reset_timestep  0
timestep 0.001         #时间步长0.001 ps,即1fs
velocity all create ${t} 12345 mom yes rot no
fix 1 all npt temp ${t} ${t} 1 iso 0 0 1 drag 1
#热力学信息输出
thermo 1000
thermo_style custom step lx ly lz press pxx pyy pzz pe temp
#NPT系综,温度为300 K下驰豫10 ps
run 10000
unfix 1         #解除fix 1
```

```
#应变参数计算设置
variable tmp equal "lz"
variable L0 equal ${tmp}
#沿着模型z轴进行单轴拉伸变形
reset_timestep 0
fix 1 all npt temp ${t} ${t} 1 x 0 0 1 y 0 0 1 drag 1
fix 2 all deform 1 z erate ${srate1} units box remap x
#应变、应力计算
variable strain equal "(lz-v_L0)/v_L0"
variable stress equal "-pzz/10000"
#应变、应力数据输出
fix 3 all print 1000 "${strain} ${stress} " file Al.txt screen no
#模型、拉伸过程动态轨迹、计算的中心对称参数、势能等信息输出设置
dump 1 all custom 1000 Al.dump.atom.* id type x y z fx fy fz c_csym c_peratom
#热力学信息输出
thermo ${pstep}
thermo_style custom step lx ly lz press pxx pyy pzz etotal pe ke temp
run ${totalstep}        #拉伸变形总步数
```

第五步:后处理。

用 Excel 打开 Al.txt 输出文件,将应力应变曲线导入 Origin 中绘图,如图 4.15 所示。将输出的 dump 轨迹文件导出到 OVITO 软件中,如图 4.16 所示,可以进行微观结构分析。

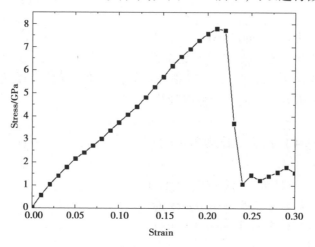

图 4.15　Al 单轴拉伸应力-应变曲线

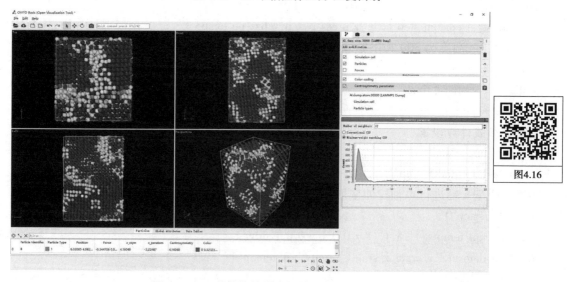

图 4.16　Al 单轴拉伸微观结构演化图

4.3.2　Materials Studio 对水化硅酸钙(C-S-H)凝胶分子动力学模拟分析

水化硅酸钙(C-S-H)凝胶是普通硅酸盐水泥最主要的水化产物,其占水化产物体积的 70% 左右,是硬化水泥浆体强度的主要来源。由于水化反应的复杂性,C-S-H 凝胶的微纳结构尚未完全定性。但可通过类似结构特征的晶体相,用于研究水泥水化产物 C-S-H 凝胶的结构特征,以此解释其主要化学和物理特性。

第一步:几何模型骨架建立。

如图 4.17 所示,打开 Materials Studio 软件,创建新的 Project。

第4章 分子动力学计算

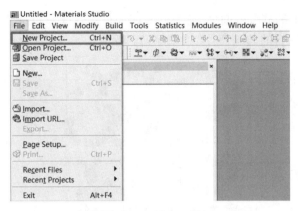

图 4.17 新建工程

右键点击创建的 Project，导入托勃莫来石(Tobermorite 11Å)模型的晶体信息文件(图 4.18)。

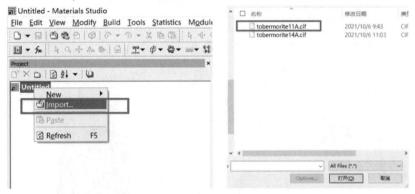

图 4.18 导入模型的晶体信息文件

以 Tobermorite 11Å 晶体为起始模型，如图 4.19 所示，进行超晶胞扩展，并除去结构中吸附水分子，得到钙硅骨架结构。

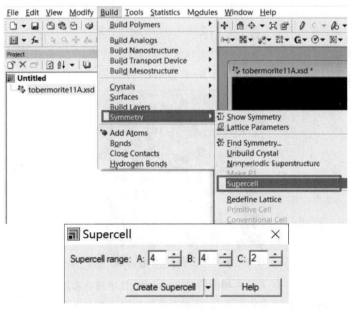

图 4.19 超晶胞设置

随机除去硅氧链上的硅氧链面体,使得硅氧四面体聚合度分布符合 NMR 测试结果,创建 Ca/Si 为 1.1 的模型,得到的硅酸钙骨架如图 4.20 所示。

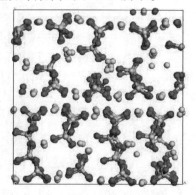

图4.20

图 4.20　Ca/Si 为 1.1 的硅酸钙骨架结构

第二步:C-S-H 模型生成。

通过蒙特卡洛吸水的方法,吸收水分子至饱和状态(图 4.21)。

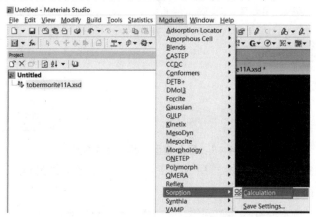

图 4.21　选择 Sorption 进行计算

通过反应分子动力学模拟 C-S-H 结构中水分子水解、硅氧链断裂和聚合反应,模拟 C-S-H 骨架水化。如图 4.22 所示为 Ca/Si 为 1.1 的水化硅酸钙的分子结构图。

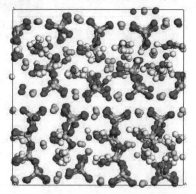

图4.22

图 4.22　Ca/Si 为 1.1 的 C-S-H 模型的分子结构图,其中黄色和红色的键代表硅氧链,
绿色的球代表钙原子,红色和白色的球棍代表水分子和羟基

第三步:参数设置。

结合实际情况设置 C-S-H 模型的相关参数(图 4.23),包括扩胞建立、力场参数、边界条件、时间单位、运行步数、时间步长、系综条件等。

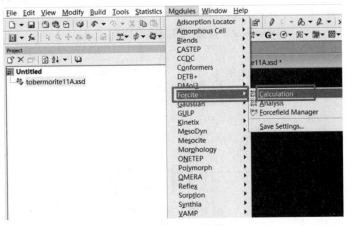

(a)选择Forcite计算

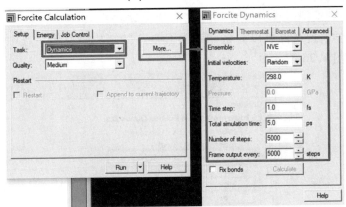

(b)选择Dynamics并设置参数

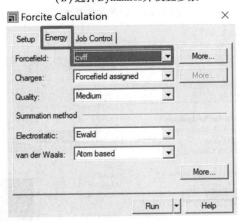

(c)设置Energy参数

图 4.23　设置 C-S-H 模型的相关参数

第四步：任务提交。

检查验证模型，包括电荷选择与平衡等，保存后将模型提交运算(图4.24)。

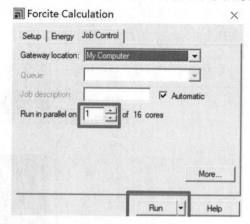

图4.24　提交运算

第五步：数据分析。

计算完成后得到模拟过程的能量和温度的变化轨迹以及模型的动力学轨迹，如图4.25所示，用户由动力学轨迹文件可以分析和观察C-S-H的结构特性等。选中动力学轨迹文件，打开分析窗口，如图4.26所示。

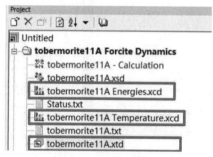

图4.25　计算的数据集

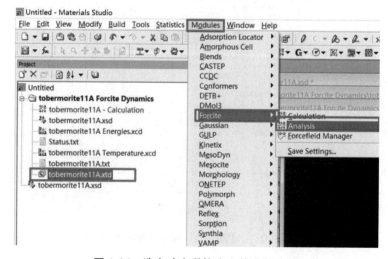

图4.26　选中动力学轨迹文件进行分析

选中所有的硅原子,如图 4.27 所示。

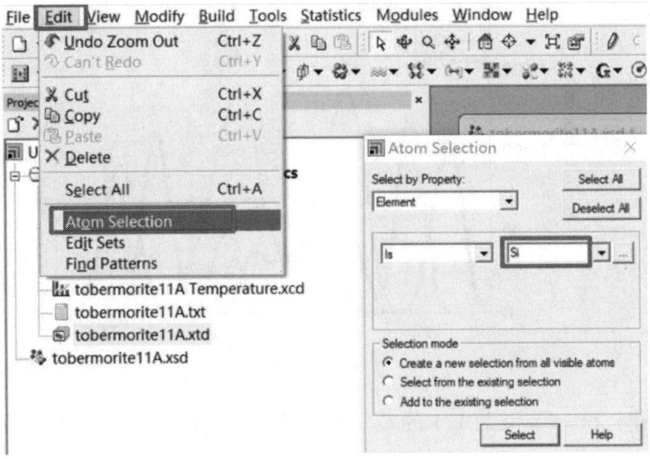

图 4.27　选中所有的硅原子

在分析窗口中选择浓度曲线项,设置分析方向,如图 4.28 所示。

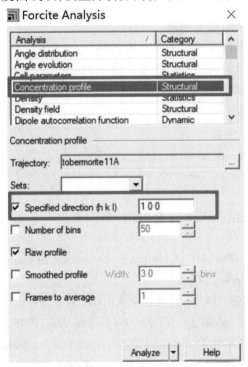

图 4.28　选择浓度曲线项,设置合适的参数

如图 4.29 所示为对应的密度分布函数。由图可知,主层钙与周围的氧形成的钙氧八面体层和层两侧排列的硅链,形成了 C-S-H 主层结构以及主层之间为平衡电荷的层间钙和水分子。从密度分布图中 Ca、Si、O 和 H 四种元素交替的密度峰可知,C-S-H 凝胶是具有"三明治"特征的层状结构。

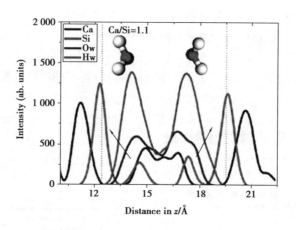

图4.29 Ca/Si 为 1.1 的 C-S-H 模型的沿 z 轴方向的密度分布图

思考题

1. 简述分子动力学计算的基本原理。
2. 简述第一性原理计算和分子动力学计算的异同点。
3. 分子动力学可以模拟材料的哪些性质？请举例说明。
4. 编写纯 Mg 在 300 K 时沿 z 轴单轴压缩的 in 文件代码。

参考文献

[1] LEE J G. Computational materials science：an introduction[M]. 2nd. Boca Raton：CRC press, 2016.

[2] SMIT F. 分子模拟：从算法到应用[M]. 汪文川, 等译. 北京：化学工业出版社, 2002.

[3] RAPAPORT D C. The Art of Molecular Dynamics Simulation[M]. Cambridge：Cambridge University Press, 2004.

[4] HAILE J M, JOHNSTON I, MALLINCKRODT A J, et al. Molecular dynamics simulation：Elementary methods[J]. Computers in Physics, 1993, 7(6)：625.

[5] DAW M S, BASKES M I. Semiempirical, quantum mechanical calculation of hydrogen embrittlement in metals[J]. Physical Review Letters, 1983, 50(17)：1285-1288.

[6] BASKES M I. Modified embedded-atom potentials for cubic materials and impurities[J]. Physical Review B, 1992, 46(5)：2727-2742.

[7] LEE B J, BASKES M I. Second nearest-neighbor modified embedded-atom-method potential[J]. Physical Review B, 2000, 62(13)：8564-8567.

[8] ZONG H X, PILANIA G, DING X D, et al. Developing an interatomic potential for martensitic phase transformations in zirconium by machine learning[J]. NPJ Computational Materials, 2018, 4：48.

[9] WANG H, ZHANG L F, HAN J Q, et al. DeePMD-kit: A deep learning package for many-body potential energy representation and molecular dynamics[J]. Computer Physics Communications, 2018, 228: 178-184.

[10] 万发荣. 金属材料的辐照损伤[M]. 北京: 科学出版社, 1993.

[11] CHOI W M, JO Y H, SOHN S S, et al. Understanding the physical metallurgy of the CoCrFeMnNi high-entropy alloy: An atomistic simulation study[J]. NPJ Computational Materials, 2018, 4: 1.

[12] 王煜烨, 汤爱涛, 潘荣剑, 等. 分子动力学在镁及镁合金微观塑性变形中的应用进展[J]. 材料导报, 2019, 33(19): 3290-3297.

[13] WANG H L, QIN C, ZHOU Y X, et al. Interaction between collision cascades and nanocrack in hcp zirconium by molecular dynamics simulations[J]. Computational Materials Science, 2022, 214: 111688.

[14] 付俊. 金属钨和钨铼合金中辐照损伤的模拟研究[D]. 长沙: 湖南大学, 2019.

[15] 朱笔达. 空位型辐照缺陷对金属材料塑性行为影响研究[D]. 武汉: 华中科技大学, 2020.

[16] 李哲. 镁中孪晶与孪晶、晶界及位错相互作用的原子尺度模拟[D]. 北京: 清华大学, 2018.

[17] 周邦新. 核反应堆材料[M]. 上海: 上海交通大学出版社, 2021.

第5章
蒙特卡洛方法

蒙特卡洛方法是一种数值模拟技术,本章从其发展历史和基本原理入手,为读者提供了全面的了解。本章首先将追溯蒙特卡洛方法的起源和演化,随后深入探讨蒙特卡洛方法的基本原理,包括如何使用随机数和概率分布来模拟复杂的物理和数学问题。随机数产生和抽样是蒙特卡洛方法的核心组成部分,内容包括如何生成随机数以及如何进行随机数的检验,以确保模拟的可靠性。此外,还将介绍各种概率分布抽样方法,这些方法在模拟中起到了关键作用。本章涵盖了常用的蒙特卡洛方法,包括估计值蒙特卡洛方法、直接模拟方法、降低方差提高效率方法和最优化蒙特卡洛方法等。这些方法在不同的问题领域中发挥着重要作用,读者将了解如何选择和应用适合特定问题的方法。最后,本章通过实际案例展示蒙特卡洛方法的应用。

5.1 蒙特卡洛方法发展和基本原理

5.1.1 蒙特卡洛方法发展概要

1946 年是蒙特卡洛方法的开创年,蒙特卡洛方法已经走过近 80 年。以 1980 年为界线,蒙特卡洛方法发展历史可以分为前后两个时期。蒙特卡洛方法理论主要包括 3 个方面内容:随机数产生和检验方法、概率分布抽样方法、降低方差提高效率方法。

1978 年研制的 α 粒子放射源真随机数产生器每秒只能产生两个随机数,速度很慢,难以实时使用。4 种伪随机数产生器都存在不同的缺点,同余法成为事实上的标准方法,乘同余产生器的周期只有 10^9。随机数统计检验只是不大严格的一般检验方法。概率分布随机抽样方法主要是直接抽样方法,梅特罗波利斯算法发展较慢,还未发展成马尔可夫链蒙特卡洛方法。蒙特卡洛方法主要是解决估计值问题,解决最优化问题的蒙特卡洛方法还未发展起来。高效的蒙特卡洛方法不多。早期的蒙特卡洛理论发展较为缓慢。

蒙特卡洛方法简介

在伪随机数发展过程中,发生了两个事件:一是 Marsaglia(1968,1972)发现线性同余法产生的伪随机数品质差,具有不均匀性和相关性,出现高维伪随机数降维现象,产生稀疏栅格结构,影响随机数的均匀性和独立性;二是经典斐波那契方法和反馈移位寄存器方法受到质疑、批评和非议,主要问题是产生的伪随机数序列具有相关性,出现与均匀性和独立性相矛盾的现象,并且在实际使用中出现问题。

美国佐治亚大学 3 位物理学家 Ferrenberg、Landau、Wong(1992)在《物理评论通讯》上发表文章,认为"好"的伪随机数产生坏的物理结果。他们报告了在统计物理著名的伊辛模型的蒙特卡洛模拟中,模拟磁性晶体中原子行为,5个计算机程序使用反馈移位寄存器方法产生伪随机数序列并不真正随机,而是隐藏了微妙的相关性,只是在这种微小的非随机性歪曲了晶体模型的已知特性时才表露出来,得到完全错误的结果。1993年,物理学家Grassberger发现了统计物理的另一个著名的自回避游动模型的蒙特卡洛模拟,也出现类似的问题。这表明蒙特卡洛模拟有一个危险的缺陷:如果使用的随机数并不像设想的那样是真正随机的,而是构成一些微妙的非随机的相关性,那么整个模拟及其预测结果可能都是错的。

这两件事促使很多学者投入很大的精力来研究新的伪随机数产生方法和新的严格的统计检验方法。20世纪80年代以后,一直到现在,学术研究相当活跃,研究出各种伪随机数产生器,其目标是使伪随机数性能尽量接近真随机数,快速、长周期和高品质。美国佛罗里达州立大学的马萨格利亚教授对随机数产生和检验的研究作出了重要的贡献。值得推荐的伪随机数产生器是麦森变型产生器和马萨格利亚提出的各种组合产生器。

20世纪80年代美国MathWorks公司推出的数学软件MATLAB,采用的伪随机数产生器基本上跟上伪随机数产生器的发展,第1—4版本是使用乘同余产生器($A=16\,807$,$M=2^{31}-1$),周期为2×10^9;1995年开始的第5—7版本使用迟延斐波那契和移位寄存器的组合产生器,周期为10^{449};2007年第7.4版本以后使用麦森变型产生器MT19937,周期为$10^{6\,001}$。特殊多步递推产生器DX-3803的周期长达$10^{35\,498}$,迟延斐波那契产生器的周期高达$10^{6\,923\,698}$,伪随机数的周期已经接近无穷大了。

MATLAB简介

后一时期蒙特卡洛理论发展较快,随机数产生及其检验方法面目一新。蒙特卡洛模拟可以使用真随机数,噪声和量子真随机数产生器已经做到实用,产生速度较快,达到每秒50万个随机数。伪随机数出现10多种产生器,周期很长。随机数统计检验出现马萨格利亚的严格检验方法。随机抽样方法更加有效和完善,梅特罗波利斯算法发展成马尔可夫链蒙特卡洛方法。3种概率分布类型的抽

马尔科夫链模型

样方法是直接抽样方法、马尔可夫链蒙特卡洛抽样方法和未知概率分布抽样方法,几乎满足所有应用领域的需要。离散概率分布抽样只需一次比较运算的高效算法,就能解决并行抽样问题。以此相应,把离散概率分布的高效算法推广到连续概率分布,出现自动抽样方法。虽然降低方差的基本技巧不多,但随着应用的扩展,专用的降低方差技巧不断地产生。抽样技巧的重大进展是重要概率分布选择找到了几个有效的方法。蒙特卡洛方法不但可以解决估计值问题,而且可以解决最优化问题,产生了最优化蒙特卡洛方法。在这一阶段,出现了许多新的高效蒙特卡洛方法,如互熵方法、稀有事件模拟方法、马尔可夫链蒙特卡洛模拟方法、拟随机数和拟蒙特卡洛方法、序贯蒙特卡洛方法和并行蒙特卡洛方法等。

起初,蒙特卡洛方法应用的领域是核科学,主要涉及核粒子输运问题。20世纪50年代以后,蒙特卡洛方法应用从传统领域迅速扩展到其他领域,包括科学技术、工程、统计和金融经济等领域,如确定性问题、粒子输运、稀薄气体动力学、物理学、化学和生物学、粒子滤波和粒子分裂、数理统计学和可靠性、金融经济学及科学实验模拟等。蒙特卡洛方法的发展动力来源于实际应用,很多抽样算法和降低方差提高效率方法都产生于实际应用。现在除非大规模并行蒙特卡洛模拟要用巨型机,目前每秒运算10亿次的微型机,就可以做相当规模的蒙特卡洛模拟,在家里就能做蒙特卡洛模拟。随着微型机的普及和蒙特卡洛方法应用的不断扩展,蒙特卡洛模拟对计算机硬件的要求将会越来越低。

人们将蒙特卡洛方法比喻为"最后的方法",有两层含义:一是说当能用解析方法或者数

值方法时,不要用蒙特卡洛方法;二是说当其他方法不能解决问题时,可考虑用蒙特卡洛方法。也就是说蒙特卡洛方法可以解决其他方法无法解决的问题,是解决问题的最后方法。

①蒙特卡洛方法不但可以解决估计值问题,还可以解决最优化问题。既能解决确定性问题,也能解决随机性问题。蒙特卡洛方法既是一种计算方法,也是一种模拟方法,俄文称为统计试验方法。蒙特卡洛方法具有解决广泛问题的能力和超强的适应能力,误差容易确定,程序结构简单清晰,应用灵活性强。蒙特卡洛方法的缺点是收敛速度较慢,这是由其数学性质决定的,但是蒙特卡洛方法的收敛速度是可以改善的。

②"蒙特卡洛方法精度不高",这句话应该正确理解,与一些数值方法比较,直接模拟方法确实是精度不高,但是使用各种降低方差技巧和高效蒙特卡洛方法,并不都是如此。解决复杂问题,与简化模型的近似结果相比,蒙特卡洛方法是实际系统的模拟,与近似结果比较,蒙特卡洛方法模拟结果是比较准确的。

③经过多年的研究和发展,出现许多伪随机数产生器,已经摆脱过去只能使用乘同余产生器的局面,有了选择的余地。如何根据自己的需要选择好的伪随机数产生器,是两难选择的问题。好的伪随机数产生器的两难选择准则如下:速度快的产生器未必是好的产生器,但好的产生器一定是速度快的产生器;周期短的产生器一般是坏的产生器,但周期长的产生器未必是好的产生器;好的均匀性是好的产生器的必要要求,但不是充分要求。这里涉及理论问题,什么样的应用问题需要什么样的伪随机数,理论上应给予指导,避免盲目性。

④伪随机数的理论检验问题。伪随机数的理论检验方法目前主要是针对乘同余产生器,建立适用于其他伪随机数产生器的理论检验方法。

⑤拟随机数最显著特点是高维等分布均匀性,但是实际产生拟随机数的各种方法,不管使用哪一种拟随机数序列,随着维数的增加,将产生样本点丛聚现象,维数越高,丛聚现象越严重,使得计算结果产生大的误差,高维并不呈现等分布均匀性。目前,改善拟随机性能有两种方法:一是抛弃拟随机数序列开始点;二是加扰方法。效果不大显著,要从产生方法根本上解决丛聚现象。

⑥马尔可夫链蒙特卡洛抽样方法问题。马尔可夫链蒙特卡洛抽样方法是一种近似性抽样方法,并不是精确抽样方法。为了实现精确抽样,从 1996 年开始发展一种精确抽样算法,称为完备抽样算法,是一个突破,但是还没有达到实用阶段,完备抽样算法还有很多工作要做。

⑦蒙特卡洛方法双重性的挑战。由于稀有事件模拟方法的出现,样本分裂方法的发展,似乎矛盾有所缓解。分裂方法有可能解决深穿透的困难,应多做些理论研究和实际模拟工作,彻底解决深穿透困难是有可能的。

5.1.2 蒙特卡洛方法基本原理

蒙特卡洛法也称统计模拟法、统计试验法,是把概率现象作为研究对象的数值模拟方法,是按抽样调查法求取统计值来推定未知特性量的计算方法。蒙特卡洛法作为一种计算方法,是由美国数学家乌拉姆与美籍匈牙利数学家冯·诺伊曼在 20 世纪 40 年代中叶,为研制核武器的需要而首先提出来的。蒙特卡洛是摩纳哥的著名赌城,该法为表明其随机抽样的本质而命名,适用于对离散系统进行计算仿真试验。在计算仿真中,通过构造一个和系统性能相近似的概率模

科学家故事:
冯·诺依曼

型,并在数字计算机上进行随机试验,可以模拟系统的随机特性。

蒙特卡洛法是描述装备运用过程中各种随机现象的基本方法,它特别适用于一些解析法难以求解甚至不可能求解的问题,在装备效能评估中具有重要地位。

蒙特卡洛法的基本思想是:为了求解问题,首先建立一个概率模型或随机过程,使它的参数或数字特征等于问题的解;其次通过对模型或过程的观察或抽样试验来计算这些参数或数字特征;最后给出所求解的近似值。解的精确度用估计值的标准误差来表示。蒙特卡洛法的主要理论基础是概率统计理论,主要手段是随机抽样、统计试验。

用蒙特卡洛法求解实际问题的基本步骤如下:

① 根据实际问题的特点,构造简单而又便于实现的概率统计模型,使所求的解恰好是所求问题的概率分布或数学期望。

② 给出模型中各种不同分布随机变量的抽样方法。

③ 统计处理模拟结果,给出问题解的统计估计值和精度估计值。

5.2 随机数产生和抽样

5.2.1 随机数产生和检验

1) 真随机数产生器

(1) 噪声真随机数产生器

用物理方法产生的随机数称为真随机数。真随机数最大的特点是独立性和均匀性好,没有周期。但是存在一些缺点:一是随机数序列无法重复产生,无法进行复算;二是要增加硬件设备和费用。1947 年,美国兰德公司曾经用电子旋转轮产生真随机数,做成 100 万个真随机数表。Frigerio、Clark、Tyler(1978)曾经用 α 粒子放射源和高分辨率的计数器做成一个真随机数产生器,每小时产生大约 6 000 个 31 bit 的真随机数,产生真随机数的速度为 52 bit/s,按照一个真随机数占用 32 bit 计算,相当于每秒产生 1.6 个真随机数。由于产生速度很低,难以做到实时使用,因此产生的真随机数只能存储在磁带上,被计算机调用。

美国 Intel 公司过去曾经生产过噪声随机数产生器。近年来产生真随机数的噪声技术进步很快,已有热噪声真随机数产生器出售,真随机数产生速度较高。噪声真随机数产生器是利用物理噪声源的随机性产生真随机数。WWW3(2010)报道美国 ComScire 量子世界公司生产的噪声真随机数产生器 R2000KU,质量 3 磅(1 磅=0.454 kg),价格 895 美元,具有阻抗的电路元件,其电子的热激发振动产生热噪声,嫡源是热噪声和晶体管噪声,真随机数产生速度 2 Mbit/s,相当于每秒产生 6.25 万个真随机数,有 USB 2.0 接口,支持 Windows。

(2) 量子真随机数产生器

近年来光学量子技术发展很快,出现了量子真随机数产生器。它是很有发展前途的真随机数产生器,量子真随机数产生器技术已经比较成熟。从量子物理学观点来看,光是由光子的基本粒子所组成。根据量子力学定律,光子具有随机性,适合用来产生二进制随机数,光子入射到一面半透明的镜子上,反射和透射的光子本质上是随机的,不受任何外部参数的影响。2001 年,量子真随机数产生器已经成为商品,Jennewein(1999)给出量子真随机数产生器 QRBG121 的技术指标和商品样品图,质量 370 g。产生真随机数的速度为 12 Mbit/s,相当于每秒产生37.5万个真随机数,适用于计算机各种操作系统。该量子真随机数产生器做成计算机的外部设备,产生的真随机数从外部设备调用。

当前使用真随机数产生器进行蒙特卡洛模拟已经成为现实。目前在微机上伪随机数产生器平均每秒产生2 000万个伪随机数,比真随机数产生器几乎高两个数量级。目前,真随机数产生器的价格比微型机价格贵,要普及使用真随机数产生器比较困难。对大规模问题,需要使用巨型机,直接使用真随机数产生器,其产生速度低,毫无优势可言,在巨型机上使用真随机数进行大规模模拟计算是不合适的。伪随机数性能已经很接近真随机数,没有必要非得使用真随机数。蒙特卡洛模拟完全使用真随机数,既无可能,也无必要。

2)伪随机数产生器

(1)伪随机数产生方法

①随机数定义和性质。

从均匀分布$U(0,1)$抽样得到的简单子样称为随机数,其概率密度函数为

$$f(x) = 1, 0 \leq x \leq 1 \tag{5.1}$$

随机数用专门符号U表示,随机数序列为$(U_1, U_2, \cdots)$,它们具有独立同分布。随机数具有一个非常重要的性质,就是高维分布均匀性。由s个随机数所组成的s维空间上的点$(U_{n+1}, U_{n+2}, \cdots, U_{n+s})$在$s$维空间的单位立方体$G_s$上均匀分布。对任意的$a_i, 0 \leq a_i \leq 1, i = 1, 2, \cdots, s, U_{n+i} \leq a_i$的概率为

$$P(U_{n+i} \leq a_i, i = 1, 2, \cdots, s) = \prod_{i=1}^{s} a_i \tag{5.2}$$

②伪随机数的性能要求。

用数学方法产生的随机数称为伪随机数。Tezuka(1995)提出好的伪随机数产生器应具有以下特点:

a. 能通过统计检验,特别是能通过严格的统计检验。

b. 产生伪随机数的算法有坚实的数学理论支撑。

c. 伪随机数序列可以重复产生,不用储存在计算机内存。

d. 速度快而且有效,只需要少量计算机内存。

e. 周期长,至少有10^{50},如果问题需要N个随机数,则周期需要$2N^2$。

f. 多流线产生,可以在并行计算机上实现。

g. 不产生0或1的伪随机数,从而避免除零溢出或其他数值计算困难。

(2)非线性同余产生器

令M是素数,$F_M = \{0, 1, \cdots, M-1\}$是一个$M$阶Galois域。$g(X_{i-1})$是$F_M$上的一个非线性整数函数,通常是$F_M$上的一个排列多项式,此时有$\{g(0), g(1), \cdots, g(M-1)\} = F_M, X_{i-1} \in F_M$。非线性同余产生器的一般形式为

$$X_i = g(X_{i-1}) \pmod{M}, i \geq 1 \tag{5.3}$$

此外,Eichenauer 和 Lehn(1986),Eichenauer 和 Lehn(1987),Eichenauer、Lehn 和 Topuzoglu(1988),Eichenauer 和 Niederreiter(1991)等详细研究了非线性同余产生器。

(3)多步线性递推产生器

线性同余产生器是一步线性递推产生器,多步线性递推产生器是使用多步线性递推法产生伪随机数,其最大特点是可以产生周期特别长的伪随机数序列,可改善分布性能。一般多

步线性递推产生器的递推公式为

$$X_i \equiv (A_1 X_{i-1} + A_2 X_{i-2} + \cdots + A_j X_{i-j})(\bmod M), i \geq j \tag{5.4}$$

式中,M 和 j 为正整数;A_j 是介于 0 与 $M-1$ 之间的整数,且 $A_j \neq 0$。若给定 j 个初始值:$X_0, \cdots, X_{j-1}$,则可产生伪随机数序列。Lidl 和 Niederreiter(1986)证明,如果 M 为素数,$A_j \neq 0 (\bmod M)$,$f \in F_M[x]$,当特征多项式

$$f(x) = x^j - A_1 x^{j-1} - \cdots - A_{j-1} x - A_j \tag{5.5}$$

是 M 阶 Galois 域上的本原多项式时,多步线性递推产生器的最大的周期为 $M^j - 1$。一般多步线性递推产生器可产生周期特别长的伪随机数序列,这是其优点。其缺点是效率较低,因为产生一个随机数需要多个系数值和多个初始值。当 $j=1$ 时,多步线性递推产生器就是线性同余产生器了,所以说线性同余产生器是多步线性递推产生器的特殊情况。

(4) 进位借位运算产生器

Marsaglia 和 Zaman(1991)首先提出进位借位运算产生器,Tezuka、L'Ecuyer 和 Couture(1993)对此有深入的研究。进位借位运算产生器有进位加产生器、进位减产生器、进位乘产生器和借位减产生器,进位加、进位减、进位乘和借位减的原文分别是"add with carry""subtract with carry""multiply with carry"和"subtract withborrow",简写为"AWC""SWC""MWC"和"SWB"。这种产生器的特点是速度很快、周期很长。

① 进位加产生器。

设 b、p、q 为正整数,b 称为基,p、q 称为延迟,$p>q$,进位加产生器的递推式为

$$X_i \equiv (X_{i-p} + X_{i-q} + C_{i-1})(\bmod b), i \geq p \tag{5.6}$$

式中,C_i 为进位,若 $X_{i-p} - X_{i-q} - C_{i-1} \geq b$,则 $C_i = 1$;若 $X_{i-p} - X_{i-q} - C_{i-1} < b$,则 $C_i = 0$。进位加产生器的初值由 $(X_0, X_1, \cdots, X_{p-1})$ 和 C_{p-1} 构成。由于进位加没有乘法运算,而 mod b 运算不会超过一个减法运算,所以进位加产生器速度很快,效率很高。当 $M = b^p + b^q - 1$ 为素数,且 b 是 M 的一个原根时,进位加产生器的最大周期为 $b^p + b^q - 1$。例如,$b = 2^{31}$,$p = 20$,最大周期为 $2^{620} \approx 10^{186}$。进位加产生器有一个变型,称为补进位加产生器,最大周期为 $b^p + b^q - 1$,其递推公式为

$$X_i \equiv (-X_{i-p} - X_{i-q} - C_{i-1} - 1)(\bmod b), i \geq p \tag{5.7}$$

② 进位减产生器。

$$X_i \equiv (X_{i-p} - X_{i-q} - C_{i-1})(\bmod b), i \geq p$$

式中,C_i 为进位,若 $X_{i-p} - X_{i-q} - C_{i-1} \geq b$,则 $C_i = 1$;若 $X_{i-p} - X_{i-q} - C_{i-1} < b$,则 $C_i = 0$。例如,$X_i = X_{i-22} - X_{i-43} - C_i$,若 $X < 0$,$X_i = X_i + (2^{32} - 5)$,则 $C_i = 1$;若 $X_i > 0$,则 $C_i = 0$。

③ 进位乘产生器。

进位乘产生器的递推式为

$$X_i = A_n X_{i-n} + \cdots + A_2 X_{i-2} + A_1 X_{i-1} + C_{i-1} \tag{5.8}$$

式中,进位 $C_{i-1} \equiv X_{i-1}$ 在 $(\bmod M)$。例如,一个进位乘产生器的参数取值如下:$A_1 = 698\ 769\ 069$,$X_0 = 521\ 288\ 629$,$C_0 = 7\ 654\ 321$,$M = 2^{32}$。另一个进位乘产生器的参数取值如下:$A_4 = 2\ 111\ 111\ 111$,$A_3 = 1\ 492$,$A_2 = 1\ 776$,$A_1 = 5\ 115$,$M = 2^{32}$。

④ 借位减产生器。

借位减产生器有两种形式:

第一种形式的递推公式为

$$X_i \equiv (X_{i-q} - X_{i-p} - C_{i-1})(\bmod b), i \geq p \tag{5.9}$$

式中,C_i 为借位,若 $X_{i-p}-X_{i-q}-C_{i-1}<0$,则 $C_i=1$;若 $X_{i-p}-X_{i-q}-C_{i-1}\geq 0$,则 $C_i=0$。其最大周期为 b^p-b^q+1。

第二种形式的递推公式为

$$X_i \equiv (X_{i-p}-X_{i-q}-C_{i-1})(\mod b), i\geq p \qquad (5.10)$$

式中,C_i 为借位,若 $X_{i-p}-X_{i-q}-C_{i-1}<0$,则 $C_i=1$;若 $X_{i-p}-X_{i-q}-C_{i-1}\geq 0$,则 $C_i=0$。其最大周期为 b^p-b^q+1。

(5)迟延斐波那契产生器

经典斐波那契产生器的均匀性和独立性虽然不好,但是其速度快、周期长,仍然吸引很多学者进行深入的研究。为了改善经典斐波那契产生器的性能,有学者提出迟延斐波那契产生器。迟延斐波那契产生器能产生周期非常长的随机数,计算效率高。迟延斐波那契产生器是使用序列中更前面的随机数去产生新的随机数,迟延斐波那契产生器的递推式为

$$X_i \equiv (X_{i-p} \otimes X_{i-q})(\mod M), i>p, p>q \qquad (5.11)$$

式中,p 和 q 称为迟延数,运算符 $\otimes$ 是 4 个二进制操作符 $+$、$-$、$\times$、$\sqrt{}$ 之一。产生随机数序列需要 p 个初始值:$X_{0,1},X_{0,2},\cdots,X_{0,p}$。迟延斐波那契产生器具体方法依赖于采用哪种二进制操作符,如两个迟延斐波那契产生器分别为

$$X_i \equiv (X_{i-17}-X_{i-5})(\mod M), X_i \equiv (X_{i-100}-X_{i-30})(\mod 2^{30}) \qquad (5.12)$$

迟延斐波那契产生器的性能依赖于采用哪种二进制操作符,如何选择迟延数 p 和 q 以及模 M,初始值选取也很灵敏,迟延斐波那契产生器的质量依赖于选择的参数,这都涉及复杂的理论问题。迟延斐波那契产生器的最大周期为 M^p+M^q,对 32 位计算机,$M=2^{31}$,最大周期为 $2^{31p}+2^{31q}$。例如,Brent(1992)给出迟延斐波那契产生器的递推式为

$$X_i \equiv (X_{i-p}-X_{i-q})(\mod 1) \qquad (5.13)$$

此迟延斐波那契产生器产生伪随机数序列的周期与选择参数有关。$p=1\,279, q=418$,周期为 $10^{20\,169}$,$p=44\,497, q=21\,034$,周期为 $10^{692\,369}$,周期几乎达到无限长。

3)随机数理论检验

(1)伪随机数理论检验

伪随机数检验有理论检验和统计检验。伪随机数理论检验方法是一种事前检验方法,所谓事前检验是指在构造伪随机产生器,选取算法结构和参数时,进行理论检验。自从发现线性同余产生器的降维现象以后,人们在构造伪随机数产生方法时,自然要考虑其算法结构和参数的选择应使得具有高维等分布性能,避免出现降维现象,不产生稀疏栅格结构。于是出现许多度量和检验高维等分布和栅格稀疏程度的准则。这些准则构成理论检验方法。理论检验方法有相邻平行超平面之间最大距离检验(称为谱检验)、平行超平面最小数目检验和最接近点之间距离检验,计算通过检验的概率和偏差。Fishman(1996)对这些理论检验方法有详细的叙述。这些理论检验方法只针对乘同余产生器,没有普遍适用性。

(2)随机数统计检验原理

①一般检验原理。

在很长时间内,随机数检验只有一般检验方法。徐钟济(1985)介绍了一般检验方法。一般检验方法的检验对象是(0,1)随机数序列,(0,1)随机数称为实数随机数,实数随机数用十进制数值大小表示,随机数产生器产生的实数随机数序列是以实数随机数十进制数值大小的

形式排列。通过对这样的数值序列应具有的随机性能和规律进行统计检验,一般检验方法是按实数随机数十进制数值大小的检验方法。张建中(1989)使用一般检验方法有矩检验、自相关检验、均匀性检验、连检验、随机数的函数检验、顺序统计量检验、组合规律性检验、模型模拟检验、奇偶序列之间和前后序列之间的 KS 检验 9 个检验方法,采用 FORTRAN 语言编制随机数检验程序系统 SUTEST,对广义乘同余产生器产生的伪随机数序列,进行 61 项检验,计算得到 61 个检验概率值,全部通过了统计检验。

②严格检验原理。

实践表明,一般检验方法是不太严格的检验方法,有一些随机数序列,本来的随机性不是很好,但一般检验方法还是通过了。同余法长期以来作为一种产生随机数的标准方法,尽管 20 世纪 70 年代理论研究已经发现它的高维稀疏栅格结构和降维现象,但是同余法产生的随机数序列都能通过一般检验方法的检验,一般检验方法没有能力发现其中的问题。由于蒙特卡洛方法发展的需要,需要随机性能更好的高质量随机数,检验高质量随机数需要严格的检验方法。严格检验方法的检验对象是整数随机数,整数随机数用二进制数字串表示,对 32 位计算机,整数随机数用 32 位二进制位串表示,随机数产生器产生整数随机数序列是以二进制位串形式排列,严格检验方法是对这样的二进制位串序列应具有的随机性能和规律进行统计检验,严格检验方法是按整数随机数二进制位串排列的检验方法。按整数随机数二进制位串排列检验比按(0,1)随机数十进制数值大小排列检验要严格得多。在检验方法设计上,有很多独到之处。

③统计检验步骤。

随机数统计检验步骤如下:

a. 提出要检验的假设,构造统计检验方法。根据随机数应具有的随机性质和统计规律,构造统计检验方法。

b. 给出显著水平,确定检验判别法则。检验判别法则有检验显著法则和检验概率法则,这里选用检验概率法则。如果检验概率值 p 小于等于显著性水平 α,则拒绝原假设;如果检验概率值 p 大于显著性水平 α,则接受原假设。

c. 选取检验统计量,确定检验统计量所遵从的分布。参数统计量 u 遵从标准正态分布,皮尔逊统计量 χ^2 遵从 χ^2 分布,KS 统计量遵从 Kolmogorov-Smirnov 分布,AD 统计量遵从 Anderson-Darling 分布。

d. 根据统计检验方法计算检验统计量和检验概率值。根据各种检验方法,编制计算机程序,计算检验统计量和检验概率值,这是随机数统计检验关键的一步,也是工作量最大的部分。

e. 进行统计推断,判定假设成立与否。根据计算的检验概率值,进行统计推断,如果计算的检验概率值大于规定概率值,则承认假设成立,认为通过了统计检验,否则就否认假设,认为没有通过统计检验。

(3)随机数统计检验程序

①随机数检验程序。

最近十多年,出现了几个随机数统计检验计算机程序,如 DieHard 程序、TestU01 程序、FIPS PUB 程序和 Crypt-XS 程序。DieHard 和 TestU01 程序主要是针对蒙特卡洛方法所用的随机数,FIPS PUB 和 Crypt-XS 程序主要针对密码技术所用的随机数。FIPS PUB 程序是美国国家技术标准局(NIST)推出的。Crypt-XS 程序是由澳大利亚昆士兰理工大学信息安全研究中心设计的。TestU01 程序是 L'Ecuyer 和 Simard(2007)开发的,包含 10 个检验方法:生日间隔检验、碰撞检验、空隙检验、简单扑克检验、矩阵秩检验、票证收集者检验、最大重复检验、权重分布检验、汉明独立检验和随机行走检验。这些检验方法来自 Knuth(1997)标准检验方法、DieHard 检验方法和 FIPS PUB 检验方法等。

②DieHard 检验程序。

Marsaglia(1995,2008,2010a,2010b)提出并改进了检验方法。DieHard 程序是由美国佛罗里达州立大学的 G. Marsaglia 教授开发的,2010 年给出最后修改版本,DieHard 检验方法使用比较广泛,是一个强有力的检验程序。DieHard 程序包括一般检验方法和严格检验方法。一般检验方法有重叠排列检验、停车场检验、最小距离检验、三维随机球检验、挤压检验、重叠求和检验、升连检验、降连检验和掷骰子检验。严格检验方法有二进制秩检验、猴子检验、计数检验、生日间隔检验、最大公因数检验和大猩猩检验。

5.2.2 概率分布抽样方法

1)随机抽样方法概述

随机变量和随机过程服从的规律可以用分布律来描述,用概率分布表示。当概率分布有显式解析式时,其概率分布是已知概率分布。已知概率分布分为完全已知概率分布和不完全已知概率分布,完全已知概率分布的归一化常数是已知的,不完全已知概率分布的归一化常数是未知的。并不是所有的随机变量和随机过程的概率分布都能用显式解析式表示出来,其概率分布是未知概率分布,可用统计参数来描述。概率分布在各种文献中有不同的称呼,本书一律按其定义给予统一的名称。"概率分布"是泛指,包含离散型和连续型。离散型概率分布,称为概率密集函数(probability mass function);连续型概率分布,称为概率密度函数(probability density function)。

为了避免概率分布函数与概率密度函数的英文缩写相同,概率分布函数改称为累积分布函数。随机变量 X 的概率分布为

$$f(x) = cf^*(x) \tag{5.14}$$

式中,c 为归一化常数;$f^*(x)$ 是非归一化分布,只满足非负性,不满足归一性。如果 $f(x)$ 没有显式解析形式,则 $f(x)$ 是未知概率分布;如果 $f(x)$ 有显式解析形式,则 $f(x)$ 是已知概率分布。若 c 是已知的,则 $f(x)$ 是完全已知概率分布;若 c 是未知的,则 $f(x)$ 是不完全已知概率分布。

随机抽样方法是指从随机变量和随机过程服从的概率分布获得其样本值的数学方法。从随机抽样原理来分,随机抽样方法有直接抽样方法、马尔可夫链蒙特卡洛方法和未知概率分布抽样方法。直接抽样方法用于完全已知概率分布。马尔可夫链蒙特卡洛方法用于已知概率分布,包括不完全已知概率分布和直接抽样方法失效的完全已知概率分布。这些抽样方法基本涵盖了所有蒙特卡洛模拟的抽样方法,扩展了蒙特卡洛方法的应用领域。

蒙特卡洛方法效率与统计量的方差和每次模拟时间成反比。每次模拟时间主要是随机抽样的时间,蒙特卡洛方法的效率与抽样费用密切相关。评估抽样方法的好坏一般是用抽样费用来衡量,设计抽样算法,应使得抽样费用较低。蒙特卡洛方法的抽样方法之所以多种多样,是由于不断地追求低费用高效率。也可以用抽样效率来衡量抽样方法的好坏。抽样效率是指样本被选中的概率,称为接受概率。直接抽样方法的取舍算法和复合取舍算法,可以使

用抽样效率来衡量,其他算法可以使用抽样费用来衡量。抽样费用是指计算量,或者计算时间。抽样费用与抽样效率大体是一致的。

离散概率分布的抽样费用是指计算量,用平均查找次数来衡量,逆变换算法的列表查找算法的平均查找次数大于1,抽样费用高。别名算法、直接查找算法、布朗算法、马萨格利亚算法和加权算法的平均查找次数等于1,抽样费用低。连续概率分布的逆变换算法只使用一次随机数,似乎效率很高。但逆变换算法往往使用很多初等函数,而初等函数的计算是很耗费时间的。以计算时间来衡量,逆变换算法的抽样费用并不是最低的。

随机抽样精度是指样本的精度,直接抽样方法是精确的方法,样本是简单子样。马尔可夫链蒙特卡洛方法和未知概率分布抽样方法在大多情况下是近似的抽样方法,样本是近似样本,存在抽样算法收敛问题。

2)随机变量抽样方法

(1)离散随机变量高效抽样方法

①串行和并行抽样方法。

本书在不特别说明时,所讲的抽样方法都是指串行抽样方法,应用在串行计算机上。串行蒙特卡洛方法和并行蒙特卡洛方法,对抽样方法要求有所不同。在直接抽样方法中,对连续型的随机变量,在串行计算时,逆变换算法效率不高,取舍算法更好些。但是在并行计算时,则相反。逆变换算法没有判别和取舍问题,适合连续成批产生抽样值,效率更高些。

并行蒙特卡洛方法对概率分布抽样要求实现抽样算法向量化。对连续概率分布,逆变换算法没有判别和取舍问题,一次抽样就可以得到样本值,是好的向量化抽样算法,取舍算法和与取舍有关的其他抽样算法就不是好的向量化算法。对离散概率分布,如逆变换算法的列表查找算法和取舍算法,存在判别和取舍问题,要进行多次搜索比较,才能得到样本值。在程序中,随机抽样使用了随机数,使用的次数无法预知,事先无法确定有多少次搜索比较,也无规律可循,每次抽样有不同的运算量。在蒙特卡洛方法计算中,带有较强的时序性,计算程序要使用循环语句 DO-LOOP 结构,循环体内包含有条件判别语句 IF 和转向语句 GOTO。循环语句较短,而判别语句和转向语句很多,无法预先确切知道何时何地程序的控制转向,这是不利于实现向量化运算的。

②高效抽样方法。

离散随机变量的概率分布能给出解析公式的毕竟是少数,大多数实际分布由列表数据形式给出,其解析公式也可用列表数据形式来逼近,列表数据形式的离散随机变量概率分布抽样方法是基本的。如果离散概率分布是均匀分布,逆变算法中的等概率间隔算法是特别快的,因为它只需进行一次搜索比较就可以抽到样本。但是对非均匀分布,列表查找算法和取舍算法等都要多次搜索比较。至此还没有一种方法能够做到只进行一次搜索比较就可以抽到样本值。当需要好多次搜索才能抽到样本时,抽样效率就很低,而且不能进行蒙特卡洛方法所要求的抽样方法向量化。20世纪70年代中期以后,由于并行抽样方法的需要,高效抽样方法得到发展。

③布朗算法。

Brown(1981)在研究并行蒙特卡洛方法时,提出一种向量化抽样算法。布朗算法为别名算法找到了理论依据。Brown 提出下面命题:任何离散概率分布都可以表示成由等概率均匀分布与一族两点概率分布组成的复合概率分布。离散概率分布的概率密集函数为 $f(x_k)$,

$k=1,2,\cdots,m$,任何离散概率分布都可以表示为下面的复合概率分布:

$$f(x_k) = f(k) \sum_{k=1}^{m} f_k(x_i) \tag{5.15}$$

式中,$f(k)$为等概率均匀分布,$f(k)=1/m$。

两点概率分布为

$$f_k(x_i) = \begin{cases} p_k, & x_i = x_k \\ 1-p_k, & x_i \neq x_k \end{cases} \tag{5.16}$$

Brown 证明了这一命题,根据这一命题,提出了抽样算法,首先由概率密集数$f(x_k)$,$k=1,2,\cdots,m$,构造向量表$\{I(1,k),I(2,k),q_k\}$,其中,$I(1,k)$和$I(2,k)$是两点概率分布$f_k(x_i)$的两个非零元位置,q_k是取$I(1,k)$的概率。向量表$\{I(1,k),I(2,k),q_k\}$相当于别名表$\{A_i,B_i,P(A_i)\}$,可以使用 Kronmal 和 Peteson(1979)给出构造别名表的算法构造向量表。

布朗算法首先构造向量表,然后从复合概率分布抽样,先由等概率分布$f(k)$抽样产生K,再从第K个两点概率分布$f_K(x_i)$抽样,产生样本值X。布朗算法如下:

- $K=[mU1]+1$。
- 若$U_2 \leq q_K$,样本值$X=I(1,K)$;否则,样本值$X=I(1,K)$。

布朗算法只需进行一次查找就可以抽到样本值,它完全适应向量化运算。但是也有别名算法同样的缺点,需要构造向量表,如果密集点很多,则需要存储大量数据。

④直接查找算法。

Peterson 和 Kronmal(1982)提出直接查找算法,也称为罐子算法。设离散概率分布的随机变量和概率密集函数为

$$x_i : x_1, x_2, \cdots, x_m \tag{5.17}$$

$$p_i : Q_1/Q, Q_2/Q, \cdots, Q_m/Q \tag{5.18}$$

式中,m为密集点数。$Q=Q_1+Q_2+\cdots+Q_m$,正整数Q_i为通分后的分子,Q为公分母。构造一个具有Q个元素的数组T,$T=\{T_1,T_2,\cdots,T_j,\cdots,T_Q\}$,前$Q_1$个元素的值均为$x_1$,紧接着的$Q_2$个元素的值均为$x_2$,紧接着的$Q_3$个元素的值均为$x_3$,等等。例如,$x_i:x_1,x_2,x_3$,$p_i:1/8,4/8,3/8$,$m=3$,$Q=8$,则有下面数据表:

数组T元素:$T_1 T_2 T_3 T_4 T_5 T_6 T_7 T_8$

数组元素值:$x_1 x_2 x_3 x_4 x_5 x_6 x_7 x_8$

由数据表,直接查找算法如下:

- $j=[QU]+1$。
- 样本值$X=T_j$。

直接查找算法只需一次查找,但是使用直接查找算法有较多的限制,概率密集函数是分数的形式,而且公分母Q不宜太大,需要存储数组值,密集点不能太多。

⑤加权算法。

别名算法、布朗算法、直接查找算法和马萨格利亚算法都只需进行一次查找就可以得到样本值,有较高的抽样效率,可以向量化。但是这些算法有一个共同的缺点,需要事先构造数据表。如果离散随机变量的密集点很多,将占用很大的内存。这几种算法不适宜特别巨大的离散随机变量抽样。理想的抽样算法是只需一次查找运算,而不需要构造数据表,Sarno(1990)提出的加权算法可以做到。加权算法有直接加权算法、扩展加权算法和非均匀分布加权算法。

a. 直接加权算法。

直接加权算法是由概率表抽样产生样本。离散随机变量 x_j 服从的概率密集函数为 $p(x_j)$，$j=1,2,\cdots,m$，$p(x_j)$ 称为概率表，m 为概率表长度，概率表的概率值满足归一化条件。例如，从表 5.1 的概率表抽样。

表 5.1 概率表

j	1	2	3	4	5
x_j	10	11	12	13	14
$p(x_j)$	0.40	0.20	0.30	0.08	0.02

直接加权算法如下：
- 均匀分布 $U(1,m)$ 抽样得到 $x=x_1+[mU]$。
- 由 $x \in \{x_j, j=1,2,\cdots,m\}$，确定选取 x 的概率 $p \in \{p_j, j=1,2,\cdots,n\}$。
- 把 x 乘上权重 $w=mp$，得到样本值 $X=wx=mpx$。

由于离散随机变量服从非均匀分布，现在却是从均匀分布 $U(1,m)$ 抽样，所以样本值要乘上校正因子(权重)。模拟 n 次，得到平均样本值见表 5.2。

表 5.2 平均样本值

模拟次数	10^1	10^2	10^3	10^4	10^5	10^6	10^7	10^8
平均样本值	11.22	11.05	11.08	11.11	11.11	11.12	11.12	11.12

经过校正后的均匀分布抽样结果是原来非均匀分布均值的无偏估计。直接加权算法的优点是只需一次查找运算，不需要构造数据表，需要最少的标量和向量计算时间。直接加权算法的缺点是非均匀分布远偏离均匀分布时，将产生较大的样本方差，可采用扩展表加权算法和非均匀分布加权算法减少样本方差。

b. 扩展加权算法。

为了降低样本方差，采取增加分布均匀性的方法，把概率表的每一项分解成几项，把概率表扩展成比较均匀分布的概率表，使得校正因子的变动性较小。例如，概率表见表 5.3。

表 5.3 概率表

j	1	2	3	4	5
x_j	11	12	13	14	15
$p(x_j)$	0.40	0.20	0.30	0.08	0.02

把表 5.3 扩展成扩展概率表，见表 5.4。

表 5.4 扩展概率表

j	1	2	3	4	5	6	7	8	9
x_j	11	11	12	12	13	13	14	14	15
$p(x_j)$	0.20	0.20	0.10	0.10	0.15	0.15	0.04	0.04	0.02

扩展加权算法与直接加权算法相同,只是把概率表变成扩展概率表。可见扩展概率表比原来的概率表分布均匀了许多,样本方差将降低。模拟 n 次,得到平均样本值见表 5.5。

表 5.5 平均样本值

模拟次数	10	10^2	10^3	10^4	10^5	10^6	10^7	10^8
平均样本值	12.133	11.958	11.969	11.995	11.990	11.997	11.998	11.998

c. 非均匀分布加权算法。

前两种算法是从均匀分布抽样。为了减少样本方差,非均匀分布加权算法不是从均匀分布抽样,而是从非均匀分布抽样。非均匀分布的形状类似于 $p_j x_j$ 分布。非均匀分布通常选取二项分布和几何分布,其概率密集函数分布分别为

$$p_j = C_m^j a^j (1-a)^{m-j}, j \in \{0,1,2,\cdots,m\} \tag{5.19}$$

$$p_j = a(1-a)^j, j \in \{0,1,2,\cdots\} \tag{5.20}$$

式中,a 为形状参数,选取形状参数 a 使得二项分布和几何分布尽量接近原来分布。

(2) 连续随机变量高效抽样方法

在实际应用中,可能遇到许多新的概率分布,前面的连续概率分布抽样算法不一定抽样效率就很高。离散随机变量的别名算法、布朗算法、直接查找算法、马萨格利亚算法和加权算法等离散概率分布高效抽样方法有很高的抽样效率,而且可并行化。可以把这些离散概率分布高效抽样方法推广到连续概率分布,提高连续概率分布的抽样效率。推广方法有分段线性函数方法和自动抽样方法等。

① 分段线性函数方法。

由于矩形直方图分布与离散分布很相似,所以离散概率分布高效抽样算法很容易扩展到矩形直方图分布。Edwards 和 Rathkopf(1991)把别名算法推广到连续概率分布。他们的工作是把连续分布表示成分段线性函数,并使用统计插值方法。

线性函数为 $g(x)$,分段的左端点为 x_l,右端点为 x_r,相应的分段线性函数为 y_l 和 y_r,分段的概率为

$$p_i = \int_{x_{i-1}}^{x_i} y(x) dx \tag{5.21}$$

如果分段是均匀分布,则有一个随机点为

$$x_1 = (1-U) x_l + U x_r \tag{5.22}$$

样本值 $X = x_1$。如果分段是线性分布,则有两个随机点为

$$x_1 = (1-U) x_l + U x_r, x_2 = U x_l + (1-U) x_r \tag{5.23}$$

抽样算法为:若 $U_2 (y_l + y_r) \leq (1-U_1) y_l + U_1 y_r$,样本值 $X = x_1$;否则,样本值 $X = x_2$。

② 自动抽样方法。

设计高效抽样方法不是一件容易的事,而且查找已有的抽样方法并编制相应的程序也是一件费时费力的工作。基于这一原因,长期以来,人们希望能有一种通用的抽样方法,应对任何概率分布抽样,实现抽样自动化。自动抽样方法有显著的优点,抽样效率较高,并且要求容易进行向量化。

裴鹿成(2000)、Hormann、Leydold 和 Derfling(2004)提出把离散分布别名算法推广到连续概率分布,发展成自动抽样方法。上官丹骅(2004)和杨自强等(2006)提出任意分布自动抽

样的具体方法。除了别名算法,已经出现更多的离散概率分布高效抽样算法,如布朗算法、直接查找算法、马萨格利亚算法和加权算法,也可以在这些算法的基础上发展自动抽样的具体方法。

a. 用直接查找算法从阶梯分布 $f_b(x)$ 进行抽样。阶梯分布本是连续概率分布,但这里借助离散概率分布的直接查找算法构造阶梯分布的高效抽样算法。首先构造与阶梯分布关联的离散概率分布。这时把 m 个阶梯看作离散概率分布的 m 个密集点,记为 $z_i, i=1,2,\cdots,m$,其中 z_i 对应着以 L_i 为边的矩形。这个矩形的归一化面积为 $p_i = L_i(x_{i+1}-x_i)/pa$。把该面积看作离散概率分布中密集点 z_i 的概率,便有以下的关联离散概率分布:密集点名 z_i 为 $z_1,z_2,\cdots,z_m$,概率 p_i 为 $p_1,p_2,\cdots,p_m$。阶梯分布的具体抽样算法如下:

- 产生随机数 U_1,并借助别名算法确定当前抽到哪个子区间。
- 在 z_j 内的连续化处理,产生另一个随机数 U_2,阶梯分布抽样的样本值为 $X = X_j + U_2(X_{j+1}-X_j)$。

b. 补偿分布 $f_b(x)$ 的抽样算法与前述阶梯分布抽样算法相似,但在构造关联离散概率分布时,其概率为 $p_i^* = t_i/(1-p_i)$,其中 t_i 是子区间 $(x_{i+1}-x_i)$ 内曲线 $f(x)-B(x)$ 下的面积。

利用直接查找算法、别名算法和取舍算法从 $f_a(x)$ 和 $f_b(x)$ 抽样,在奔腾4,主频 2.4 Hz 的微机上,对 20 个概率分布的两类抽样算法进行 1 000 万次抽样,一般方法主要是逆变换算法,自动算法是由直接查找算法、别名算法和取舍算法做成的自动抽样方法。抽样表明,泊松分布、对数级数分布、负指数分布、韦布尔分布、瑞利分布、柯西分布、逻辑斯蒂分布、极值分布,自动抽样效率几乎没有提高多少,几何分布和拉普拉斯分布有些提高。

3)随机向量抽样方法

s 维随机向量 X 的联合概率分布定义为

$$f(x) = f(x_1,x_2,\cdots,x_s) = cf^*(x) = cf^*(x_1,x_2,\cdots,x_s) \tag{5.24}$$

如果随机向量的各个分量是独立的,则称为独立随机向量,独立随机向量的联合概率分布可以写成多个独立随机变量概率分布的乘积,s 维随机向量 X 的联合概率分布可写为

$$f(x) = f_1(x_1)f_2(x_2)\cdots f_s(x_s) \tag{5.25}$$

随机变量直接抽样方法完全可以推广到独立随机向量,可应用随机变量直接抽样方法,独立地分别对各个分量的概率分布进行抽样,从而得到独立随机向量的样本值。

如果随机向量的各个分量是相关的,则称为相关随机向量。相关随机向量的直接抽样方法有条件概率密度算法、取舍算法和仿射变换算法。

(1)条件概率密度算法描述

相关随机向量的联合概率分布可以写成单个随机变量的边缘概率分布与多个随机变量的条件概率分布相乘,s 维随机向量 X 的联合概率分布可写为

$$f(x) = f(x_1,x_2,\cdots,x_s) = f_1(x_1)\prod_{j=2}^{s} f_j(x_j \mid x_1,x_2,\cdots,x_{j-1}) \tag{5.26}$$

式中,边缘密度集函数和边缘概率密度函数分别为

$$f_1(x_1) = \sum_{x_2}\cdots\sum_{x_s} f(x_1,\cdots,x_s), \quad f_1(x_1) = \int\cdots\int f(x_1,x_2,\cdots,x_s)dx_2\cdots dx_s \tag{5.27}$$

相关随机向量的抽样方法是利用随机变量直接抽样方法,首先从边缘概率分布 $f_1(x_1)$ 抽样,得到随机变量 X_1 的样本值;然后依次从各个条件概率分布 $f_j(x_j \mid x_1,x_2,\cdots,x_{j-1})$ 抽样,得

到随机变量 $X_2, X_3, \cdots, X_s$ 的样本值。

(2)仿射变换算法描述

s 维独立随机向量 $X=(X_1, X_2, \cdots, X_S)^T$，其期望为 μX，协方差矩阵为 $Bx=1$。有矩阵 A，向量 C。随机向量 Z 的期望 $\mu_Z=C+A\mu X$。相关随机向量 Z 的协方差矩阵为 $B=Bz=AB\times A^T=AA^T$。相关随机向量 $Z=C+AX$ 称为独立随机向量 X 的仿射变换。若 A 为可逆 $n\times n$ 矩阵，独立随机向量 X 的概率密度函数为 $fx(x)$，则相关随机向量 Z 的概率密度函数为

$$f_Z(z)=f_X(A^{-1}(z-C))/|\det(A)|, z\in R^n \tag{5.28}$$

式中，$|\det(A)|$ 表示矩阵 A 的行列式的绝对值。

仿射变换算法如下：

①独立随机向量 X 的概率密度函数 $f(x)$ 抽样产生 X。
②将协方差矩阵 B 进行乔里斯基矩阵分解得到矩阵 A。
③相关随机向量 Z 的样本值 $Z=C+AX$。

4)随机过程抽样方法

(1)随机过程

随机过程 $\{X(t), t\in T\}$ 简记为 $X(t)$，随机过程又称为随机函数，是定义于基本概率空间 (Ω, ϕ, P) 上的一族随机变量，这些随机变量是相关的，不是独立的。描述随机过程有两种方法：一种是解析方法；另一种是统计参数方法。随机过程是一族无穷多个随机变量，不能用无穷维概率分布来描述，只能用有限维概率分布来描述，这种描述只是一种近似。随机过程有标量随机过程 $X(t)$ 和向量随机过程 $X(t)$。标量随机过程 $X(t)$ 的联合概率分布为

$$f(x(t))=f(x_1,\cdots,x_n;t_1,\cdots,t_n)=cf^*(x(t))=cf^*(x_1,\cdots,x_s;t_1,\cdots,t_n) \tag{5.29}$$

向量随机过程 $X(t)$ 的联合概率分布也有类似的形式。自变量为向量的随机过程称为随机场，有标量随机场 $X(t)$ 和向量随机场 $X(t)$。

(2)正态过程抽样算法

s 维相关正态随机过程 $X(t)$ 的联合概率密度函数为

$$f(x(t);\mu,B)=(1/\sqrt{(2\pi)^s\det(B)})\exp(-(x(t)-\mu)^T B^{-1}(x(t)-\mu)/2) \tag{5.30}$$

式中，μ 为期望向量；B 为协方差矩阵函数；$\det(B)$ 为 B 的行列式；$(x(t)-\mu)^T$ 为矩阵转置；B^{-1} 为逆矩阵。仿射变换算法如下：

①独立标准正态分布 $N(0,1)$ 抽样产生 $Y(t)=(Y(t_1),\cdots,Y(t_m))$。
②将 B 进行乔里斯基矩阵分解，使得满足 $B=AA^T$，得到 A。
③正态过程的样本值 $X(t)=\mu+AY(t)$。

5.3 常用蒙特卡洛方法

蒙特卡洛方法的稳定性和收敛性与普通数值方法有很大的不同。普通数值方法迭代频繁，误差可能积累得很大，造成算法不稳定和发散。蒙特卡洛方法虽然也有多次模拟，但是没有普通数值方法那样的频繁迭代，舍入误差一般可以忽略不计，截断误差的作用也很有限，不至于产生误差传播，导致不稳定和发散。各种蒙特卡洛算法的稳定性和收敛性，不用建立专门的误差分析理论，除非错用了随机数和抽样方法。

概率论的大数法则和中心极限定理作为蒙特卡洛方法的数学基础,表征蒙特卡洛方法的数学性质,在理论上保证蒙特卡洛方法的正确性。稳定性和收敛性是由概率论的大数法则来验证,误差和收敛速度是由中心极限定理来分析。大数法则回答蒙特卡洛方法的稳定性和收敛性问题,中心极限定理回答蒙特卡洛方法的误差和收敛速度问题。

大数法则

保证蒙特卡洛方法稳定和收敛的前提条件是随机数是独立的,样本值是独立同分布的,统计量也是独立同分布的,而且统计量存在数学期望。随机数的独立产生由随机数产生方法和统计检验来保证,样本值的独立同分布由随机抽样方法来保证,统计量独立同分布是样本值独立同分布的推论,在一般情况下是可以满足这些保证的。

中心极限定理

5.3.1 估计值蒙特卡洛方法

对于随机过程而言,也有类似于随机变量的表述。不同的是,在该概率空间中,是确定随机过程 $X(t)$,其联合概率分布为 $f(x;t)$,抽样的样本值为 $X_i(t)$,统计量为 $h(x(t))$,统计量的取值为 $h(x_i(t))$,统计量的估计值为

$$\hat{h}(t) = \frac{1}{n} \sum_{i=1}^{n} h(X_i(t)) \tag{5.31}$$

在蒙特卡洛方法的基本框架中,有两个特征量很重要,一个是随机变量或随机过程及其概率分布,是随机抽样问题;另一个是统计量,是统计估计问题。统计量 $h(x)$ 是随机变量的函数,也是一个随机变量,是与估计值密切相关的特征量,是系统性能和功能的量度。比如,蒲丰投针模拟,随机变量是投针落点的距离和极角,统计量是投针与平行线相交的概率;射击打靶模拟,随机变量是弹着点的位置,统计量是命中环数。

积分估计值问题可写为

$$I = \int \varphi(x) \mathrm{d}x = \int h(x) f(x) \mathrm{d}x \tag{5.32}$$

式中,$f(x)$ 为概率分布;$h(x)$ 为统计量。

蒙特卡洛方法的基本框架归纳为以下4个步骤:

①建立概率模型。概率模型是用概率统计的方法对实际问题或系统作出的一种数学描述,可以描述随机性问题和确定性问题。建立概率模型就是构建一个概率空间,确定概率空间元素 Ω, ϕ, P 以及它们之间的关系。

②随机抽样产生样本。用随机抽样方法从随机变量或随机过程的概率分布抽样,产生随机变量或随机过程的样本值。

③确定和选取统计量。确定统计量与随机变量或随机过程的函数关系,由随机变量或随机过程的样本值得到统计量的取值。

④统计估计。由统计量的算术平均值得到统计量的估计值,作为所要求解问题的近似估计值。

5.3.2 直接模拟方法

实现估计值蒙特卡洛方法基本框架的方法称为直接模拟方法,没有采用任何技巧降低方

差,没有采取任何方法提高效率。直接按照蒙特卡洛方法的原始概率模型根据蒙特卡洛方法的基本框架进行直接模拟。每次模拟,从随机变量 X 的概率分布 $f(x)$ 抽样产生样本值 X_i,统计量取值为 $h(X_i)$,模拟 n 次,直接模拟方法统计量的估计值为

$$\hat{h} = \frac{1}{n}\sum_{i=1}^{n} h(X_i) \tag{5.33}$$

直接模拟计算法如下:
① 模拟次数 $i=1$。
② 概率分布 $f(x)$ 抽样产生样本值 X_i。
③ 计算统计量取值 $h(X_i)$。
④ 若 $i<n$,$i=i+1$,返回②。
⑤ 输出统计量的估计值和误差。
统计量的期望为

$$\mu = E[h] = \int h(x)f(x)\,\mathrm{d}x \tag{5.34}$$

由于统计量 $h(x)$ 是随机变量 X 的函数,所以统计量也是随机变量,统计量的方差为

$$\mathrm{Var}[h] = E[h^2] - (\mu)^2 = \int h^2(x)f(x)\,\mathrm{d}x - \mu^2 \tag{5.35}$$

统计量取值 $h(x_i)$ 也是随机变量,直接模仿方法统计估计值的方差为

$$\mathrm{Var}[h] = E[h^2] - (\hat{h})^2 = \frac{1}{n}\sum_{i=1}^{n} h^2(X_i) - \left(\frac{1}{n}\sum_{i=1}^{n} h(X_i)\right)^2 \tag{5.36}$$

直接模拟方法统计量估计值的均方差为

$$\sigma = \sqrt{\mathrm{Var}[h]} = \sqrt{\frac{1}{n}\sum_{i=1}^{n} h^2(X_i) - \left(\frac{1}{n}\sum_{i=1}^{n} h(X_i)\right)} \tag{5.37}$$

在置信水平下,取定正态差 X_α,直接模拟方法统计量估计值的绝对和相对误差分别为

$$\varepsilon_\mathrm{a} = X_\alpha \sigma/\sqrt{n},\ \varepsilon_\mathrm{r} = X_\alpha \sigma/\hat{h}\sqrt{n} \tag{5.38}$$

直接模拟方法误差较大,效率不高,收敛速度较慢,精度较低。但是直接模拟方法比较直观,一次模拟的计算量相对较小,在一些应用领域至今仍然在使用,如稀薄气体动力学模拟的直接模拟蒙特卡洛方法(DSMC)。

5.3.3 降低方差提高效率方法

直接模拟方法的方差大,收敛速度慢,计算精度低,模拟效率不高。从前面的蒙特卡洛方法效率讨论中可知,蒙特卡洛方法的效率与方差和模拟时间成反比,方差越小,模拟时间越短,效率越高。改进蒙特卡洛方法,提高蒙特卡洛方法的效率有两条途径:一是降低方差;二是减少模拟时间。降低方差基本技巧是通用性比较强、应用性比较广的降低方差技巧,降低方差基本技巧有重要抽样、分层抽样、控制变量、对偶随机变量、公共随机数、条件期望和样本分裂等。降低方差基本技巧并不包括各个应用领域出现的专门降低方差技巧,随着应用领域不断扩大,各个应用领域出现很多专门降低方差的技巧,这些专门降低方差的技巧虽然适用性不是那么广泛,但是对一些特殊问题却很有效。对这些专门降低方差的技巧进行研究交流,有可能发挥这些专门降低方差技巧的作用,解决更广泛的问题。

除了单纯降低方差技巧以外,还出现各种高效蒙特卡洛方法,如互熵方法、马尔可夫链蒙特卡洛模拟方法、拟蒙特卡洛方法、序贯蒙特卡洛方法和并行蒙特卡洛方法等。这些高效蒙特卡洛方法的特点是提高抽样效率,减少模拟时间,降低误差,加速收敛,提高精度,全面地提高模拟效率,应用比较广泛。

①拟蒙特卡洛方法。拟蒙特卡洛方法不是使用随机数,而是使用拟随机数,拟随机数是非随机的,通过改变统计特性降低偏差,提高效率。

②序贯蒙特卡洛方法。序贯蒙特卡洛方法是综合运用序贯抽样、重要抽样和样本分裂等技巧的蒙特卡洛方法,达到降低方差提高模拟效率的目的。

③马尔可夫链蒙特卡洛模拟方法。马尔可夫链蒙特卡洛模拟方法既可用于估计值问题,也可用于最优化问题,马尔可夫链蒙特卡洛模拟方法是利用马尔可夫链蒙特卡洛方法抽样进行蒙特卡洛模拟的方法。马尔可夫链蒙特卡洛模拟方法既是一种随机抽样方法,也是一种提高模拟效率的方法。它不是通过降低方差的途径,而是通过提高抽样效率的途径,减少抽样模拟时间,加快收敛速度,从而达到提高模拟效率的目的。

④并行蒙特卡洛方法。并行蒙特卡洛方法的实现主要是两个问题:一是并行随机数的产生;二是并行抽样方法。目前并行蒙特卡洛方法在两类计算机上实现;一类是并行网络微机群;另一类是巨型并行计算机。

⑤互熵方法。互熵方法应用于估计值问题和最优化问题。使用互熵方法来选取重要概率分布,使得重要概率分布接近最佳重要概率分布,如采用互熵方法可以提高稀有事件估计效率。

5.3.4 最优化蒙特卡洛方法

蒙特卡洛方法既可用来解决估计值问题,也可用来解决最优化问题,最优化蒙特卡洛方法是解决最优化问题的蒙特卡洛方法。从数学观点来看,解决最优化问题比解决估计值问题更为困难,因为估计值问题是求均值问题,而最优化问题是求极值问题,从函数的定义域求解精确的极点比计算均值更为困难。

最优化蒙特卡洛方法有随机搜索算法、随机近似算法、样本平均近似算法、调优最优化算法和互熵最优化算法。随机搜索算法有简单随机搜索算法、随机梯度算法和模拟退火算法。最优化问题有确定性最优化问题和随机性最优化问题。蒙特卡洛方法既可求解随机性优化问题,也可求解确定性优化问题。蒙特卡洛优化方法可获得局部优化解和全局优化解。最优化方法是运筹学的重要内容,最优化蒙特卡洛方法可用于运筹学等很多应用领域。

最优化问题有两类求解方法:数值方法和模拟方法。数值方法高度依赖目标函数的解析性质,如凸性、有界性和光滑性。模拟方法则与目标函数的解析性质关系不大,主要是依赖目标函数的概率性质。如果目标函数和约束函数太复杂,决策变量的定义域不规则,则可使用模拟方法,也就是最优化蒙特卡洛方法。

对确定性优化问题,出现各种优化算法,包括解析方法和数值方法。一般的确定性优化问题,已有许多方法可以解决,只有那些复杂的确定性优化问题,已有方法无法解决,或者效率比较低,才使用最优化蒙特卡洛方法。实际问题由于系统的复杂性,特别是复杂的目标函数和复杂的约束条件,系统性能不大了解,目标函数和约束条件给不出解析表示式,一般确定性问题的数值优化方法就无能为力,蒙特卡洛优化方法则容易解决。

对随机性优化问题,随机规划是求解随机最优化问题的数值方法,随机规划是处理数据带有随机性的一类数学规划,它与确定性数学规划最大的不同在于其系数中引进了随机变量,这使得随机规划比起确定性数学规划更适合于实际问题。随机规划的求解方法分为两类:一类是将随机规划转化成确定性规划,用确定性规划的求解方法求解;另一类是近似方法,利用随机模拟方法,通过有效算法,得到随机规划问题的近似最优解和目标函数的近似最优值。随机规划的随机模拟方法是一种最优化蒙特卡洛方法。

目标函数和约束函数构成数学规划问题,有线性和非线性数学规划。如果目标函数和约束函数都有解析形式,则是标准数学规划问题,可以使用求解标准数学规划问题的解析方法或者数值方法,得到数学规划问题的解。如果由于系统的复杂性,目标函数和约束函数都没有解析形式,求解标准数学规划问题的解析方法或者数值方法都无能为力,只好采用最优化蒙特卡洛方法。

5.3.5 动力学蒙特卡洛方法

动力学蒙特卡洛方法是描述自然界中系统过程随时间变化的一种模拟方法。通常系统都是以给定的速率发生变化,即将这些过程发生变化的速率作为已知的输入条件,而这种算法本身是不能预测速率的。它结合了蒙特卡洛方法和动力学系统的原理,常用于模拟分子动力学、统计物理学、复杂系统等领域。

在动力学蒙特卡洛方法中,物理系统的演化被建模成微观粒子(如原子或分子)按照经典或量子力学规则在空间中移动的过程。这些粒子在潜在能量场中运动,通常受到势能函数的影响。蒙特卡洛方法则用来模拟系统的随机性,以模拟粒子的随机运动。

动力学蒙特卡洛方法主要用于晶体表面扩散、生长、空位扩散、化学反应等方面的模拟,可以通过多种算法来实现,如 RSM 算法(也称随机选择法)、FRM 算法(即著名的 Gillespie 随机算法)、VSSM 算法(变步长算法)等。

该方法具体步骤如下:

①初始化状态:开始时,给定系统的初始状态,包括粒子的位置、动量等。

②模拟运动:根据物理模型和动力学规则,模拟粒子在势能场中的运动。这可能包括使用数值积分方法来计算粒子的轨迹。

③蒙特卡洛抽样:在模拟运动的过程中,通过蒙特卡洛抽样方法引入随机性。例如,可以使用随机数来模拟碰撞、热涨落等随机事件,以更真实地模拟物理系统的行为。

④收集数据:记录模拟过程中感兴趣的物理量,如能量、温度、压力等。

⑤分析结果:通过对收集的数据进行统计分析,推断系统的性质和行为。这些结果可以用来理解实际物理系统的行为,或者验证理论模型的有效性。

动力学蒙特卡洛方法在模拟复杂系统时特别有用,因为它能够处理大量粒子间的相互作用,是研究复杂系统行为的有力工具。

5.3.6 Metropolis 方法

Metropolis 方法由 Nicholas Metropolis 等人在 1953 年提出。该方法主要用于求解高维空间中的积分问题,特别适用于物理学、计算机科学和统计学等领域中的模拟和优化问题。Metropolis 方法的核心思想是根据马尔可夫链的性质,通过模拟随机游走的方式逐渐逼近目标分布。该方法在给定一个初始状态后,通过一系列状态转移来收敛到目标分布的平稳状态。

具体而言,Metropolis 方法包括以下几个步骤:
①初始化:选择一个初始状态。
②生成候选状态:根据某种规则,生成一个新的候选状态。
③计算接受概率:根据目标分布和候选状态,计算接受概率。
④接受或拒绝候选状态:根据接受概率,决定是否接受候选状态。
⑤更新状态:根据接受或拒绝的结果,更新当前状态。
⑥重复②—⑤步骤,直到达到收敛条件。

Metropolis 方法被广泛应用于各个学科和工程领域,特别是在概率统计、物理学和计算机科学中具有重要地位。在统计学中,Metropolis 方法可以用于参数估计和模型选择。通过模拟蒙特卡洛样本,可以近似计算参数的后验分布,从而对复杂的统计模型进行推断和预测。在物理学中,Metropolis 方法可以用于模拟固体的晶格结构、温度分布和相变过程等。通过模拟粒子的位置和能量,可以研究物质的性质和行为。在计算机科学中,Metropolis 方法可以用于组合优化,如旅行商问题和图着色问题。通过定义合适的目标函数和状态转移规则,可以通过 Metropolis 方法找到近似最优的解。

Metropolis 方法的优点在于灵活性和可扩展性。该方法可以适用于各种复杂的问题,并且可以通过调整参数和改进算法细节来提高效率和精度。然而,Metropolis 方法存在一些限制和挑战。首先,对高维空间中的问题,收敛速度往往较慢,需要大量的采样次数;其次,选择合适的状态转移规则和接受概率计算方法对算法的效果至关重要。

Metropolis 方法作为一种重要的蒙特卡洛模拟算法,对求解复杂的积分和优化问题具有广泛的应用。通过模拟随机游走的方式,该方法可以逼近目标分布并提供近似解。虽然该方法在实际应用中存在一些挑战和限制,但通过合适的参数选择和算法改进,可以提高算法的效率和精度。

5.4 蒙特卡洛应用举例

5.4.1 利用蒙特卡洛方法求圆周率

正方形内部有一个相切的圆,它们的面积之比是 $\pi/4$。设相互独立的随机变量 x,y 均服从 $[-1,1]$ 上的均匀分布,则 (x,y) 服从 $\{-1\leqslant x\leqslant 1, -1\leqslant y\leqslant 1\}$ 上的二元均匀分布,记作:事件 $A=\{x^2+y^2\leqslant 1\}$,则事件 A 发生的概率等于单位圆面积除以边长为 2 的正方形的面积,即 $P(A)=PI/4$,可得圆周率 $PI=4P(A)$。

$P(A)$ 可以通过蒙特卡洛模拟法求得,在正方形内随机投点(即横坐标 X 和纵坐标 Y 都是 $[-1,1]$ 上均匀分布的随机数),落在单位圆内的点的个数 m 与点的总数 n 的比值 m/n 可以作为 A 事件的概率 $P(A)$ 的近似。随着投点总数的增加,m/n 会越来越接近 $P(A)$,从而可以得到逐渐接近于 PI 的模拟值。

Python 程序如下:
from random import random

```
import time
darts=1000*1000 #在正方形区域中总共撒下的点数
hits=0.0 #定义一个原点
start=time.perf_counter() #计时函数
for i in range(1,darts+1):
    x,y=random(),random() #生成两个随机数,x,y是该点的坐标
    distance=pow((x**2+y**2),0.5) #求出该点到原点的距离
    if(distance<=1.0): #距离<=1 说明这些点落在圆形区域内部
        hits=hits+1
pi=4*(hits/darts) #利用公式求出近似值 pi
print("the value of pi is:{}".format(pi))
print("run time is:{}s".format(time.perf_counter()-start))
```

5.4.2 利用蒙特卡洛方法计算定积分

1) 计算定积分 $\int_0^2 x^5 \mathrm{d}x$

定积分的几何意义为图 5.1 所示阴影部分面积,利用蒙特卡洛方法进行概率抽象,采用 Python 程序进行计算。

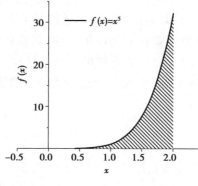

图 5.1 定积分 $\int_0^2 x^5 \mathrm{d}x$ 的几何意义

```
from random import random
darts=1000*1000
hits=0.0
for i in range(1,darts+1):
    x,y=2*random(),32*random()
    if y<=x**5:
        hits+=1
s=hits/darts*64
print("所求面积为{}".format(s))
```

2)计算定积分 $\int_0^5 \left[\sqrt{3x+1} - \left(\frac{3}{2}x - \frac{7}{2}\right)\right] dx$

定积分的几何意义为图5.2所示阴影部分面积,不同于上一题,该图形由两条函数表达式构造而成,积分区域扩展至多个象限。

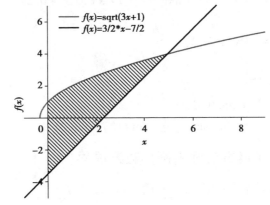

图5.2 定积分 $\int_0^5 \left[\sqrt{3x+1} - \left(\frac{3}{2}x - \frac{7}{2}\right)\right] dx$ 的几何意义

求解方式一:

```
from random import random
from time import perf_counter
darts = 1000 * 10
pos = 0.0
neg = 0.0
start = perf_counter()
for i in range(1, darts+1):
    x = 5 * random()
    y = 7.5 * random() - 3.5
    if y >= 0 and (pow(y,2)-1)/3 < x < 2*y/3+7/3:
        pos = pos + 1
    elif y < 0 and x < 2*y/3+7/3:
        neg = neg + 1
s = (pos+neg)/darts * 37.5
print("面积是:{}".format(s))
print("运行时间是:{}".format(perf_counter()-start))
```

求解方式二:

```
from random import uniform
from time import perf_counter
darts = 1000 * 1000
pos = 0.0
```

```python
neg=0.0
start=perf_counter()
for i in range(1,darts+1):
    x,y=uniform(0,5),uniform(-3.5,4)
    if y>=0 and y>=3*x/2-7/2 and y<=(3*x+1)**0.5:
        pos+=1
    elif y<0 and y>=3*x/2-7/2:
        neg+=1
s=(pos+neg)/darts*37.5
print("所求面积为{}".format(s))
print("运行时间是:{}".format(perf_counter()-start))
```

5.4.3 利用蒙特卡洛方法画出圆晶粒及晶界

设定晶粒圆心及晶粒半径,采用Fortran语言进行计算。

```
! USE MSFLIB
INTEGER XR,YR ! 在区域中画一个圆
PARAMETER XR=400,YR=400
INTEGER R,S(1:XR,1:YR)
X0=XR/2 ! 圆心位置 X0,Y0
Y0=YR/2
R=MIN(X0-10,Y0-10) ! 圆半径
S=0 ! 像素的初始状态(颜色)
DO I=1,XR
DO J=1,YR
    IF((I-X0)**2+(J-Y0)**2<=R**2) S(I,J)=10
    IER=SETCOLOR(S(I,J))
    IER=SETPIXEL(I,J)
    END DO
END DO
END


XN=(/-1,0, 1,-1,1,-1,0,1/)
YN=(/-1,0,-1, 0,0, 1,1,1/)
DO I=1,XR ! 画晶界
DO J=1,YR
    NDS=0
    DO K=1,8
        IF(S(I,J).NE.S(I+XN(K),J+YN(K))) NDS=NDS+1
    END DO
```

```
IF(NDS>0)THEN
   IER = SETCOLOR(9)
ELSE
   IER = SETCOLOR(S(I,J))
END IF
IER = SETPIXEL(I,J)
END DO
   END DO
```

思考题

1. 理解蒙特卡洛方法名称的由来、建立基础等。

2. 简述蒙特卡洛的基本思想。

3. 简述蒙特卡洛的优点。

4. 简述蒙特卡洛的缺点。

5. 简述求解定积分可能的方法。

6. 简述随机数的概念、特点及产生方法。

7. 简述产生伪随机数的优点。

8. 掷3枚不均匀硬币,每枚正面出现概率为0.3,记录前1 000次掷硬币试验中至少两枚都为正面频率的波动情况,并画图。

9. 在一袋中有10个相同的球,分别标有号码1,2,…,10。任取两个球,求取得的第一个球的号码为奇数,第二个球的号码为偶数的概率(频率估计概率,可以用MATLAB)。

10. 某厂生产的灯泡能用1 000 h 的概率为0.8,能用1 500 h 的概率为0.4,求已用1 000 h 的灯泡能用到1 500 h 的概率(频率估计概率,可以用MATLAB)。

11. 两船欲停靠同一个码头,设两船到达码头的时间各不相干,而且到达码头的时间在一昼夜内是等可能的。如果两船到达码头后需在码头停留的时间分别是1 h 与2 h,试求在一昼夜内,任一船到达时,需要等待空出码头的概率(频率估计概率,可以用MATLAB)。

12. 在0,1,2,3,…,9中不重复地任取4个数,求它们能排成首位非零的4位偶数的概率(频率估计概率,可以用MATLAB)。

参考文献

[1] ECKHARDT R. Stan Ulam, John von Neumann, and the Monte Carlo method[J]. Los Alamos Science Special Issue, 1987: 131-137.

[2] FISHMAN G S. Monte Carlo: concepts, algorithms, and applications[M]. New York: Springer Verlag, 1996.

[3] ROBERT C P, CASELLA G. Monte Carlo statistical methods[M]. 2nd. New York: Springer Verlag, 2004.

[4] 宋玉收,刘辉兰,李伟. 粒子探测器蒙特卡罗模拟[M]. 重庆:重庆大学出版

社，2016.

[5] 徐钟济. 蒙特卡罗方法[M]. 上海：上海科学技术出版社，1985.

[6] 张建中. 随机数检验程序系统 SUTEST[J]. 计算物理，1989，6(3)：371-377.

[7] L'ECUYER P. Good parameters and implementations for combined multiple recursive random number generators[J]. Operations Research, 1999, 47(1): 159-164.

[8] MATSUMOTO M, KURITA Y. Twisted GFSR generators[J]. ACM Transactions on Modeling and Computer Simulation, 1992, 2(3): 179-194.

[9] 宋晓通. 基于蒙特卡罗方法的电力系统可靠性评估[M]. 济南：山东大学出版社，2020.

[10] 康崇禄. 武器性能分析方法[M]. 北京：解放军出版社，2009.

[11] 上官丹骅. 任意分布抽样程序的设计与实现[J]. 计算机工程与应用，2004，40(7)：107-109.

[12] CORCORAN J N, TWEEDIE R L. Perfect sampling from independent Metropolis-Hastings chains[J]. Journal of Statistical Planning and Inference, 2002, 104(2): 297-314.

[13] 许淑艳. 关于蒙特卡罗方法的效率预测[J]. 计算物理，1984(2)：245-252.

[14] ROBERT C, CASELLA G. Introducing Monte Carlo Methods with R[M]. New York: Springer, 2010.

[15] 裴鹿成，张孝泽. 蒙特卡罗方法及其在粒子输运问题中的应用[M]. 北京：科学出版社，1980.

[16] 康崇禄. 蒙特卡罗方法理论和应用[M]. 北京：科学出版社，2015.

[17] RUBINSTEIN R Y, KROESE D P. Simulation and the Monte Carlo Method[M]. New Jersey: Wiley, 2016.

[18] SAITO M, MATSUMOTO M. SIMD-oriented fast mersenne twister: a 128-bit pseudorandom number generator[C]//Monte Carlo and Quasi-Monte Carlo Methods 2006. Berlin, Heidelberg: Springer, 2008: 607-622.

第6章
有限元方法

有限元方法（FEM），又称有限单元法、有限元素法，它是随着大型高速数字电子计算机的出现而发展起来的一种有效的数值计算方法。它首次应用于工程结构是20世纪50年代中期，最初主要用来对结构进行矩阵分析。自从1956年柯劳夫（R. W. Clough）首次称该种方法为有限元方法以来，它便成为工程技术界的统一术语了。它是一种适用范围很广的、有效的结构分析方法，可以对任意复杂的结构作工程分析，得出结构的位移和应力的近似解，以此来考核这种结构的刚度和强度。本章将介绍有限元方法、有限元常用软件及有限元模拟的实践举例。

科学家故事：柯劳夫

6.1 有限元方法理论基础

6.1.1 变分原理

有限元原理是目前工程上应用较为广泛的结构数值分析方法，它的理论基础仍然是弹性力学的变分原理。那么，为什么变分原理在工程上的应用有限，而有限元原理却应用广泛。有限元原理与一般的变分原理求解方法有什么不同呢？问题在于变分原理用于弹性体分析时，无论是瑞利—里茨法还是伽辽金法，都采用整体建立位移势函数或者应力势函数的方法。势函数要满足一定的条件，导致对实际工程问题求解仍然困难重重。

有限元方法选取的势函数不是整体的，而是在弹性体内分区完成的，势函数形式简单统一。当然，这使得转换的代数方程阶数比较高。但是，面对强大的计算机处理能力，线性方程组的求解不再有任何困难。有限元原理成为目前工程结构分析的重要工具。

在固体力学中，有限元法的应用都是根据变分原理来推导单元特性和有限元方程的。最常用的3种变分原理是最小势能原理、余能原理和雷纳斯原理。采用不同的变分原理会得到不同的未知场变量。当采用势能原理时，必须假设单元内位移场函数的形式，这种有限元分析方法称为位移法或协调法。当采用余能原理时，必须假设单元内应力场的形式，这种方法称为力法或平衡法。当采用雷纳斯原理时，必须同时假设某些位移和某些应力，这种方法称为混合法。对一些特殊问题，某一种变分原理可能比另一种变分原理更为适用。但是，对大多数问题，应用位移法最为简单。

最小势能原理可叙述为：在满足位移边界已知的条件的一切容许的位移函数 u_i 中（所谓"容许"，即 u_i 是满足协调律的），使弹性体的总势能

$$\Pi_p = \iiint_\tau \{A(e_{ij}) - f_i u_i\} d\tau - \iint_{S_d} u_i \bar{p}_i ds \tag{6.1}$$

为极小值的 u_i 必须满足平衡方面的要求，该 u_i 是弹性静力问题的正确解。式中的 $A(e_{ij})$

是用应变e_{ij}表示的弹性体由变形而储存的应变能密度(或称作比能)。

对复杂的应力应变关系:

$$A(e_{ij}) = \int_0^{e_{ij}} \sigma_{kl} \mathrm{d}e_{kl} \tag{6.2}$$

最小余能原理可叙述为:在满足平衡方程和应力边界条件的一切容许的应力函数σ_{ij}(即满足平衡律的σ_{ij})中,使总余能

$$\Pi_c = \iiint_\tau [B(\sigma_{ij})] \mathrm{d}\tau - \iint_{S_t} \sigma_{ij} n_j \overline{u_i} \mathrm{d}s \tag{6.3}$$

为极小值时的σ_{ij}必满足连续性方面的要求,该σ_{ij}是弹性静力学问题的正确解。式中的$B(\sigma_{ij})$是弹性体余能密度,其自变函数是σ_{ij},在复杂的应力应变关系中,有

$$B(\sigma_{ij}) = \int_0^{\sigma_{ij}} e_{kl} \mathrm{d}\sigma_{kl} \tag{6.4}$$

显然有

$$A(e_{ij}) + B(\sigma_{ij}) = e_{ij}\sigma_{ij} \tag{6.5}$$

或者

$$B(\sigma_{ij}) = e_{ij}\sigma_{ij} - A(e_{ij}) \tag{6.6}$$

且存在

$$\frac{\partial B}{\partial \sigma_{ij}} = e_{ij} \tag{6.7}$$

弹性体余能极值条件实质上是能量形式表示的协调律。

6.1.2 单元与离散化模型

单元是有限元法的基本环节,任何结构都被离散化成单元。所谓离散化,就是将弹性连续体用线或面分成许多互不重叠的有限多个有限大小的构件,这些有限大小的构件就称为有限单元,也简称单元。单元与单元之间在一些点上相连接,称为"结点"或"节点"(Node,Joint)。单元可分为一维单元、二维单元和三维单元。

1) 一维单元

一维单元主要有杆单元和梁单元。杆单元与梁单元都是断面尺寸远小于长度尺寸的构件,也就是说它的基本形状是细长形的。有限元法中认为,相邻的单元在端部节点处互相连接。对杆单元是互相铰接的,即假设杆只受轴向力,两杆的夹角可以改变,杆与杆之间只传递力而不能传递力矩。对梁单元是刚接的(或称固接),即假设梁与梁之间既能传递力又能传递力矩。杆单元的变形只是伸长与缩短,不可能发生弯曲,而梁单元除了长度方向上变形外,还可能产生剪切、扭转和弯曲变形。

在有限元模型网格图中,只表现它的长度而无另外两维几何尺寸。它的断面参数将和材料、温度等参数一起作为单元的性质另外提供。

如图6.1(a)所示为一个桁架结构,它可以离散化为如图6.1(b)所示的由杆单元(Rodelement)所组成的模型。

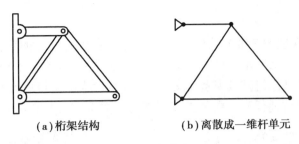

(a)桁架结构　　　　(b)离散成一维杆单元

图6.1　杆单元

如图6.2所示为一个汽车车架,它可以离散化为如图6.2(b)所示的由梁单元(Beamelement)所组成的模型。

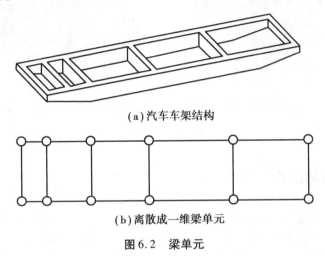

(a)汽车车架结构

(b)离散成一维梁单元

图6.2　梁单元

2)二维单元

前面所述的一维单元的离散化过程是自然的,显而易见的,但对于连续体来说,就需要人为地分割。如图6.3(a)所示的平面薄板结构,可离散化为如图6.3(b)所示的平面单元组成的模型。这种平面单元可以处理厚度远小于长度和宽度的结构,或可简化为这样性质的结构。在有限元模型图中只表现其平面形状,而其厚度则像材料的温度等参数一起作为单元的性质另外提供。有限元法认为相邻的单元在节点处铰接,即单元间只能传递平面内的力而不能传递力矩。二维单元的形状可以划分成三角形或四边形。

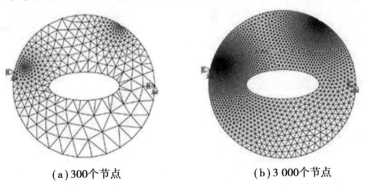

(a)300个节点　　　　(b)3 000个节点

图6.3　平面薄板结构

3) 三维单元

不能简化为二维问题的三维连续体需要人为地确定单元划分的分界面,如图6.4(a)所示的轴承座结构,可离散化为如图6.4(b)所示的由三维单元所组成的模型。三维单元的形状是个三维实体,不需要任何其他数据来描述几何形状。单元与单元在节点处作空间铰接(球面铰接),单元间只传递任意方向的力而不能传递力矩。三维单元通常划分为六面体。

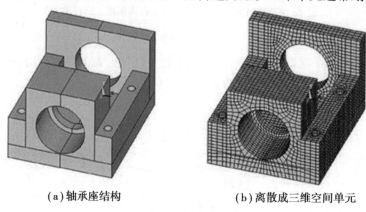

(a)轴承座结构　　　　(b)离散成三维空间单元

图6.4　三维单元

6.2　有限元方法常用软件

有限元软件,通常是指以有限元方法和矩阵结构分析方法为主体的科学研究或工程应用软件,它们在大中型科技应用软件中占有相当大的比重,其中多数属于固体结构强度分析范畴。随着计算机软硬件技术的发展,数据结构、数据库管理、可视化与计算机图形学,用户接口与系统集成、人工智能等领域的成果被逐渐应用到有限元软件中,进而发展和形成了一门新的技术学科——有限元软件技术。目前流行的有限元软件可分为通用和专用两大类。随着应用领域的推广与软件技术的发展,近年来又出现了集成化有限元软件开发环境。有限元软件获得了巨大的成功,它们在众多的自然科学和工程技术领域里发挥了巨大的技术和经济效益。伴随着计算机硬件与软件技术的进步,有限元软件的发展大约可以分成以下几个阶段:

①有限元分析软件。
②有限元分析与设计软件。
③有限元分析、设计与CAD软件。
④有限元分析、设计与CAD、专家系统。
⑤有限元结构分析系统。
⑥集成化有限元软件开发环境。

6.2.1　通用软件及工具箱

1)ANSYS

ANSYS公司创立于1970年,总部位于美国宾夕法尼亚州的匹兹堡,是世界CAE行业中

ANSYS介绍

的著名公司。经过多年的发展，ANSYS 软件从最初只能在大型机上使用，仅仅提供热分析和线性结构分析功能的批处理程序，发展成一个融结构、流体、电场、磁场、声场分析于一体的可在大多数计算机及操作系统中运行的大型通用有限元分析软件，在航空航天、机械制造、交通运输、土木工程、国防军工、石油化工等行业有广泛的应用。ANSYS 软件能与多数 CAD 软件接口，实现数据的共享和交换，如 Pro/Engineer、NASTRAN、Alogor、AutoCAD 等，是现代产品设计中的高级 CAD/CAE 软件之一。

（1）ANSYS 软件的技术特色

①完整的单场分析方案。ANSYS 软件汇集了世界最强的各物理场分析技术，包括以强大的结构非线性著称的机械模块 Mechanical；以强大的碰撞、冲击、爆炸、穿甲模拟能力著称的显式模块 AUTODYN；以求解快速著称的流体动力学分析模块 CFX；以分析复杂形状三维结构著称的电磁场分析模块 FEKO。

②独特的多场耦合分析。ANSYS 软件不仅具有强大的结构、流体、热、电磁单场分析模块，还可以求解多物理场的耦合问题。多物理场仿真模块 Multiphysics 允许在同一模型上进行各种耦合分析，如热—结构耦合、电—结构耦合以及电—磁—流体—热耦合。

③设计人员的快捷分析工具。设计人员需要的不是分析功能的深入与强大，而是快捷和实用的 CAE 工具。充分考虑设计特点的 Design Space 快捷分析工具箱是设计人员在设计初期对产品设计方案进行初步校验和性能预测、提高设计效率的必备工具。

（2）ANSYS Meshing 17.0 网格划分

在有限元计算中，只有网格的节点和单元参与计算。在求解开始，Meshing 平台会自动生成默认的网格，用户可以使用默认网格，并检查网格是否满足要求，如果自动生成的网格不能满足工程计算的需要，则需要人工划分网格，不同尺寸的网格对结果影响比较大。网格的结构和网格的疏密程度直接影响计算结果的精度，但是网格加密会增加计算时间，并且需要更大的存储空间。

总体上看，在使用 ANSYS Workbench 进行分析时，进行网格划分的基本步骤包括以下 6 个步骤：

①在 ANSYS Workbench 界面的工具箱里选择合适的系统模板，如 Static Structural，双击模板或将其拖曳至项目工程图区域内，创建带网格划分功能的系统。

②在必要的情况下，首先定义分析所需要的工程数据。如无须定义，则直接跳过该步骤。

③导入几何模型或使用 DM 创建几何模型。

④进入网格划分应用。例如，可以使用右击分析系统中的"Model"项，从弹出的快捷菜单中选择"Edit"，这时将打开 ANSYS Mechanical 应用。

⑤进入 ANSYS Mechanical 应用后，单击树结构图中的"Mesh"选项，便进入了 Meshing 应用功能，可以设置网格划分控制。

⑥设置完成后，选择"Mesh"→"Generate Mesh"命令可以进行网格划分（图 6.5）。

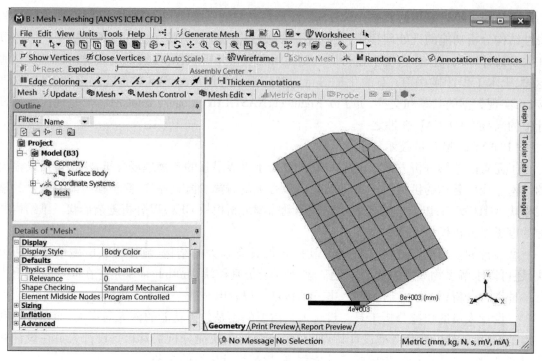

图 6.5 网格划分界面

(3) 自动网格划分案例

①启动 Workbench 并建立网格划分项目。

a. 在 Windows 系统下执行"开始"→"所有程序"→"ANSYS17.0"→"Workbench17.0"命令,启动 ANSYSWorkbench17.0,进入主界面。

b. 在 ANSYSWorkbench 主界面中选择"Units"→"Metric"命令,设置模型单位,如图 6.6 所示。

c. 双击主界面 Toolbox(工具箱)中的"ComponentSystems"→"Mesh"选项,即可在项目管理区创建分析项目 A。

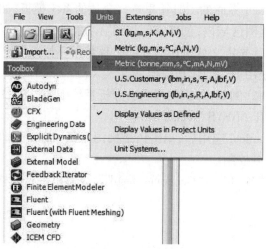

图 6.6 设置模型单位

②导入创建几何体。

a. 在 A2 栏的"Geometry"上右击,在弹出的快捷菜单中选"ImportGeometry"→"Browse"命令,此时会弹出"打开"对话框。

b. 在弹出的"打开"对话框中选择文件路径,导入几何体文件,此时 A2 栏"Geometry"后的?变为√,表示实体模型已经存在。

c. 双击项目 A 中的 A2 栏"Geometry",此时会进入 DM 界面,设计树中"Importl"前显示 ,表示需要生成,图形窗口中没有图形显示,如图 6.7 所示。单击 Generate 按钮,即可显示生成的几何体,如图 6.8 所示,此时可在几何体上进行其他的操作,本例无须进行操作。单击 DM 界面右上角的"关闭"按钮,退出 DM,返回到 Workbench 主界面。

 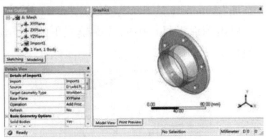

图 6.7　生成前的 DM 界面　　　　　图 6.8　生成后的 DM 界面

③对模型进行网格划分。

双击项目 A 中的 A3 栏"Mesh"项,进入如图 6.9 所示的 Meshing 界面,在该界面下即可进行网格的划分操作。

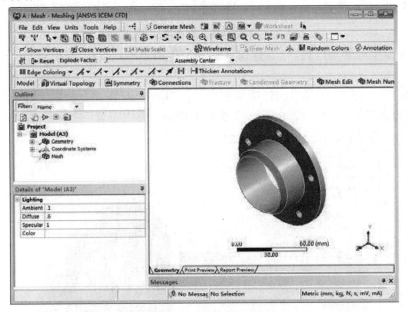

图 6.9　Meshing 界面

选中 Meshing 界面左侧中的"Mesh"选项,在参数设置列表中的"Physics Preference"下设置物理类型为"Mechanical",如图 6.10 所示。

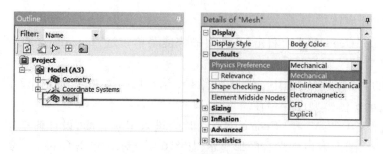

图6.10 设置分析类型

选中"Mesh"项,选择 Mesh 工具栏中的"MeshControl"→"Method"命令,此时会在设计树中添加"AutomaticMethod"项,如图 6.11 所示。

单击图形工具栏中的选择模式下的"SingleSelect(点选)"按钮,然后单击"选择体"按钮,如图 6.11 所示。

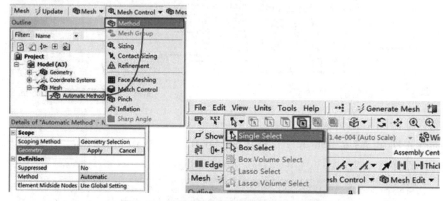

图6.11 添加网格控制图与图形工具栏

在图形窗口中选择零件体,在参数设置列表中单击"Geometry"后的"Apply"按钮,完成体的选择。

在"Mesh"项上右击,在弹出的快捷菜单中选择"GenerateMesh"命令。此时会弹出网格划分进度条,进度条消失后会生成如图 6.12 所示的网格。

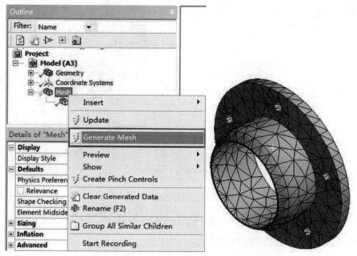

图6.12 快捷菜单图与网格效果

④保存文件并退出。

单击 Meshing 界面右上角的"关闭"按钮退出 Meshing 界面,并返回到 Workbench 主界面。在 Workbench 主界面中单击"常用"工具栏中的"保存"按钮,保存刚刚创建的模型文件。单击 Workbench 主界面右上角的"关闭"按钮,退出 Workbench,完成模型的网格划分。

2) COMSOL Multiphysics

COMSOL Multiphysics 是一款大型的高级数值仿真软件,由瑞典的 COMSOL 公司开发,广泛应用于各个领域的科学研究以及工程计算,被当今世界科学家称为"第一款真正的任意多物理场直接耦合分析软件",适用于模拟科学和工程领域的各种物理过程,COMSOL Multiphysics 以高效的计算性能和杰出的多场直接耦合分析能力实现了任意多物理场的高度精确的数值仿真,在全球领先的数值仿真领域里得到广泛的应用。

COMSOL Multiphysics 有以下显著特点:

①求解多场问题——求解方程组,用户只需选择或者自定义不同专业的偏微分方程进行任意组合便可轻松实现多物理场的直接耦合分析。

②完全开放的架构,用户可在图形界面中轻松自由定义所需的专业偏微分方程。

③任意独立函数控制的求解参数,材料属性、边界条件、载荷均支持参数控制。

④专业的计算模型库,内置各种常用的物理模型,用户可轻松选择并进行必要的修改。

⑤内嵌丰富的 CAD 建模工具,用户可直接在软件中进行二维和三维建模。

⑥全面的第三方 CAD 导入功能,支持当前主流 CAD 软件格式文件的导入。

⑦强大的网格剖分能力,支持多种网格剖分,支持移动网格功能。

⑧大规模计算能力,具备 Linux、Unix 和 Windows 系统下 64 位处理能力和并行计算功能。

⑨丰富的后处理功能,可根据用户的需要进行各种数据、曲线、图片及动画的输出与分析。

⑩专业的在线帮助文档,用户可通过软件自带的操作手册轻松掌握软件的操作与应用。

⑪多国语言操作界面,易学易用,方便快捷的载荷条件、边界条件、求解参数设置界面。

3) ABAQUS

ABAQUS简介

ABAQUS 最初由美国 HKS(Hibbitt,Karlsson&Sorensen)公司开发,2005 年被法国达索系统(达索工业集团旗下公司,在 1981 年由达索航空公司创立,是著名的三维 CAD 软件 CATIA 的开发者)收购,2007 年更名为 SIMULIA 公司。ABAQUS 是一套功能强大的工程模拟有限元软件,其解决问题的范围从相对简单的线性分析到许多复杂的非线性问题。ABAQUS 包括一个丰富的、可模拟任意几何形状的单元库,并拥有各种类型的材料模型库,可以模拟典型工程材料的性能,其中包括金属、橡胶、高分子材料、复合材料、钢筋混凝土、可压缩超弹性泡沫材料以及土壤和岩石等地质材料。

ABAQUS 提供了广泛的功能,使用起来非常简单。大量的复杂问题可以通过选项块的不同组合很容易地模拟出来。

例如,对复杂多构件问题的模拟是通过把定义每一构件的几何尺寸的选项块与相应的材料性质选项块结合起来的。在大部分模拟中,用户只需提供一些工程数据即可,如结构的几何形状、材料性质、边界条件及载荷工况。

在一个非线性分析中,ABAQUS 能自动选择相应载荷增量和收敛限度。它不仅能够选择合适的参数,而且能连续调节参数以保证在分析过程中有效地得到精确解。用户通过准确的定义参数就能很好地控制数值计算结果。

ABAQUS 有两个主求解器模块:ABAQUS/Standard 和 ABAQUS/Explicit。ABAQUS 还包含一个全面支持求解器的图形用户界面,即人机交互前后处理模块——ABAQUS/CAE。

ABAQUS/Standard 有 3 个特殊用途的分析模块:ABAQUS/Aqua、ABAQUS/Design 和 ABAQUS/Foundation。此外 ABAQUS 还为 MOLDFLOW 和 MSC. ADAMS 提供了相应的接口。ABAQUS/CAE 是集成的工作环境,包含了 ABAQUS 的建模、交互式作业提交、监控运算过程及后处理等功能。这些模块之间的关系如图 6.13 所示。

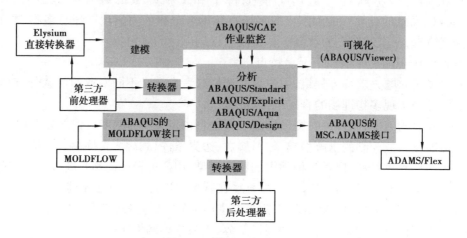

图 6.13 模块之间的关系

(1) ABAQUS/Standard 和 ABAQUS/Explicit

ABAQUS/Standard 是一个通用分析模块,可以求解广泛领域的线性和非线性问题,包括静力、动力、构件的热和电响应的问题;ABAQUS/Explicit 是一个具有专门用途的分析模块,采用显式动力学有限元格式,适用于模拟短暂、瞬时的动态事件,如冲击和爆炸问题,此外,它对改变接触条件的高度非线性问题非常有效,如模拟成型问题。两者的主要区别见表 6.1。

表 6.1 ABAQUS/Standard 与 ABAQUS/Explicit 的主要区别

项目	ABAQUS/Standard	ABAQUS/Explicit
单元库	提供了广泛的单元库	为显式分析提供了广泛的单元库
分析程序	通用和线性扰动分析程序	通用分析程序
材料模型	提供了广泛的材料模型	与 ABAQUS/Standard 类似,一个显著区别是允许失效的材料模型
接触公式	强大的解决接触问题的能力	对非常复杂的接触模拟,尤其适用
求解技术	无条件稳定基于刚度的求解技术	有条件稳定的、显式积分求解技术
磁盘和内存	每个增量步中可能存在大量的迭代步,磁盘和内存需求较大	与 ABAQUS/Standard 相比,通常磁盘和内存需求较小

(2) ABAQUS/CAE 和 ABAQUS/Viewer

ABAQUS/CAE 是 ABAQUS 的交互式图形环境。通过生成或输入分析结构的几何形状,并将其分解为便于网格划分的若干区域,然后对生成的几何体赋予物理和材料特性、载荷以及边界条件。ABAQUS/CAE 具有对几何体划分网格的强大功能,并可检验所形成的分析模型。模型生成后,ABAQUS/CAE 可以提交、监视和控制分析作业。而可视化(Visualization)模块可以用来进行模型的后处理。

(3) ABAQUS/CAE 中的常用工具

① 查询(Query)。

查询(Query)工具是 ABAQUS/CAE 中使用最为频繁的工具之一,该工具出现在除作业模块(Job Module)外的其他所有前处理模块中。查询可分为通用查询(General Queries)和与模块有关的查询(Module Queries),通用查询包括点/节点、距离、特征、单元、网格等,与模块有关的查询在 Part、Property、Assembly 和 Mesh 模块中可用,在 Step、Interaction 和 Load 模块中不可用(图 6.14)。

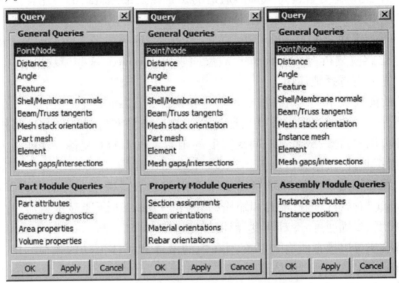

图 6.14　不同模块中的查询(Query)工具

② 数据点(Datum)。

采用数据点(Datum)工具,可以在模型上方便地定义点(Point)、轴(Axis)、平面(Plane)和坐标系(CSYS),主要作用是方便定位,如可为剖分(Partition)等工具提供辅助定位点等。

③ 剖分(Partition)。

剖分(Partition)工具是 ABAQUS/CAE 中使用最为频繁的工具之一。采用剖分工具可把复杂模型划分为相对简单的区域,以方便施加边界条件、载荷和划分网格,或赋予不同的材料属性等。根据需要,可以对边、面和实体进行剖分。

④ 显示组(Display Group)。

在处理复杂模型时,显示组工具通过显示模型的特定区域,可方便地施加边界条件与载荷、定义集合与面等,是非常有用的工具。在 ABAQUS/Viewer 中,采用该工具可获取复杂模型特定区域的力学响应。显示组提供了替换、增加、去除等布尔操作,可灵活地显示模型的特定区域。各个模块中的显示组工具可显示的内容稍有不同。

6.2.2 专用软件

1) ProCAST

ProCAST 软件是由美国 USE 公司开发的铸造过程模拟软件,采用基于有限元的数值计算和综合求解的方法,对铸件充型、凝固和冷却过程中的流场、温度场、应力场、电磁场进行模拟分析。ProCAST 适用于砂型铸造、消失模铸造、高压铸造、低压铸造、倾斜浇铸、熔模铸造、挤压铸造、触变铸造等各种铸造工艺。

ProCAST 采用了标准化的、通用的用户界面,任何一种铸造过程都可以用同一软件包 ProCASTTM 进行分析和优化。它可以用来研究设计结果,如浇注系统、通气孔和溢流孔的位置,冒口的位置和大小等。实践证明,ProCASTTM 可以准确地模拟型腔的浇注过程,精确地描述凝固过程,可以精确地计算冷却或加热通道的位置以及加热冒口的使用。

ProCAST 主要由 8 个模块组成:有限元网格划分 Mesh CAST 基本模块、传热分析及前后处理 Base License、流动分析 Fluidflow、应力分析 Stress、热辐射分析 Rediation、显微组织分析 Micromodel、电磁感应分析 Electromagnetics、反向求解 Inverse。这些模块既可以一起使用,也可以根据用户需要有选择地使用。

ProCAST 的前处理用于设定各种初始和边界条件,可以准确设定所有已知的铸造工艺的边界和初始条件。铸造的物理过程就是通过这些初始条件和边界条件为计算机系统所认知的。边界条件可以是常数,或者是时间或温度的函数。ProCAST 配备了功能强大而灵活的后处理,与其他模拟软件一样,它可以显示温度、压力和速度场,还可以将这些信息与应力和变形同时显示。不仅如此,ProCAST 还可以使用 X 射线的方式确定缩孔的存在和位置,采用缩孔判据或 Niyama 判据可以进行缩孔和缩松的评估。ProCAST 还能显示紊流、热辐射通量、固相分数、补缩长度、凝固速度、冷却速度、温度梯度等。

流体分析模块可以模拟所有包括充型在内的液体和固体流动的效应。ProCAST 通过完全的 Navier-Stocks 流动方程对流体流动和传热进行耦合计算。该模块中还包括非牛顿流体的分析计算。此外,流动分析可以模拟紊流、触变行为及多孔介质流动(如过滤网),也可以模拟注塑过程。

流动分析模块包括以下求解模型:自由表面的非稳态充型;气体模型:用以分析充型中的囊气、压铸和金属型主宰的排气塞、砂型透气性对充型过程的影响,以及模拟低压铸造过程的充型;滤模型:分析过滤网的热物性和透过率对充型的影响,以及金属在过滤网中的压头损失和能量损失,粒子轨迹模型跟踪夹杂物的运动轨迹及最终位置;牛顿流体模型:以 Carreau-Yasuda 幂律模型来模拟塑料蜡料粉末等充型过程;紊流模型:用以模拟高压压力铸造条件下的高速流动;消失模模型:分析泡沫材料的性质和燃烧时产生的气体、金属液前沿的热量损失、背压和铸型的透气性对消失模铸造充型过程的影响规律;倾斜浇注模型:用以模拟离心铸造和倾斜浇注时金属的充型过程。

应力分析模块可以进行完整的热、流场和应力的耦合计算。应力分析模块用以模拟计算域中的热应力分布,包括铸件铸型型芯和冷铁等。采用应力分析模块可以分析出残余应力、塑性变形、热裂和铸件最终形状等。应力分析模块包括的求解模型有 6 种:线性应力,塑性、黏塑性模型,铸件、铸型界面的机械接触模型,铸件疲劳预测,残余应力分析,最终铸件形状预测。

显微组织分析模块将铸件中任何位置的热经历与晶体的形核和长大相联系,从而模拟出铸件各部位的显微组织。ProCAST 中所包括的显微组织模型有:①通用型模型:包括等轴晶模型、包晶和共晶转变模型,将这几种模型相结合就可以处理任何合金系统的显微组织模拟问题。ProCAST 使用最新的晶粒结构分析预测模型进行柱状晶和轴状晶的形核与成长模拟。一旦液体中的过冷度达到一定程度,随机模型就会确定新的晶粒的位置和晶粒的取向。该模块可以用来确定工艺参数对晶粒形貌和柱状晶到轴状晶的转变的影响。②Fe-C 合金专用模型:包括共晶/共析球墨铸铁、共晶/共析灰口/白口铸铁、Fe-C 合金固态相变模型等。运用这些模型能够定性和定量地计算固相转变,各相如奥氏体、铁素体、渗炭体和珠光体的成分、多少以及相应的潜热释放。

网格生成模块自动产生有限元网格。这个模块与商业化 CAD 软件的连接是天衣无缝的。它可以读入标准的 CAD 文件格式如 IGES、Step、STL 或者 Parsolids。同时还可以读诸如 I-DEAS、Patran、ANSYS、ARIES 或 ANVIL 格式的表面或三维体网格,也可以直接与 ESI 的 PA-MSYSTEM 和 GEOMESH 无缝连接。MeshcastTM 同时拥有独一无二的其他性能,如初级 CAD 工具、高级修复工具、不一致网格的生成和壳型网格的生成等。

2) DEFORM

20 世纪 70 年代后期,位于美国加州伯克利的加利福尼亚大学小林研究室在美国军方的支持下开发出有限元软件 ALPID,20 世纪 90 年代在这一基础上开发出 DEFORM-2D 软件。该软件的开发者独立出来成立了 SFTC 公司,并推出了 DEFORM 软件。DEFORM-3D 处理的对象为复杂的三维零件、模具等。

DEFORM 是对在一个集成环境内综合建模、成形、热传导和成形设备特性,并基于工艺模拟系统的有限元模拟仿真分析软件。它专门用于各种金属成形工艺和热处理工艺的模拟仿真分析,可模拟自由锻、模锻、挤压、拉拔、轧制等多种塑性成形工艺过程,包括冷、温、热塑性成形问题、多工序塑性成形问题、模具应力和弹性变形及破损的模拟分析。可提供极有价值的工艺分析数据,如材料流动、模具填充、锻造负荷、模具应力、晶粒流动、金属微结构和缺陷产生发展情况等。DEFORM 适用于刚性、塑性及弹性金属材料、粉末烧结体材料、玻璃及聚合物材料等的成形过程。它是一个面向工程、面向用户、与 CAD 软件无缝连接的商品化有限元分析软件。DEFORM 通过在计算机上模拟整个金属成形过程,帮助技术人员设计工模具和产品工艺流程,从而减少了昂贵的现场试验成本;通过提高工模具设计效率,从而降低生产和材料成本,缩短新产品的研究开发周期。

DEFORM-2D 模块主要用来分析成形过程中平面应变和轴对称等二维材料的流动,适用于热、冷、温塑性成形,广泛用于分析锻造、挤压、拉拔、开胚、镦锻和许多其他金属成形过程,可提供极有价值的工艺分析数据。

DEFORM-3D 模块主要用于分析各种复杂金属成形过程中三维材料流动情况,适用于冷、热、温塑性成形,提供极有价值的工艺分析数据,如材料流动、模具填充、锻造负荷、模具应力、晶粒流动、金属微结构、缺陷产生和发展情况等。

DEFORM-F2 模块相对于 DEFORM-2D 更容易使用。它主要用来分析成形过程中平面应变和轴对称等二维材料的流动,对典型成形过程,具有向导化的操作界面,用户能够很轻松完成前处理设置。

DEFORM-F3 模块相对于 DEFORM-3D 更容易使用。它主要用于分析各种复杂金属成形过程中三维材料的流动情况,对典型成形过程,具有向导化的操作界面,用户能够很轻松完成前处理设置。

DEFORM-HT 模块附加在 DEFORM-2D 和 DEFORM-3D 之上,能够分析热处理过程,包括硬度、金相组织分布、扭曲、残余应力、含碳量等。可模拟复杂的材料流动特性,自动进行网格重划和插值处理,除变形过程模拟外,还能够考虑材料相变、含碳量、体积变化和相变引起的潜热,计算出马氏体体积分数、残留奥氏体百分比、残余应力、热处理变形和硬度等一系列相变引发的参数变量。

DEFORM TOOL 模块提供加强性工具,包括报告生成器(可进行动画、文件编辑等,继而生成计算报告)、三维后处理工具(2D 计算结果可以显示成 3D 的方式,并可生成 3D 动画)、计算任务管理工具。此外,DEFORM 还有 ADD-ON 等其他功能模块。

6.3 有限元应用举例

6.3.1 AZ31 镁合金异步轧制有限元模拟分析

板材异步轧制过程是复杂的大变形塑性成形过程,包含材料、几何及边界接触等多重非线性问题,很难用精确的数学关系式表达。通过有限元模拟,一方面可以模拟异步轧制过程,代替现场轧制,避免大量人力物力的投入;另一方面可以优化工艺参数,并且可以根据不同要求对工艺方案和参数进行修改,以求得最优工艺,从而显著降低成本,提高效率。通过 DEFORM 软件对 AZ31 镁合金异步轧制进行有限元模拟分析流程如下:

(1)第一步:几何模型建立

DEFORM-2D 中可以直接读取 AutoCAD 软件所导出的 DXF 图形数据格式。异步轧制的轧辊与轧板直接在 DEFORM-2D 软件中建立。打开 DEFORM-2D 软件,进入前处理模块,使用 XYR 格式直接创建 TopDie、Workpiece、BottomDie 几何形状,完成模型的建立。使用 DEFORM-2D 软件建模时要调整好模型间的空间坐标,否则在后续模拟中建立轧板与轧辊间的接触关系时角度不对,需要手动调节,这样既不准确又耗费时间。导入如图 6.15 所示的几何模型。

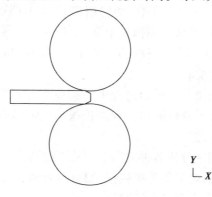

图 6.15 几何模型

(2)第二步:材料模型导入

由于 DEFORM-2D 软件的材料库中没有 AZ31 镁合金这种材料,因此需将 AZ31 的应力应变曲线添加到软件的材料库中。在软件中添加材料的应力—应变曲线方法有两种:第一种方法是将实验得到的应力—应变数据输入软件的材料库中,通过软件自带的拟合工具自动拟合成应力—应变曲线;第二种方法是基于实验得到的应力—应变曲线经过数学方法推导出该材料的本构方程后,导入 DEFORM-2D 软件中。本书采取第二种方法,将各参数代入 DEFORM-2D 的材料定义模块中,如图 6.16 所示。

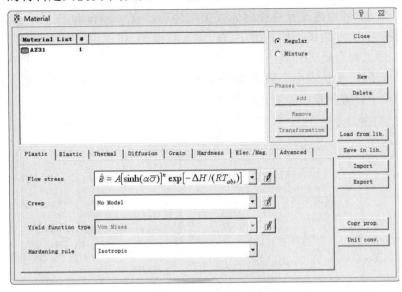

图 6.16　材料定义模块

所选择坯料的材料模型为定义的 AZ31 模型,上下轧辊都设置为刚体,不需要设置材料模型。

(3)第三步:网格划分

软件中采用正方形单元划分网格。网格太大会影响模拟实验的精度,网格过小则会使模拟的运算过程冗长,要选取适当的网格数,设置网格单元数为 8 000 个。DEFORM-2D 软件还有强大的网格自动重划分功能。在数值模拟过程中,当单元发生畸变或者模具与网格发生干涉时,软件都会自动进行自适应网格划分,使计算继续进行下去。模具采用刚体,不需要进行网格划分,网格划分好后的模型如图 6.17 所示。

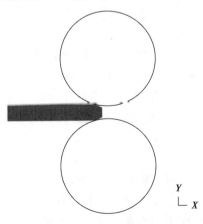

图 6.17　异步轧制模型图

(4)第四步:参数设置

边界条件设置实验中轧辊不需要预热,板材要预热,要考虑板材与轧辊间的热传导以及摩擦的影响。结合实际情况设置 AZ31 镁合金轧制参数以及 AZ31 镁合金板材的性能参数。

(5)第五步:初始条件设置

设置板材、轧辊、环境温度及选择刚体或塑性体等。在 movement 模块下设置选择方向和角速度。如图 6.18 所示为模拟控制模块,在 main 菜单中,将单位类型设置为 SI 国际标准类型,根据轧制工序选择合适的轧制工步以及设置模拟实验的名称;在 step 菜单中,设置总的模拟工步数及每步步长,步长太小会浪费模拟计算时间,通常取试样最小网格单元尺寸的 1/3～1/2;在 stop 菜单中设置模拟实验终止的条件。

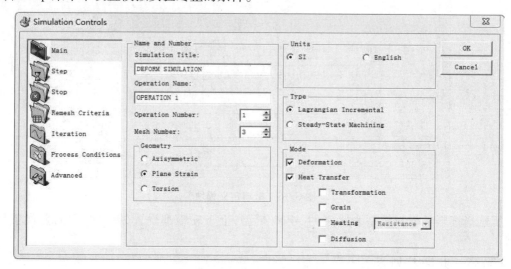

图 6.18 模拟控制模块

(6)第六步:摩擦系数及接触关系定义

AZ31 镁合金的异步轧制过程主要在高温下进行,可忽略板材的弹性变形,采用刚塑性材料模型。在 DEFORM-2D 软件中,可用的摩擦模型主要有库仑摩擦模型和剪切摩擦模型两种,而摩擦系数则既可以被定义为一个常数,又可以被定义为时间的函数,还可以被定义为接触界面压力的函数。本书中剪切摩擦因子选用 0.1、0.3、0.4。

(7)第七步:任务提交

完成前六步之后,检查验证模型并保存,然后将模型提交运算。所有的有限元分析过程都是通过 DEFORM 模拟处理器完成。软件首先将用户建立的几何模型通过有限元离散化,再将所有的条件包括本构关系、平衡方程和边界条件等转化为非线形方程组,然后利用迭代法进行计算,最后所求得的结果以二进制的形式保存,以方便用户在处理器过程中获取所需要的结果。

(8)第八步:后处理

打开后处理模块,用户可以分析和观察每一个工序下每一个工步的等效应力、等效应变、金属流向及温度变化等情况,同一工步不同部位的等效应力、等效应变、金属流向和温度变化情况,以及轧制力在轧制变形过程中的变化曲线等,如图 6.19 和图 6.20 所示。

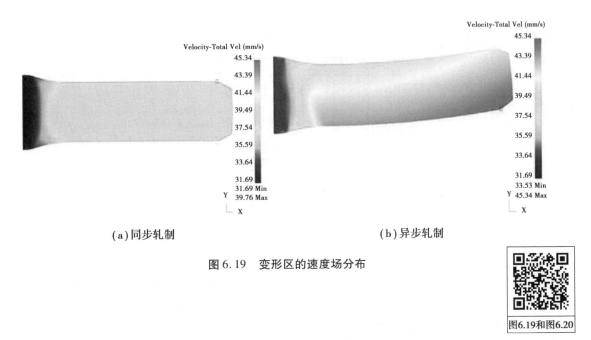

(a) 同步轧制　　　　　　　　　　　　(b) 异步轧制

图 6.19　变形区的速度场分布

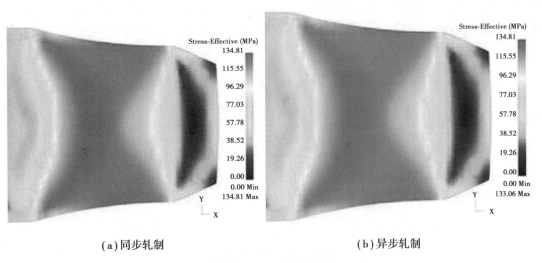

(a) 同步轧制　　　　　　　　　　　　(b) 异步轧制

图 6.20　变形区的等效应力场分布

6.3.2　AZ91D 镁合金构件铸造有限元模拟

通过 ProCAST 有限元模拟,对圆柱件凝固成型过程中的温度场、流场及应力场等情况进行分析,探索温度梯度与铸造残余应力之间的演化规律。其中,金属型铸造有限元模拟的具体工艺参数如下:

(1) 第一步:模型绘制

本试验通过三维绘图软件 UGNX10.0 对铸件和铸型进行三维绘图与实体装配组合,将绘制完成的模型文件输出为通用有限元软件导入格式 cylinder.iges。如图 6.21 所示为 ProCAST 有限元模拟所选用的圆柱件的尺寸示意图,单位为 mm。

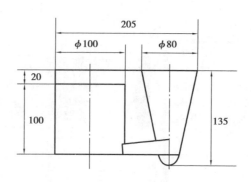

图 6.21 圆柱件尺寸示意图(mm)

(2)第二步:网格划分

将圆柱件的三维模型文件 cylinder.iges 导入 ProCASTVisual-Mseh 模块进行网格划分。本试验中对圆柱件内部横浇道的网格尺寸统一设置为 4 mm,对圆柱件其余位置的网格尺寸统一设置为 6 mm,对铸型的网格尺寸统一设置为 8 mm。按照此标准生成面网格。通过对面网格进行破损检测发现,划分好的面网格在横浇道与直浇道的连接处出现破损,此时需要对其进行自动修复,修复完成后显示 surfacemeshisok。对划分好的面网格进行体网格划分,对最终划分完毕的体网格进行检测和自动修复,修复完成后显示 volumemeshisok。如图 6.22 所示为圆柱件与铸型的有限元网格,其中面网格数量为 15 886,体网格数量为 150 224。

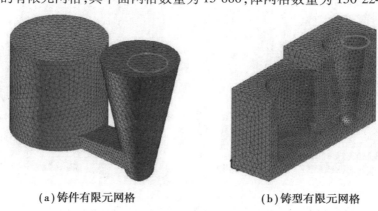

(a)铸件有限元网格　　　　　　　(b)铸型有限元网格

图 6.22　铸件与铸型的有限元网格模型

(3)第三步:材料赋值

网格划分完毕无误后,进入 ProCASTVisual-Cast 模块进行有限元模型的前处理。对有限元模型的铸件和铸型材料进行材料初始条件的设置。铸件材料选择 AZ91D 镁合金,铸型材料选择 45#,对应材料数据库中的 Low-Alloy EN1.1191C45E。

(4)第四步:边界条件设定

铸型材料的应力类型设置为刚性,在实际浇注过程中是不精确的。将界面换热系数设置为函数形式,模拟模具开启后铸件的弹性回弹过程。对铸件与铸型之间的界面,界面两侧为不同材料,其界面类型选择 COINC,换热系数的数值设置为 1 500 W/(m²·K);对铸型半模之间的界面,界面换热系数的类型设置为 EQUIV,即不存在热交换的过程。圆柱件与浇注系统两种同为 AZ91D 镁合金,界面换热系数的类型也设置为 EQUIV。将底面在 Heat 边界条件中设置为绝热,将除底面外的其余外表面统一在 Heat 边界条件中设置为空冷。在 Inlet 边界条件中将浇口的位置设置在直浇道远离铸件一侧的表面、浇口半径为 20 mm,以 10 s 充型条件计算出充型速度并设置为边界条件;铸型的应力类型设置为了刚性,即在浇注过程中不发生位移的变化,不需要对 Displacement 边界条件单独设置。

(5)第五步:模拟参数设定

按照上述步骤一次完成有限元模拟的前处理,接下来对模拟参数进行设定。其中,预定义参数类型选择 Gravity Filling,勾选 Stress 应力模块,打开应力计算功能。将 NSTEP 设置为 100 000,TSTOP 设置为 20,LVSURF 设置为 1,TFREQ 设置为 5,SFREQ 设置为 5,SCALC 设置为 1,其余参数保持不变。

(6)温度场模拟结果与分析

如图 6.23 所示为 300 ℃ 模具预热温度下圆柱件的凝固过程中不同时刻的温度场。从图中可知,凝固时,圆柱件外表面接触铸型内壁先开始降温,铸件内部温度梯度较为明显,温度由芯部向外侧逐渐降低。开始凝固时,外表面最低温度出现在铸件底部位置,与芯部最高温度差值超过 100 ℃。随着凝固过程的进行,体积最小的横浇道冷却速度最快,铸件整体的温度由初期的对称分布转变为沿直浇道-圆柱件梯度分布。当凝固时间达到 400 s 左右时,铸件整体冷却到 414 ℃ 左右,凝固过程结束。

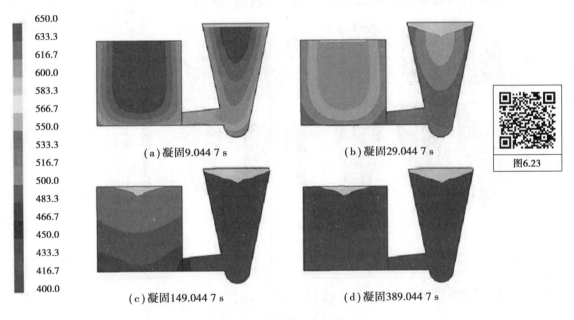

图 6.23 凝固过程不同时刻的温度场(℃)

(7)应力场模拟结果与分析

如图 6.24 所示为 300 ℃ 条件下圆柱件残余应力分布云图。铸件整体的残余应力值较小,处于 ±20 MPa 之内。在圆柱件中心部位形成了残余拉应力集中区域,在表层形成了残余压应力集中区域。铸件内部较大的残余应力出现在横浇道的位置,其强度均已超过屈服强度,并发生了塑性变形。在圆柱件连接横浇道的表面处形成较为明显的残余压应力集中区域,与实际情况较为符合。

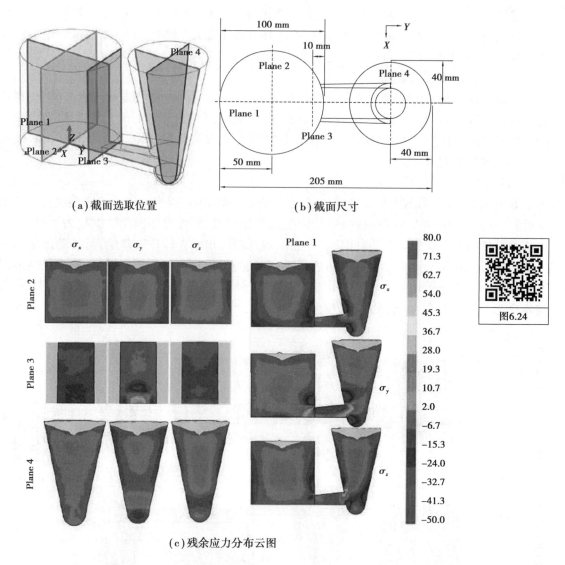

(a) 截面选取位置　　(b) 截面尺寸

(c) 残余应力分布云图

图6.24　300 ℃条件下圆柱件残余应力分布云图

6.3.3　搅拌摩擦焊接镁合金横向拉伸不均匀变形模拟

搅拌摩擦焊(FSW)作为一种固态连接技术,特别适用于焊接铝、镁等轻金属。但镁合金FSW接头焊缝区(WZ)通常会形成强而复杂的微区织构,从而导致接头变形不均匀,影响接头的性能。以镁合金FSW接头为例进行单轴拉伸模拟。

如图6.25所示为镁合金FSW接头横向拉伸后的典型宏观形貌,接头不同区域用黑色虚线分开。接头A面和B面上的宏观变形特征差别很大。A面上搅拌区中心与两侧相比明显向焊接方向(WD)凸出,而B面上的变形较均匀。

基于图6.25中对接头各区域的划分,建立了镁合金FSW接头单轴拉伸晶体塑性有限元模型,如图6.26(a)所示。为简单起见,将搅拌区划分为5个等体积区域,用以表示观察到的复杂织构分布。使用八节点六面体线性减缩积分单元(C3D8R)对部件进行划分,单元总数为

8 400。每个单元代表一个晶粒。对不同焊接参数得到的镁合金接头进行横向拉伸模拟,边界条件如图 6.26(a)所示。接头左表面被限制沿 x 轴位移,右表面沿 x 轴施加拉应变,应变率为 $1 \times 10^{-3} \, \mathrm{s}^{-1}$。

接头各区域织构信息均取自图 6.26(b)和(c)所示 EBSD 表征结果。可见两种接头母材(BM)区都具有典型的板织构,但它们搅拌区的织构却相差很大。FSW-H 接头搅拌区晶粒的 c 轴几乎与 WD-TD 平面平行,但 FSW-L 接头搅拌区受到轴肩很强的压应力,导致该区域晶粒的 c 轴远离 WD-TD 平面。此外,为了深入理解初始织构分布对接头凹凸形貌的影响,对 FSW-H 样品搅拌区织构进行旋转,得到 6 种具有不同织构分布的接头,如图 6.26(d)所示。

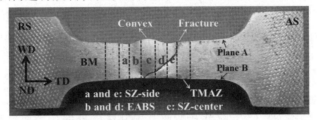

图 6.25 镁合金 FSW 接头横向拉伸不均匀变形和断裂特征

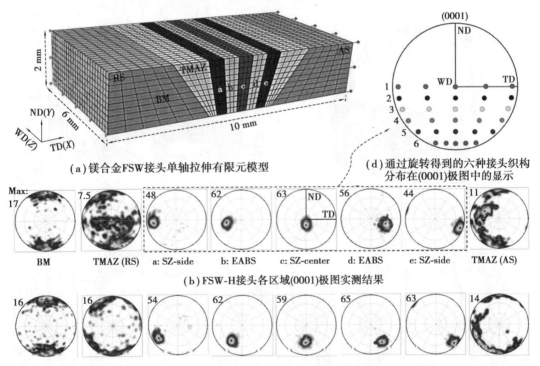

图 6.26 镁合金 FSW 接头单轴拉伸有限元分析

6.3.4 AM60 镁合金高压铸造有限元模拟

高压铸造(High pressure die casting, HPDC)是一种在高压作用下,压室内金属液高速充型、快速凝固,形成铸件的一种铸造方法。高压铸造具有生产效率高、铸件表面质量好、适于生产薄壁大型铸件等优点。然而,高速充型和快速凝固的特点使其容易形成气孔、缩孔等缺陷,进而影响铸件的力学性能。准确模拟高压铸造的充型和凝固过程,预测铸件局部孔隙率、冷却速度等参数,可为通过优化铸造工艺,优化铸造组织、消减缺陷,提升铸件性能提供有效支撑。

如图 6.27(a)所示为汽车后盖门的几何形状,后盖门的宽度约为 1 300 mm,高度约为 1 200 mm,材料为 AM60 镁合金,生产工艺为高压铸造。如图 6.27(b)所示为金属液充型后的温度场(包含浇注系统和铸件),可以看到充型后金属液的分布很不均匀,距离浇口近的区域温度较高(橙色区域),而远离浇口的区域温度较低(蓝色区域)。如图 6.27(c)所示为凝固过程中金属液由液相转变为固相所经历的时间。可以看出,在浇口附近的区域冷却速度较慢,金属液转变为固相的时间较长(红色和橙色区域)。而其他大部分区域均为蓝色,冷却速度较快。这些蓝色区域冷却速度相近,不易补缩,容易产生缩孔。如图 6.27(d)所示为孔隙率(气孔)分布云图,孔隙率的分布很不均匀,在远离浇注系统的部分区域(红色和橙色区域),孔隙率较高。铸件中孔洞的出现会降低力学性能,尤其是塑性和疲劳性能、优化铸造工艺、降低孔隙率是提升铸件性能的重要途径。

图6.27

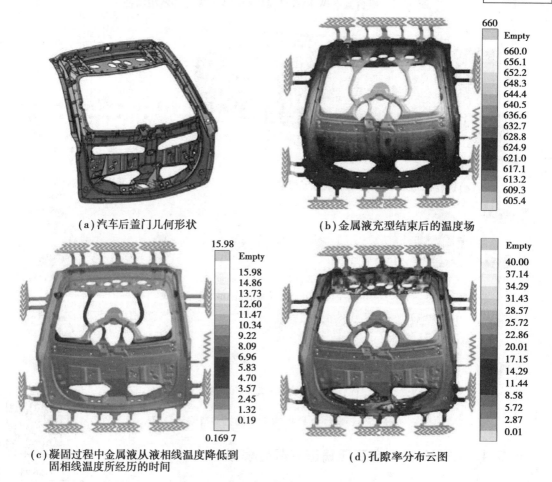

(a)汽车后盖门几何形状　　(b)金属液充型结束后的温度场

(c)凝固过程中金属液从液相线温度降低到固相线温度所经历的时间　　(d)孔隙率分布云图

图 6.27　AM60 镁合金高压铸造有限元模拟

6.3.5　含孔洞 AM60 镁合金压铸样品不均匀变形模拟

在铸件和增材制造产品中常会出现缺陷(铸造缺陷如孔洞、夹杂、冷隔、浇不足和偏析等；增材制造缺陷如裂纹、孔洞、未熔等)，缺陷会影响产品性能，导致批量生产时产品性能波动。利用有限元预测含缺陷产品的力学性能具有重要意义。

如图 6.28(a)所示为 AM60 合金高压铸造样品中缺陷的断层扫描(Computational Tomography, CT)形貌(蓝色和红色区域)。显然，样品中有大量孔洞，且呈不均匀分布。样品中有一个大孔洞(红色区域)。如图 6.28(b)和(c)所示为拉伸变形过程中的应变场和应力场，大孔洞附近区域的应变水平较高，即大孔洞的存在引起了显著的应变集中，会诱发裂纹进而降低塑性。

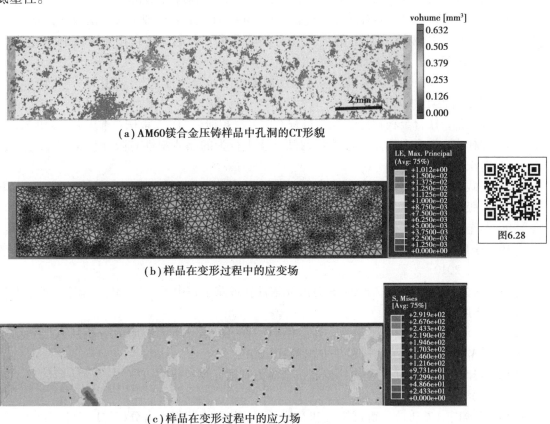

(a) AM60镁合金压铸样品中孔洞的CT形貌

(b) 样品在变形过程中的应变场

(c) 样品在变形过程中的应力场

图 6.28　含孔洞 AM60 镁合金压铸样品不均匀变形模拟

思考题

1. 简要说明有限元变分原理。
2. 有限元法变分原理中，为什么位移法应用最为广泛？
3. 列举几种通用软件，简述其应用场景。
4. 对于材料研究而言，ProCAST 和 DEFORM 软件应用广泛，思考 ProCAST 和 DEFORM 应

5. 简述使用 DEFORM 软件进行轧制有限元模拟的基本流程。
6. 简要说明使用 ProCAST 软件进行铸造有限元模拟的基本流程。
7. 有限元模拟只能通过专用软件进行吗？说明理由。

参考文献

[1] 田晓丽，陈国光，辛长范. 有限元方法与工程应用[M]. 北京：兵器工业出版社，2009.

[2] 傅永华. 有限元分析基础[M]. 武汉：武汉大学出版社，2003.

[3] 陈克，田国红. 车辆有限元与优化设计[M]. 北京：北京理工大学出版社，2015.

[4] 卓家寿. 弹塑性力学中的广义变分原理[M]. 2版. 北京：中国水利水电出版社，2002.

[5] 刘建生，陈慧琴，郭晓霞. 金属塑性加工有限元模拟技术与应用[M]. 北京：冶金工业出版社，2000.

[6] 欧欣然. 镁合金板材异步轧制过程有限元模拟研究[D]. 重庆：重庆大学，2015.

[7] 任伟杰. 镁合金弯曲变形不均匀性与孪生行为的晶体塑性有限元模拟[D]. 重庆：重庆大学，2020.

[8] 杨咸启，李晓玲. 现代有限元理论技术与工程应用[M]. 北京：北京航空航天大学出版社，2007.

[9] 赵奎，袁海平. 有限元简明教程[M]. 北京：冶金工业出版社，2009.

[10] 李日. 铸造工艺仿真 ProCAST 从入门到精通[M]. 北京：中国水利水电出版社，2010.

[11] 廖公云，黄晓明. ABAQUS 有限元软件在道路工程中的应用[M]. 南京：东南大学出版社，2008.

[12] 王泽鹏，胡仁喜，康士廷，等. ANSYS Workbench 14.5 有限元分析从入门到精通[M]. 2版. 北京：机械工业出版社，2014.

[13] 安南. AZ91D 镁合金构件铸造残余应力有限元模拟研究[D]. 哈尔滨：哈尔滨工业大学，2021.

[14] 巩翔宇. 基于改进狮群算法和有限元方法的平面薄板内力分析[D]. 邯郸：河北工程大学，2021.

[15] 中仿科技公司. COMSOL Multiphysics 中文使用手册[Z]. 中仿科技公司，2008.

第7章
热力学和动力学计算

材料性能包括热、光、电、磁、力学等,均与材料自身的晶体结构、晶界种类、化学成分分布状态、晶粒尺寸、组织形貌等本质属性息息相关。对于金属材料而言,人们通过合金成分设计、加工过程参数调控等手段,优化组织形貌、相变种类,以达到改善材料性能的目的。掌握材料相变信息,如相变类型、相体积分数、相变速率等,是构建材料成分-工艺-组织-性能关联、实现先进高性能材料开发必不可少的。在人类材料发展历史上,材料信息往往通过海量实验获得。然而,事实上,仅仅通过实验手段来获得相变信息,会导致材料研发周期长、成本高。值得一提的是,尽管目前的实验手段已经得到快速的发展和完善,但对某些破坏性、难重复或极限条件下(如核材料衰变周期安全性评估、超高温或极低温疲劳)的材料物性参数,仍难以通过有限的实验获得。基于已知材料物理热力学特性的计算,即材料热力学和材料动力学计算,为人们认识未知新材料世界、指导创新材料的研发,发挥着越来越重要的作用。

材料相变过程涉及热力学和动力学两个方面。热力学特性一般是指某种相变发生的外界条件是否满足,也即相变是否可以发生,是一种临界状态,具有一定的概率性。材料的动力学特性多用来描述特定相变行为发生的演变过程,如发生的速度如何、遵循何种规律等。在满足材料热力学条件的情况下,通过实现对动力学过程的调控,可广泛用于新型合金材料的设计和优化。对于钢铁材料来说,人们通过添加合金元素,用以调控钢铁相变类型、相变温度,形成大量弥散的第二相析出粒子,形成析出强化效应。在此基础上,析出粒子钉扎晶界抑制晶粒长大,提高材料强度、塑性。掌握材料热力学和动力学的相关知识,运用计算模拟对合金成分、相变进行快速筛选与预测,特别是基于目前飞速发展的计算机技术和人工智能发展,结合集成计算材料工程(ICME)和材料基因组工程计划(MGI),能够促进我国材料的快速更新换代(图7.1),对培养具有创新思维的综合性高级人才极具理论和实际意义。

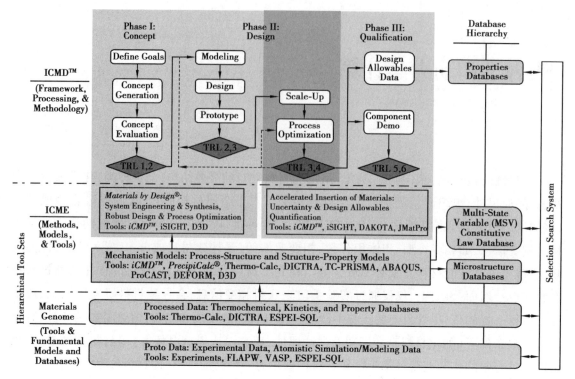

图 7.1 典型材料集成计算中的计算模型及流程

7.1 热力学计算原理

热力学作为物理学的一个分支,是研究物质的热运动、性质及其规律的学科。热力学基本原理包括热力学第一定律、热力学第二定律以及一些基本概念,如熵、焓等。在人们的日常生活和工业生产实践中,到处都充满了热力学定律应用的实例。通过人们的分类总结,丰富多样的现象可归结于已知的热力学定律。热力学为世界万物宏观上趋于平衡提供了理论基础,并因此而形成了动力学理论的基础。

对于一个封闭系统来说,系统其内能变化 ΔU 可以表示为

$$\Delta U = q - w \tag{7.1}$$

式中,q 为系统收到的热量转换;w 为系统对外所做的功。

这里符号规定系统所增加的热量和所做的功为正,而释放的热量和对系统所做的功为负。式(7.1)可以用微分形式表示为

$$dU = dq - dw \tag{7.2}$$

如果系统没有做功,在同一大气压强的情况下,式(7.2)可以写成

$$dU = dq - PdV \tag{7.3}$$

式中,P 为系统压强;V 为系统体积。

材料的比热容表示单位温度(T)变化内可吸收或释放热量的能力。热量可以改变系统中粒子的能量分布,如原子、电子、离子等,这正是比热容最本质的控制机制。比热容可以描述为 dq/dT。由式(7.3)转换可得 $dq = dU + PdV$,当体积恒定时比热容可表示为

$$C_V = \left(\frac{\partial U}{\partial T}\right)_V \tag{7.4}$$

同时,当系统体积发生变化而压强一定时,可定义一个新的函数 H,即系统的焓

$$H = U + PV \tag{7.5}$$

焓的变化可以理解为在恒定压强下系统吸收的热量 U 和所做的功 $P\Delta V$。在恒压下测得的比热容为

$$C_P = \left(\frac{\partial H}{\partial T}\right)_P \tag{7.6}$$

某一特定材料的比热容可以用各种量热法直接测量,根据测量数据可以用温度和压力的函数来表示焓变化,即

$$\Delta H = \int_{T_1}^{T_2} C_P \mathrm{d}T \tag{7.7}$$

为了描述系统的吉布斯自由能,这里需要引入另外一个概念——熵,一个系统熵的变化可表示为

$$\Delta S = \int_{T_1}^{T_2} \frac{C_P}{T} \mathrm{d}T \tag{7.8}$$

由此,一个系统的吉布斯自由能由熵(S)和焓(H)表示为

$$G = H - TS \tag{7.9}$$

在实际合金系统中,如钢铁、镁合金和铝合金等材料,如果想要描述在较大温度范围内变化的多元体系,这是非常复杂的工作。人们发展了另外一种基于实验数据的相图计算方法,已成功应用于国内外多种新型合金的开发。

对定量描述系统的热力学特性,一种可能的方法是通过利用足够多的可调整参数级数,以充分拟合实验数据。这里必须要注意的是,拟合的准确性和扩展项的级数需要协调统一。然而,一般情况下,对多元、成分复杂的体系,进行复杂相图计算时这种多级扩展项并不能很好地描述。前期经验表明,一元体系的比热容可以用多项式表示,而且多项式的形式适用于描述大多数已知的实验数据:

$$C_P = a + a_1 T + a_2 T^2 + \frac{a_3}{T^2} \tag{7.10}$$

然而,如果发现多项式(7.10)与实验数据的拟合不够好,则可以采用分段式的做法,将多项式应用于某一令人满意的范围,利用多个多项式来描述一个完整的数据范围,进而确保该多项式描述涵盖整个已知数据范围。对适用于这些条件的晶体结构,通常用 298.15 K 和一个大气压下测量的纯元素的焓和熵来定义标准元素参考状态。对参考状态,系统吉布斯自由能通过下式积分得到

$$C_P = a_4 + a_5 T + a_6 T\ln\{T\} + a_7 T^2 + a_8 T^3 + \frac{a_9}{T} \tag{7.11}$$

这里,系统自由能是相对于纯元素的标准态,包括里面的常数 a_4,即是稳态元素在 298.15 K 的焓和 0 K 的熵。假如所有相的转变温度、转变焓和比热容多项式中的拟合参数均已知的话,同素异形体转变可包括在式(7.11)内。

此外,对任何其他因素对比热容的影响,如磁性转变、系统压力影响,均需单独分开考虑。需要强调的是,为了保持该多项式的普适性,这些公式需要认真、仔细选择。

对于 A-B 二元体系的过剩吉布斯自由能可以写为

$$\Delta_e G_{AB} = x_A x_B \sum_{i=0}^{j} L_{AB,i}(x_A - x_B)^i \tag{7.12}$$

当 $i=0$ 时，$x_A x_B L_{AB,0}$ 与规则溶液模型相类似，其中，系数 $L_{AB,0}$ 不依赖化学成分浓度，可用一级近似描述组元 A 和 B 的相互作用。当 $i>0$ 时，其他的系数 $L_{AB,i}$ 为 0，那么，式(7.12)将会简化成以 $L_{AB,0}$ 为正规溶液系数的正规溶液模型。式(7.12)中更多的项可以用来描述成分相关的但是未能用正规溶液常数来描述的。对于三元体系来说，采用一级近似，其过剩自由能可由下式表示为

$$\Delta_e G_{ABC} = x_A x_B \sum_{i=0}^{j} L_{AB,i}(x_A - x_B)^i + x_B x_C \sum_{i=0}^{j} L_{BC,i}(x_B - x_C)^i +$$
$$x_C x_A \sum_{i=0}^{j} L_{CA,i}(x_C - x_A)^i \tag{7.13}$$

式(7.13)中，如果三元体系中有两组元是相同的，如 B≡C，那么三元体系就变成了二元的问题。如果实验数据表明，三元体系中三元之间的相互作用关系特别强，那么 $x_A x_B x_C L_{ABC,0}$ 需要在过剩自由能中体现。然而，假如这个三元系数不能很好地代表由二组元体系求和所得的偏差，那么过剩自由能的表达可以简化为一阶表达式，与二元体系表达式相类似。

$$x_A x_B x_C \left[L_{ABC,0} + \frac{1}{3}(1 + 2x_A - x_B - x_C)L_{ABC,1} + \frac{1}{3}(1 + 2x_B - x_C - x_A)L_{BCA,1} + \frac{1}{3}(1 + 2x_C - x_A - x_B)L_{CAB,1} \right] \tag{7.14}$$

上述计算过剩自由能方法可以外推到任何多组元体系的计算，前提是只要有适当的热力学数据。同时，当一个组元的描述改进时，不需要改变拟合系数。当一个体系拥有多于 3 个组元时，拟合系数向外推导仅需要极少量的实验数据即可。综上，上述热力学平衡计算的基础原理广泛应用于相图热力学的计算。

7.2 相图计算

相图被誉为"材料基础研究的指导书"，是材料设计和优化的路线地图，可对凝固过程、晶体生长、焊接、固态反应、相变、氧化等进行指导。相图计算与热力学知识密切相关，由相图可以解析热力学信息，反过来基于热力学原理和热力学数据也可以构筑相图。20 世纪 70 年代以来，随着热力学和计算机技术的快速发展，相图研究从相平衡和热力学性质的实验测定进入了相图和热化学性质的计算机耦合的新阶段，并逐渐发展成为一种相图热力学研究的方法 CALPHAD（CALculation of PHAse Diagram）方法。CALPHAD 方法基于热力学理论，建立具有一定物理意义的吉布斯自由能模型来描述材料体系各组成相的热力学性质，通过拟合由实验、第一性原理计算以及经验公式获得的不同类型的数据来优化拟合模型参数，为多元多相材料构建工程精度的数据库。人们利用 CALPHAD 方法，通过吉布斯自由能建模和平衡计算，将以往相对独立的相图信息和热力学信息统一起来，为进一步描述材料相变和组织演化过程奠定了热力学理论基础。经过数十年的发展，CALPHAD 方法在材料科学研究和工程应用上受到越来越多的关注。

7.2.1 相图计算方法简介

相图计算最早是由 Van Laar 在 1908 年提出的。他采用理想溶体模型和规则溶体模型计

算了大量具有不同拓扑特征的二元系相图,阐明了二元体系中相的热力学稳定性与相图特征之间的关系。随后,Meijering 将 Van Laar 的工作由二元拓展到三元及更高组元,其采用类似的规则溶体模型计算了大量具有不同拓扑特性的三元体系,为后续人们理解合金的平衡相和相的热力学稳定性作出了巨大的贡献。

在上述开创性工作的基础上,众多研究者尝试利用平衡相图来协助评估合金的热力学特性。这些研究者中,Kaufman Larry 利用计算机系统地计算了大量二元合金相图及少量的三元相图。有意思的是,借用计算机系统,能够使用简单的溶解模型来准确描述合金相的热力学特征,并能够计算出许多实际合金体系的相图。在此基础上,Kaufman Larry 与 Bernstein Harold 一起发展了与计算机处理功能相结合的相图计算技术。随后,一系列通用的计算软件开始出现,包括 ChemSage、FactSage、Lukas 程序、MatCalc、MTDATA、Pandat、Thermo-Calc 等。上述软件多为商用,近年来逐渐出现了一些开源的软件,如 OpenCalphad(OC)和 PyCalphad 等。这些计算软件将在后面进行详细介绍。

早期相图热力学计算软件采用的是局域优化算法,如前面提到的软件 ChemSage 和 MTDATA,其稳定相图的计算多依赖用户输入合适的初始值。这种情况下,如果初始输入的数值不合适,计算出来的相图可能是亚稳平衡相图。这种情况常常发生在合金相的吉布斯自由能有多个最小值的情况下,即体系中具有混溶间隙或有序相时,如图 7.2 所示为在某特定温度 T、压强 P 时,α 和 β 相的吉布斯自由能随成分的变化曲线。由 β 相的吉布斯自由能曲线可知,通过该相自由能曲线有两个最小值的点,即 β' 和 β'' 处,说明该相存在相分离现象,即 β 相可分解成具有相同晶体结构但成分不同的两相。这种情况下,该体系将会出现 3 种平衡,即 $\alpha+\beta'$、$\alpha+\beta''$ 及 $\beta'+\beta''$,但只有 $\alpha+\beta''$ 是热力

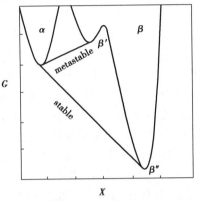

图 7.2 特定温度 T 和压强 P 条件下,α 和 β 相吉布斯自由能随成分的变化曲线

学稳定平衡。当采用局域最小算法计算的相图与实验结果一致时,通常不会考虑该计算所得相图可能是亚稳态相图或可能只是整个稳定相图的一部分(相对于所使用的模型参数来说)。只有提供合适初始值时才能获得稳定相图,否则可能会得到亚稳相图。

为了能够自动获得稳定的相图,而不依赖初始设定参数,Pandat 软件率先采用了全局自由能最小化算法,改变了计算前期对目标相图具有一定了解以及输入初始吉布斯自由能数值等要求,实现了人们能够自动计算稳定相图的功能。另外,采用该方法,如果需要计算亚稳相图,只需要在计算时去掉一种或多种相对更稳定相便可实现。例如,目前商用的 Thermo-Calc 软件设有全局和局部自由能最小化两个计算选项,通过选择不同计算模式,可以得到不同条件下合金亚稳或稳定相图,也可以计算出某条件下平衡相的形成顺序。

相平衡计算的算法大多基于吉布斯自由能的最小化,最早由 White 等提出,后续经 Eriksson 和 Rosen 等以及 Hillert 发展而成。1975 年,Eriksson 等将吉布斯自由能极小化生成的线性方程组的求解分成两步来进行。随后,在此基础上,Sundman 等给出了更为详细的算法描述,并对此进行了软件编程实现。目前,市面上所有的相图计算软件都是通过迭代的方法来计算相平衡的,迭代格式和迭代初值的选取可能会导致诸如迭代结果不收敛、计算量庞大等问题,很多团队对此做了大量的改进工作。

7.2.2 相图数据库与计算软件简介

相图计算成功与否取决于两个要素：一个是精确描述合金体系的相图热力学数据库；另一个是先进的综合性计算软件，两者缺一不可。

CALPHAD 数据库目前已在铁基、铝基、镁基、镍基、钛基合金、硬质合金、高熵合金、焊料、贵金属、陶瓷、矿渣、水溶液等领域广泛应用。值得一提的是，商用软件 Thermo-Calc 目前拥有 40 余个不同类型、不同用途的数据库。相图热力学数据库中存储的数据是材料体系中各个相的吉布斯自由能模型的定义参数值或表达式，包含成分、温度、压强变量。相图热力学数据库可以准确地描述成分、温度和压强在较大范围内的热力学性质变化。然而，构建某特定体系的数据库是个繁杂的过程，不仅需要大量精确实验数据的支撑，还需要设计专门的实验和巧妙的实验方法。对不能直接测量或者实验难以获得的信息，如界面能等，借助第一性原理、分子动力学计算也可以提供补充数据。本质上来说，低组元体系（二元、三元体系）的热力学描述主要来源于直接实验测量和第一性原理计算的系统总能量信息和平衡相数据。其中，某组元热力学描述是最终获得的一组包含研究体系中含有该组元各相耦合参数的热力学模型，可用来计算各相的热力学性能和该体系的平衡相图。一般情况下，对特定合金体系，一旦获得低组元体系的热力学数据信息，可以通过外推法优化得出高组元体系的热力学描述。当然，对上述外推法所得的更高组元优化的准确性需要通过设计关键实验来进行验证，这与仅仅依赖实验测量热力学数据相比，大大减少了实验的工作量。以钢铁为例，要建立实际成分的多组元钢铁相图热力学数据库，通常要包含绝大多数二元体系的相图热力学描述、大部分含铁的三元体系的热力学描述和少数关键四元体系富铁角的热力学描述。从原则上讲，组元所有的二元、三元以及四元体系都很重要，而四元体系的热力学描述大多由各低组元的子体系外推而来，其评估与优化一般侧重于调节其子二元和三元体系的物理描述。一般而言，一个数据库包含的具有可靠的相图热力学描述的三元体系的数量，可作为数据库准确度的一个评判标准。在进行热力学参数测定的实验设计方面，需要考虑设计二元、三元体系，实验样品必须采用高纯度原材料。此外，为了保证实测数据的可靠性和体系的自洽性，还往往需要设计合金组元在常见服役温度、压强区间之外的实验。

从 1959 年开始，Kaufman 系统研究了晶格稳定性，即纯元素的稳定结构与其他亚稳或不稳定结构之间的吉布斯自由能之差，可反映晶体结构之间的相对稳定性。上述概念的提出促使人们在研究合金体系下，不同相间平衡相界的计算变得简单易行，为后来热力学计算方法成功地向高组元体系扩展奠定了理论基础。基于此，Kaufman 等率先利用计算机系统对大量二元合金体系和部分三元合金体系的相图进行了计算。其后，随着 20 世纪 80 年代通用热力学计算软件的涌现，使得复杂二元及多元体系的计算成为可能。这个时期基于 Kaufman 纯组元晶格稳定参数构建的相图热力学数据库，称为"第一代相图热力学数据库"。现在，常用的数据库称为"第二代相图热力学数据库"。晶格稳定参数的合理性，直接影响着后续二元、三元乃至多元数据库的构筑。为了能把各二元、三元体等子体系的热力学参数合并到多组元热力学数据库中，这些子体系的纯组元信息必须一致。SGTE（Scientific Group Thermodata Europe）率先开展了这部分工作。此工作基于实验测定数据，包括量热法、电化学方法、相图测定或耦合热力学计算，从大量的二元体系、三元体系的外推，为国际同行提供了一个纯组元标准。基于 SGTE 纯组元晶格稳定性参数，大量的二元、三元乃至多元体系的热力学评估大量涌现，为"第二代热力学数据库"的构建创造了客观条件。

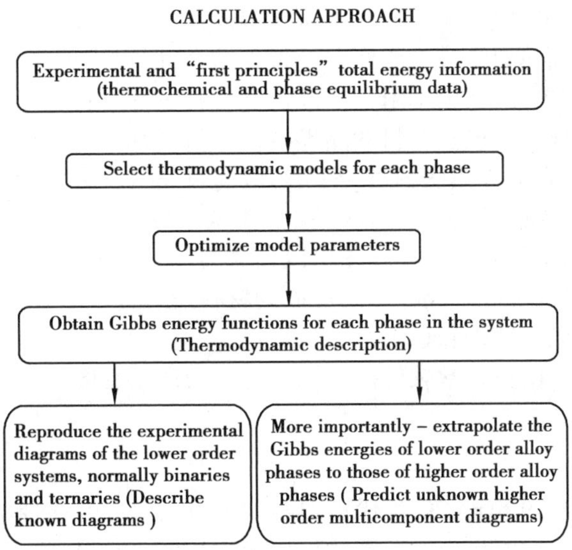

CALCULATION APPROACH

```
Experimental and "first principles" total energy information
(thermochemical and phase equilibrium data)
            ↓
Select thermodynamic models for each phase
            ↓
Optimize model parameters
            ↓
Obtain Gibbs energy functions for each phase in the system
(Thermodynamic description)
         ↙        ↘
Reproduce the experimental    More importantly – extrapolate the
diagrams of the lower order   Gibbs energies of lower order alloy
systems, normally binaries    phases to those of higher order alloy
and ternaries (Describe       phases (Predict unknown higher
known diagrams)               order multicomponent diagrams)
```

图 7.3　相图计算中多元热力学数据描述的获得流程示意图

现在广泛应用的 SGTE 纯组元晶格稳定性参数基于热容的温度多项式表达形式,其系数没有物理意义,描述的温度范围限于 298.15 K 以上。第二代数据库不能描述室温以下的相图和热力学性质。此外,固态熔点以上和液态凝固点以下的热容描述具有弊端。针对这些问题,一些研究组自 1995 年开始着力开发新的、能表述整个温度范围的、具有物理意义的纯组元热容模型,以期获得研究体系在整个温度范围的热力学描述。这里以瑞典皇家工学院 Mats Hillert 领导的物理冶金组工作最为突出,截至目前有数个体系完成了优化工作。然而,毫无疑问,这是一个浩大的工程,需要全球 CALPHAD 工作者的合作和努力,目前对二元、三元体系的研究仍相当有限。

此外,随着现代制备加工技术的发展,越来越多的学者关注各种外场对材料制备、加工过程组织结构和性能的影响。自然地,未来的第三代相图热力学数据库应该是现有相图热力学数据库的进一步细化和升华,应充分考虑外场变量对热力学性质的影响。常见的外场变量有温度、压力、电场、磁场等。其中,外加磁场与传统能量场(温度场和压力场)的作用机理不同,它是通过影响物质中电子的运动状态使各相的内能发生变化,从而对相平衡产生影响。在磁场下,物质的电子受到磁场的作用而使其自旋发生变化从而改变了相的能量,其降低量取决于各相的磁化强度或磁化率。磁化强度(或磁化率)越高的相,其吉布斯自由能就越低,相就会变得越稳定。温度场与磁场共同作用可以使材料中固相的相对稳定性发生变化,从而影响整体体系的稳定相。

除了上述提到的外场作用,高压、极限温度的作用及尺寸效应也是第三代相图热力学数据库关注的热点。目前,对该方面的研究刚刚起步,对非常温条件、纳米尺度下的材料体系均缺乏精确的热力学描述。值得一提的是,对于晶界相图而言,晶界相变很难预测,通常在不同的温度、压强或成分下独立于块体相变而发生。

材料中的晶界相往往表现出类似于块体相的行为,随着温度、压强、化学势等热力学参数的变化发生一级或连续相变。通过调控晶界结构来设计材料的微观结构和性能是新型合金材料设计的新思路。相对于块体相图的研究,晶界结构表征复杂、界面能计算工作量巨大以及缺少具有物理意义的界面热力学模型,国际上对晶界相图的研究严重滞后。同时,缺乏可靠的描述多元合金 CALPHAD 型热力学数据是计算晶界相图的另一个主要障碍。当前,研究者们仅尝试对几个二元和三元合金体系进行了界面热力学研究,并尝试了建立晶界相图来描述晶界行为与块体成分的关系。但是,几乎所有多元体系中的晶界转变仍未探索。在晶界工程的框架内,需要将界面热力学模型与原子模拟相结合,以提供重要的界面数据如晶界能、晶界迁移率、扩散系数、内聚强度、滑动阻力等来进行材料设计。将晶界相图与块体相图有机结合,根据需求有目的地设计和调控材料的晶界结构,对材料的制备、性能改善和新材料的设计具有重要的指导意义。在晶界相图的指导下,可以通过设计材料的微观组织和优化晶界结构来改善其性能。现实世界广泛使用的材料基本上是多元多相体系,发展多组元体系的不同类型的晶界相图就显得非常重要。晶界相图可以预测多晶材料高温性能,了解晶界相行为有助于理解微观结构和形态的发展。晶界相图可以为材料设计提供重要信息,从而设计最合适的晶界结构,实现最佳的微观结构和形态。

目前,广泛使用的相图热力学软件按其性质可分为通用相图热力学计算软件和开源相图热力学计算软件。

1) Thermo-Calc

Thermo-Calc 起源于 19 世纪 70 年代瑞典皇家理工学院,由物理冶金团队 Mats Hillert 等人创建,第一版热力学计算软件成形于 1981 年,已成为目前用于热力学计算的最常见和最强大的软件包。Thermo-Calc 具有两种操作模式:用户友好的图形模式(Graphic Mode)和具有命令行交互的控制台模式(Console Mode),可以根据自身使用水平和需求灵活选择使用模式。同时,二次开发端编程界面包括 TQ、TCAPI 和 TC MATLAB 工具箱,以及最新版本的还有 TC-Python 接口。上述编程界面接口,无须进行烦琐复杂的热力学模型编程,可以在不熟悉 Thermo-Calc 内部结构的情况下,直接获取热力学数据以及计算各种相平衡。通过编程界面,可以获得 Thermo-Calc 中大量的热力学数据信息,如温度、压力、体积、化学势、相分数、相成分、分配系数、液相或固态相变点、反应热、绝热燃烧温度及扩散系数等。

科学家故事:
Mats Hillert

Thermo-Calc 软件不仅能执行标准的平衡计算和基于热力学数据库的计算,还能够为那些高级用户装备特殊类型计算的特殊模块来获得一些独特的功能,如动力学 DICTRA,析出模块 TC-PRISMA、增材制造模块。Thermo-Calc 是仅有的可以计算体系中最多含有 5 个独立变量的任意截面相图的热力学软件,也是唯一可以计算化学驱动力(热力学因子,即吉布斯自由能对成分的二阶导数)的软件。化学驱动力为动力学模拟(如扩散型相变、形核、长大、粗化等)提供了重要信息。一般常见相图计算软件所得相图是温度-成分图,难以转化为其他形式,而 Thermo-Calc 可以方便地计算如温度-热力学函数,活度-相组成等。它广泛用于各种热力学计算,包括但不限于:

- 稳定和亚稳定的非均相相平衡。
- 相数及其组成。
- 热化学数据,如焓、比热容和活度。
- 转化温度,如液相线和固相线。
- 相变的驱动力。
- 相图(二元、三元和多元)。
- 布拜图(Pourbaix 图)。
- 单质、化合物、固溶相的热力学性质。
- 化学反应的热力学性质。
- 性质图(相分数、吉布斯自由能、热焓、Cp、体积等)(可计算多达 40 种成分)。
- 易挥发分子的化学势、偏压(多达 1 000 种分子)。

- Scheil-Gulliver 非平衡凝固模拟。
- 多元合金液相面计算。
- 热力学因子,驱动力。
- 亚稳平衡,仲平衡。
- 水溶液的传输性质。
- 特殊参数的计算,如 T_0、A3 温度,绝热温度 T 等。
- 钢表面氧化膜的形成,钢或合金的精炼,PRE 值。
- 水热、变质、岩化、沉淀、风化过程的演变。
- 腐蚀、回收、重熔、烧结、煅烧、燃烧过程中物质的形成。
- 化学气相沉积图(CVD 图),薄膜的形成。
- 稳态反应器的热力学。
- 数据库的建立及修改。
- 卡诺循环模拟。
- "任何你可定义的平衡"。

2) Pandat

Pandat 于 1996 年由美国 CompuTherm LLC 公司开发,是一款用于计算相图和热力学性能的软件包,可用于计算多种合金的标准平衡相图和热力学性能,也可使用自己的热力学数据库进行相图与热力学计算。Pandat 采用模块化设计,分别对应不同功能,主要有 5 大模块:PanSolver、PanEngine、PanOptimizer、PanPrecipitation 和 PanGUI(图形用户界面)。模块依赖关系如图 7.4 所示。

Pandat软件

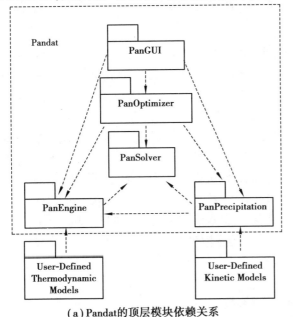

(a) Pandat的顶层模块依赖关系　　(b) PanPrecipitation的数据结构

图 7.4　模块快依赖关系

PanEngine:Pandat 中的热力学计算全部在 PanEngine 中进行。在相图计算方法中,合金系统中各相的吉布斯自由能由不同的热力学模型描述,如随机置换溶液模型、化学计量化合物模型和化合物能量模型。除了这些常用的模型,PanEngine 还可以处理理想和非理想气体、离子液体模型、缔合溶液模型、含离子的化合物能量模型和更高级的簇/位点近似。为了解决多组分体系的相平衡问题，Pandat 采用全局最小化算法，在寻找稳定相平衡方面变得更加可靠和高效。

PanOptimizer：PanOptimizer 可以从实验数据和理论计算数据来评估热力学、动力学和热物理模型参数。它与 PanEngine 动态链接，并作为一个特定的模块无缝集成到 Pandat 中，这一设定允许即时优化的参数实时计算并与实验数据进行比较。PanOptimizer 要求在 TDB 文件中定义优化参数，且通过 POP 文件来提供实验/计算数据。在 CALPHAD 社区中，呈现实验数据的常用格式是 POP 文件。需要说明的是，PanOptimizer 的应用不限于简单的二元系统，可以应用于有限的几个三元体系。

PanPrecipitation：PanPrecipitation 是 Pandat 软件的一个析出模块，它与 PanEngine 无缝集成，提供必要的热力学和动力学数据。它是为模拟任意热处理过程中的沉淀/共沉淀行为而设计的。不同析出相的析出行为可以用不同的动力学模型来描述，内置多个模型：Kampmann-Wagner 数值（KWN）模型、快速作用模型、JMAK 模型及用户自定义的模型。该模块可用于模拟形核、生长/溶解和粗化动力学；体积分数、平均粒径和数密度的时间演化；析出过程中粒度分布、屈服强度和硬度的时间演化规律。

除上述应用外，Pandat 可以将热力学计算引擎（PanEngine）、数据评估/优化模块（PanOptimizer）和动力学模拟模块（PanPrecipitation）与用户的图形用户界面（PanGUI）相结合。所有类型的计算，如点、线、截面、液相线投影、凝固模拟和动力学模拟，都可以通过一些操作来完成。材料的各种性质，如相含量、活性、吉布斯自由能、焓、熵、热容、摩尔体积、密度、表面张力、黏度和扩散率。在模拟完成后，都可以由一个或多个具有相关属性的表和一个图表来呈现。

3）FactSage

FactSage 是世界上最大的化学热力学集成的数据库计算软件之一，是 Thermfact/CRCT（加拿大蒙特利尔）和 GTT-Technologies（德国亚琛）之间 20 多年合作的成果。第一版于 2001 年推出，融合了 FACT-Win/F*A*C*T 和 ChemSage©/SOLGASMIX 热化学数据库，虽然能够用于相图计算，但主要应用在复杂化学平衡和过程模拟领域（冶金）。

FactSage 含有数千种化合物的热力学数据数据库，以及数百种金属、液体和固体氧化物溶液、亚光、熔融和固体盐溶液、水溶液等的评估和优化数据库。硫、氧化物、炉渣等的评估数据库是通过使用先进的建模技术优化文献数据而开发的，其中一些已经在 CRCT 开发。FactSage 还可以访问国际 SGTE 集团开发的合金溶液数据库，以及 The Spencer Group、GTT-Technologies 和 CRCT 所建立钢铁、轻金属和其他合金体系的数据库。同时，FactSage 提供了与著名的 OLI SystemsInc（水溶液系统的模拟计算）的水溶液数据库的连接。

FACTSage 功能和模块的介绍如下：

（1）软件功能

- 查看化合物和溶液数据库中的各种热力学参数。
- 计算纯物质、混合物或化学反应的热力学性能（H、G、V、S、C_p、A）变化。
- 等温优势区图计算。
- 布拜图（Pourbaix 图）。
- 化学反应达到平衡时各物质的浓度计算。
- 相图计算。

- 数据库优化。
- 计算结果图表处理。

（2）计算模块
- 化学反应计算模块（Reaction Module）。
- 优势区计算模块（Predom Module）。
- 电位-pH 图计算模块（EpH Module）。
- 平衡反应计算模块（Equilib Module）。
- 相图计算模块（Phase Diagram Module）。
- 数据库优化模块（OptiSage Module）。

（3）结果及相关处理模块
- 结果处理模块（Results Module）。
- 混合反应物编辑模块（Mixture Module）。
- 图形处理模块（Figure Module）。

4）JMatPro

JMatPro软件

JMatPro 是英国 Thermotech 公司在 1999 年最先开发的，2001 年由 Sente Software Ltd 公司负责商业运行的。JMatPro 是一套功能强大的金属材料相图计算与材料性能计算软件，图形用户界面简单直观，容易掌握使用。目前，可以计算的合金体系类型有铝合金、镁合金、铸铁、通用钢、不锈钢、钴合金、镍合金、镍铁合金、镍基单晶合金、钛合金、锆合金、焊料合金、铜合金。主要计算类型如下：

①稳态和亚稳态的相图计算。

②机械性能：屈服强度、拉伸强度及硬度、拉伸强度及硬度的相互换算应力-应变曲线、蠕变及断裂强度流变应力。

③相变计算 TTT/CCT 曲线。

④钢铁淬火性能的模拟计算。

⑤许多材料成型 CAE 软件提供材料性能参数（如 Procast、Magma、Deform、TherCast、Novacast、Sysweld、Abques、ANSYS、MSC/Marc 等）。

5）Mat-Calc

Mat-Calc 最早起源于 1993 年，由奥地利格拉茨理工大学 Ernst Kozeschnik 在其博士论文项目的基础上发展而来，最初开发的目的是研究无间隙和烘烤硬化钢中析出过程的计算模拟。随后，Mat-Calc 使用了用于热力学、扩散和热物性参数的标准 CALPHAD 类型数据库，具有平衡态相图、凝固的计算功能。其中，铁、铝、镍基合金数据库包含了稳定性和亚稳性数据，特别是动力学模拟的优化阶段。该软件主要聚焦在金属合金相变、微观组织演化以及析出动力学等冶金领域，目前已经成功地应用于科研教学和金属材料的基础研究中。主要计算类型如下：

①约束和非约束相平衡。

②多组分多相沉淀动力学。

③晶粒生长、回复和静态再结晶。

④考虑沉淀析出的动态回复和再结晶。

⑤基于多种强化机制的应力-应变曲线预测。
⑥一维和二维长程扩散模拟。
⑦长距离扩散和析出。
⑧相变/移动相边界。
⑨动力学蒙特卡洛和点阵序列。

6) MTDATA

MTDATA 热力学计算软件是由英国国家物理实验所研发的,是一种利用 CALPHAD 原理建立的计算程序及数据库软件包,可用于分析材料的相组成及其演变过程,控制材料的制备过程,从而达到提高材料性能、设计新材料的目的。

MTDATA 利用了自主开发的数值分析程序来提供可靠的平衡计算,开发了大量的 MTDATA 专门数据库,其编码对工业、大学或其他研究团体的广泛计算平台都开放使用。MTDATA 的基本功能是可以计算一元、二元和三元相图,等值线,多元系的等温截面,液相线投影,相分数图和优势区图(又称稳定区图)。在 MTDATA 中,有很多模型可以表示相的热力学性质作为温度、压力和成分的函数,提供使用这些热力学模型的各种数据库以及对工业材料进行热力学计算。

7) Lukas

Lukas 由德国斯图加特的马克斯普朗克金属研究所 Hans Leo Lukas(汉斯·里奥·卢卡斯)在 19 世纪 70 年代开发,主要模块和功能包括二元相图计算、三元相图计算、二元程序优化和三元程序优化。Lukas 考虑在许多理论模型中,热力学函数表达式的可调待定参数并不都是线性组元的形式,采用高斯最小二乘法来优化热力学参数,并用最适于分析完整相图与其截面的牛顿-拉裴森(Newton-Raphson)算法来求解相图,拟合的优劣用均方差衡量。

Lukas 程序中集成了许多的热力学模型,含有大量的吉布斯自由能表达式。程序将各种模型赋以不同的代码,选择不同的代码就相当于选择了不同的热力学模型。Lukas 程序不受单一物理模型的限制,操作简单。

早期的相图优化工作,大都采用 Lukas 程序完成,该程序优化了大量的氧化物体系的二元及三元相图,结果表明所优化的相图与实际测试结果吻合得很好。利用 Lukas 程序进行参数优化的关键是实验及热力学数据的选取,应尽量建立包含三相平衡、化合物熔解温度等关键数据的文件,同时要选择好热力学模型。优化时,要使用尽可能少的热力学可调参数,便于将来外推到更高组元体系。程序能很快优化出待定参数,但该程序完全在 DOS 界面下运行,操作不是很方便。

8) ChemSage

ChemSage 是由 GTT-Technologies 公司(是从过去的亚琛大学的理论冶金学及核燃料冶金系分离出来的)研发的,计算复杂化学平衡的一个计算机程序。这一程序可以跟随用户需要进行扩展和更改,使得已建立的混合语言代码更加通用,使其应用更加友好。

ChemSage 组成如图 7.5 所示。

相平衡程序模块:帮助用户预测系统的化学平衡状态。能够计算包含气态和凝聚态混合相的开放/封闭体系中的多组分多相化学平衡,结合计算积分和部分过量摩尔吉布斯能量的大量子程序,可利用热力学理论获得平衡时多种体系的系统特征,如非稀释水相和非理想气体。

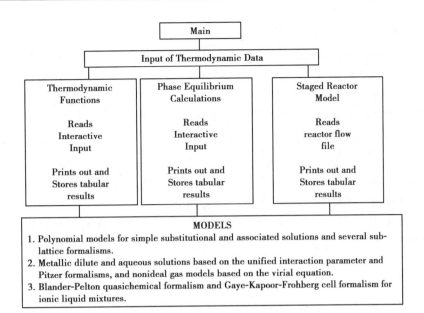

图 7.5 ChemSage 的程序架构

阶段反应模型程序模块：最初由埃里克森和约翰逊开发，致力于反应过程的建模。该程序能进行动态化学反应器的稳态计算，材料正向或逆向化学反应的不同阶段或环境之间流动和能量交换。这些特征包含许多冶金过程的典型特征，如回转窑、高炉、电热炉、反射炉等。此外，液体合金的凝固过程也可以用这种方法来计算描述。

需要说明的是，在集成计算材料工程（ICME）的环境中，各种计算材料软件之间对接至关重要。不少相图热力学计算软件都提供有关的应用程序接口（API）或软件开发程序包（SDK）。例如，ChemSage 和 FactSage 用户可以使用 ChemApp；Pandat 用户可以调用 PanEngin API；Thermo-Calc 用户可以根据编程语言需要调用 Thermo-Calc SDK 中的 TQ（Fortran 程序库）、TC-API（C 程序库）、TC-MATLAB Toolbox（MATLAB 程序库）和近期推出的 TC-Python（Python 程序库）。尤其值得一提的是，Python 的简洁性、易读性以及可扩展性非常适合数据处理与图表制作，是目前广泛使用的涉及人工智能领域首选的科学计算的计算机语言。TC-Python 的推出将为科研工作者应用 CALPHAD 数据库及软件带来极大的便利。

以上介绍的通用相图热力学计算工具大多为商用软件。然而，Thermo-Calc 为学术界提供免费的学术版和配套的 Hillert 热力学教学材料，这个特殊版本虽然限于二元和三元体系，但可满足科研人员的相图优化需求并方便材料热力学和动力学的教学。另外，MatCalc 也提供了免费教育版，支持最高三元体系的热力学计算，可满足初学者学习或者简单体系的计算工作。

如上所述，大多数相图热力学计算软件需要付费许可，即使可以免费获得学术版本，但其体系架构均是封闭的，研究人员不能够根据自己的需要植入新的热力学模型、测试新算法并拓展软件新功能。此外，除了上述所介绍的几个通用相图计算软件，也出现了开源软件。一些商用软件开辟了接口，可以允许用户集成自主开发的数据库。同时，开源软件应运而生。虽然开源程序有待进一步成熟和完善，在实践中需要编程经验和较长学习时间。然而，从理论上讲，开源程序能够更高效地实现 ICME 框架下各种计算方法的集成，包括来源于其他方法的数据的利用。需要注意的是，与所有的开源程序一样，使用者应了解并遵守其自带的开源协议。

9) Gibbs Energy Minimization Software

GEMS(Gibbs Energy Minimization Software)是用于地球化学建模和热力学计算的强大工具。GEMS 广泛应用于地球化学、地质学、环境科学、材料科学等领域。它有助于理解地质过程、预测矿物稳定性、解释实验数据以及研究自然和工程系统中的地球化学反应。它使科学家、研究人员和工程师能够预测和分析化学系统在各种条件下的行为。通过应用吉布斯能最小化的原理，GEMS 可确定给定系统中化学物质和相组合的平衡分布。该软件基于以下原理：在平衡状态下，系统的总吉布斯能最小化。这种方法基于热力学，描述了能量、温度和化学反应自发性之间的关系。通过应用热力学定律和使用热力学数据库，GEMS 根据输入参数计算系统的平衡状态。GEMS 的主要特性和功能如下：

①热力学数据库。GEMS 提供广泛的热力学数据库，其中包含有关矿物、液相组成、气体和其他相的热力学性质的信息。这些数据库对准确计算不同物种的吉布斯能量并预测其行为至关重要。

②平衡计算。GEMS 通过最小化系统的总吉布斯能量来执行平衡计算。它考虑温度、压力和成分等因素来确定系统中存在的稳定矿物相和化学物质。

③相图。该软件可以生成相图，也称为稳定性图，它说明了稳定的矿物组合作为温度、压力和成分的函数。这些图表提供了对矿物稳定性场以及不同相共存条件的深入了解。

④反应建模。GEMS 能够对各种地球化学反应进行建模，包括矿物溶解、沉淀、离子交换、络合、氧化还原反应等。它允许用户根据热力学原理理解和预测这些反应的结果。

⑤地球化学形态。GEMS 提供有关给定系统中化学物种的分布和形态的信息。它计算水物质的浓度及其与其他成分的络合，为元素的形态行为和迁移性提供有价值的见解。

⑥个性化和灵活性。GEMS 在数据库选择方面提供了灵活性，允许用户根据自己的具体需求使用不同的热力学数据库。它还提供了自定义系统、导入实验数据和修改热力学参数以满足特定研究要求的选项。

⑦可视化和数据输出。GEMS 允许用户通过相图、化学形态图和反应路径图等图形表示来可视化和解释结果。它还提供各种数据输出选项，包括表格和图表，以供进一步分析和报告。

7.2.3 相图计算举例

1) 二元相图

二元相图又称二元系相图，英文名称 binary diagram，是表示系统中两个组元在热力学平衡状态下组分和温度、压力之间的关系的简明图解。当存在两个组元时，成分是变量，通常只考虑在常压下的凝固过程，取两个变量温度和成分，横坐标用线段表示成分，纵坐标表示温度。平面上按平衡状态下存在的相来分隔。

计算步骤如下：

(1) 选定计算模块

软件打开之后，在"My Project"里选择合适的计算模块。二元相图计算为例，此处选择"Equlibrium Calculator"模块。

(2)选取数据库和合金成分

以经典的 Fe-C 二元相图为例,选取 Fe-基数据库 TCFE12:Steels/Fe Alloys v12.0。需要注意的是,数据库根据版本更新会变化,Fe-基数据库的热力学数据均以 TCFE 开头。

随后,选取 Fe 和 C 元素。根据计算需求,这一步可以进行生成相的选取或者舍去。例如,对于钢铁材料来说,C 的加入常常会产生石墨相(Graphite),然而,实际钢铁材料中往往只有在 C 含量非常高的情况才可能发生。为了确保计算结构的可靠性,一般计算钢铁材料相图时,把石墨相(Graphite)去掉。

(3)计算参数输入

成分选取之后,进行平衡态热力学计算参数的输入,包括温度、压强、系统大小。根据相图的呈现形式分为多种,变量可为成分、温度等。这里计算类型选取"Phase Diagram"。此模式下,在计算变量的选取上,可以选取成分变化范围、温度、压强、系统大小 4 类。可以根据需求,选择各参数变量区间。此处,输入 C 含量和温度作为变量。

(4)计算结果输出

参数选定后,点击开始运算。运算过程结束之后,运算结果可以图形或者源数据表格形式输出。目前,软件自身提供了强大的图形绘制、耦合功能,满足不同场合下的需求。

如图 7.6(a)所示为在一个标准大气压下,当碳含量在 0~6.69 wt.%(无特殊说明时,均为质量分数)范围变化时的平衡相图。由图可知,6.69% 为渗碳体(Fe_3C)中的碳含量,也是人们感兴趣铁碳合金的常见范围。一般认为 C 含量在 2.11%~6.69% 铁碳合金为铸铁,在 0.021 8%~2.11% 的称为钢,小于 0.021 8% 的为工业纯铁。从图 7.6(a)中可以得出随着碳含量和温度的变化,二元合金中平衡相的演变规律。

同时,对特定成分下的各相体积分数的演变,可以通过二元相图计算,如图 7.6(b)所示,为碳含量在 1% 时,Fe-C 合金在不同温度下各平衡相的体积分数。由图 7.6(b)可知,该成分体系下,面心立方的奥氏体在 1 462 ℃开始从液态形成,在 1 348 ℃时达到全部是奥氏体。随着温度降低,814 ℃时,渗碳体开始析出,体积分数不断增加;在 727 ℃,体心立方铁素体开始形成,面心立方奥氏体转变为铁素体。随温度继续降低,该体系铁素体和渗碳体含量基本保持不变到室温。

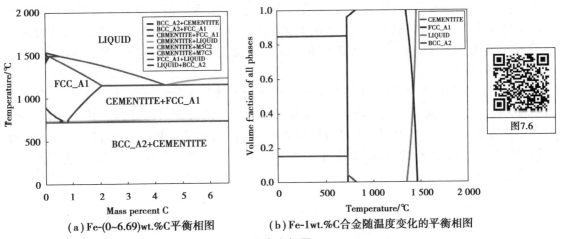

(a)Fe-(0~6.69)wt.%C平衡相图   (b)Fe-1wt.%C合金随温度变化的平衡相图

图 7.6 Fe-C 合金相图

此外,热力学相图计算不仅能够计算平衡相图,当选择抑制渗碳体形成时,可得到 Fe-C

的亚稳相图。在设置各形成相时,选取石墨相形成,结果如图 7.7 所示。用此方法,可以计算特定体系下,各相的稳定性顺序,帮助材料学者理解实验观察结果,指导亚稳材料的设计。

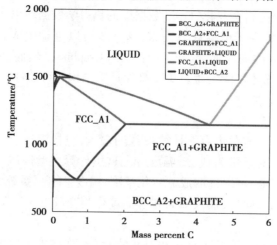

图7.7

图 7.7　Fe-6.0% C 亚稳平衡相图

2)三元相图

三元相图又称三元系相图,英文名称 Ternary diagram,是 3 种元素在特定条件下相互作用形成的热力学平衡相图,也是实际上最常见的相图种类。由于多元合金相图的复杂性,在测定和分析等方面受到限制。三元相图一般采用三角形表示,每边代表一个成分。一般采用等边三角形再加上垂直于该平面的温度轴,这样三元相图就演变成一个在三维空间的立体图形。三元相图分隔相区的是一系列空间曲面,而不是二元相图的平面曲线。当感兴趣的合金成分范围不同时,可根据各组元合金的含量范围,采用等边、直角三角形来表示。

三元相图计算的基本过程与二元相图类似,不同的是在 7.2.3.1 节中第二步的"②选取数据库和合金成分"时选择 3 种元素,其他设置相同。计算完毕,绘图时可以选择三角截面类型。如图 7.8 所示为 Fe-C-Cr 三元合金的等温界面相图。其中,为了能够更好地区分各相区间,选取了 C 含量在 0~1%、Cr 含量在 0~20% 的范围,等温截面分别为 800 ℃和 1 000 ℃下的稳定相分布。由图 7.8 可知,根据研究合金各成分变化,可以很方便地获得平衡相随某组元的变化规律。基于此,根据三元合金相图,可以获得 Fe-C-Cr 合金中当碳含量一定时,随着 Cr 含量的变化,平衡相的演变,如图 7.9(a)所示。相似地,也可以限定 Cr 含量,而改变 C 含量,如图 7.9(b)所示。

从上述类型的相图中,可以指导合金成分设计以及热处理参数,以获得不同相组合的材料组分。此外,当三元合金成分均固定时,各平衡相随温度变化可以计算,如图 7.10 所示。值得注意的是,依据三元合金相图,经过简单的积分、求导,可以方便地得出吉布斯自由能、摩尔熵、摩尔焓、相的分数、成分、形成驱动力、摩尔体积、密度、热物特性的变化,这里不再一一进行讲述。

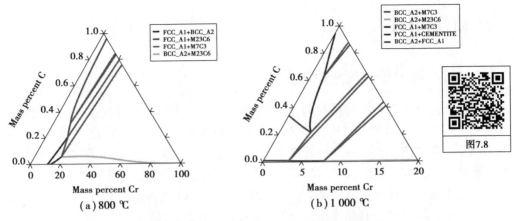

图7.8 不同温度下 Fe-C-Cr 三元合金部分等温界面相图

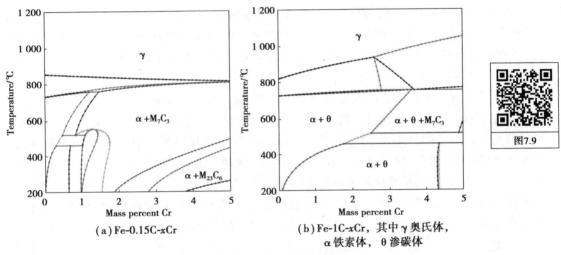

图7.9 Fe-C-Cr 三元合金平衡相图

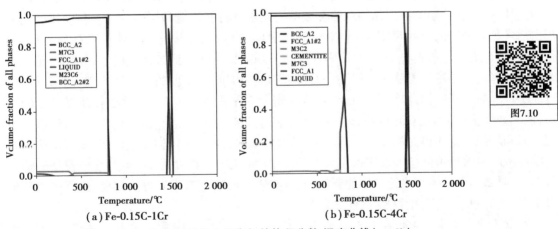

图7.10 Fe-C-Cr 三元合金平衡相的体积分数-温度曲线(wt.%)

7.3 动力学计算

7.3.1 动力学计算方法简介

不同于前面7.2节所讲的材料热力学,热力学是告诉一个过程或反应是否会发生(即自由能是否会减少),适用于描述稳定或亚稳定平衡的系统,以及计算相变发生所需要的驱动力。动力学是描述一个过程发生的速率,适用于从非平衡状态过渡到平衡状态的系统,或两个平衡状态之间的系统转变,是描述系统如何克服能量壁垒以完成从开始到结束的转变过程。动力学相关的过程可以是化学反应(不同分子或材料之间的变化),或两种材料结构(或相)之间的转变,其中只有晶体结构(原子排列)发生变化,而化学成分(相关元素、离子价态等)保持不变。"相变"的典型例子包括水的冻结、钢在奥氏体(γ-Fe)和珠光体(α-Fe+Fe$_3$C)之间的共析转变、石墨和金刚石之间的转变等。在所有材料相变过程中,都会发生原子(离子)重排。当一个原子(离子)在被其他原子或离子包围的环境中移动时,键被打破,形成新的键,并且周围的原子从其平衡位置移位(在过渡过程中)。这导致局部能量瞬间增加,形成中间(非平衡)状态,即所谓的过渡(或亚稳)状态。

动力学的计算与通用计算模拟总体分类和趋势相类似,根据动力学的尺度划分,可以分为原子尺度、微观、介观和宏观尺度的动力学,从而在多维多尺度条件下实现材料内部微观组织动态演变过程。具体分类如下:①原子尺度($\sim 10^{-9}$/m或几纳米),其中电子是参与者,它们的量子力学状态决定了原子之间的相互作用。②微观尺度($\sim 10^{-6}$/m或几微米),其中原子是参与者,它们之间的相互作用可以用经典的原子间势(CIP)来描述,CIP封装了电子介导之间的键合效应。③介观尺度($\sim 10^{-4}$/m或数百微米),其中晶格缺陷如位错、晶界和其他微观结构元素是主要因素。它们的相互作用通常源自包含原子间相互作用影响的现象学理论。④宏观尺度($\sim 10^{-2}$/m或厘米及以上),其中本构定律控制被视为连续介质的物理系统的行为。在宏观尺度上,密度场、速度场、温度场、位移场和应力场等连续场是参与者。通常制订本构定律,以便它们能够捕捉晶格缺陷和微结构元素对材料性能的影响。每个长度尺度上的现象通常具有相应的时间尺度,与上述4个长度尺度相对应,其范围大致从飞秒到皮秒、纳秒、毫秒甚至更长。如图7.11所示为多尺度建模预测材料在辐照条件下的组织演变,是目前跨尺度计算模拟的主流思路。它以最小的长度和最短的时间尺度的第一性原理计算开始,进行原子尺度的电子结构计算,这一过程常依赖密度泛函理论(DFT),然后随着计算尺度的增加,依次是分子动力学(MD)模拟、动力学蒙特卡洛(kMC)、速率理论或相场模拟,通过耦合不同空间和时间尺度的热力学和动力学信息,最终实现高能中子辐照下的组织演变。这些由多尺度模拟产生的组织信息可以作为宏观力学模型(如三维位错动力学)和连续型模型的输入数据,在此基础上必须与连续尺度的断裂力学模型结合,通过有限元方法建模,最终可以预测单个(聚变)反应堆部件的材料变形和失效。

本章节动力学主要聚焦在介于微观和介观的动力学模拟,即常见的相变、扩散、凝固(固态)组织演变等模型。常见的动力学模型根据其界面可以分为弥散界面模型与明锐界面模型,如图7.12所示。相比于明锐界面模型(如DICTRA)而言,弥散界面模型(如相场)的界面状态是序参量的剧烈变化边界层,是存在宽度的弥散界面。两种界面模型均常见于科研活动中,实际选择主要基于研究对象、目的、精度要求等,与尖锐界面模型相比,弥散界面模型具有重要优势,即不同区域之间的界面上没有指定边界条件,各变量参数是时间和空间的连续函数,在扩散型界面模拟中更能代表实际界面移动,但计算量一般较大。

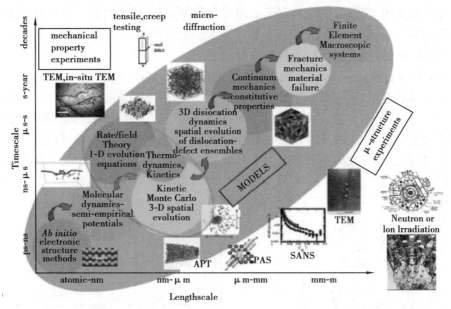

图 7.11　基于实验和计算科学的综合方法研究高能粒子辐照引起的材料降解

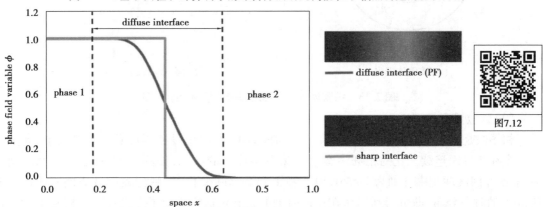

图 7.12　明锐界面(界面处的属性不连续)和弥散界面(在相邻颗粒的平衡值之间,性质不断演变)

(1)明锐界面模型

DICTRA 是一种典型的明锐界面模型,通过简化物理界面,使之变成可以采用简单方程式描述的明锐界面。对不同的物理变化过程,本质上基于流量平衡方程,计算在限定体积单元内的符合化学势能变化的趋势,能够对多组元体系下的界面扩散、凝固偏析等进行模拟预测。以扩散过程为例,可以用 Fick 定律来表达,一维体系下,沿着 X 轴方向的可以描述为

$$J_k = -D_k \frac{d_{ck}}{d_x} \tag{7.15}$$

$$D_k = -D_k^0 \exp\left(\frac{-Q_k}{RT}\right) \tag{7.16}$$

式中,R 为热力学常数,数值近似等于 8.314 J/(mol·K);T 为绝对温度,单位为 K,开尔文。

其中,扩散过程取决于体系中化学势的变化,由其通量表示,即每单位时间内穿过垂直于扩散方向的单位面积的通量。如果原子的数量以摩尔计(1 mol = 6.022 * 10^{23} 原子),则通量的尺寸以 SI 单位为 mol·m^{-2}·s^{-1}。c_k 是溶质的物质的量浓度,即每一单位体积的摩尔数。对其求导称为浓度梯度,即浓度在 x 方向上的变化程度。D_k 是界面处原子的扩散系数,表示移动的程度。高值表示移动容易,低值表示移动缓慢。在 SI 单位中,扩散系数的尺寸为 m^2·s^{-1}。扩散系数具有很强的温度依赖性,通常随成分而变化。

最终 DICTRA 计算问题是求解多组元方程式的过程。如图 7.13 所示为铁素体基体内形成渗碳体的单元示意图,其中 R_1、R_2、R_3 分别代表了单元内渗碳体初始半径、所对应的铁素体基体半径、总模拟单元的半径,最终可以计算在总模拟单元 R3 基体内渗碳体长大后的尺寸以及伴随着长大速率、成分扩散等。根据热处理温度条件(温度、时间、加热/降温路径)、内部合金元素状态,界面控制长大机制可以分为几种典型类型,图 7.13 中给出的局部平衡 LE、忽略溶质元素扩散的局部平衡(NPLE)以及亚平衡(PE),以实现对不同体系、外部条件下的物理变化过程进行预测。

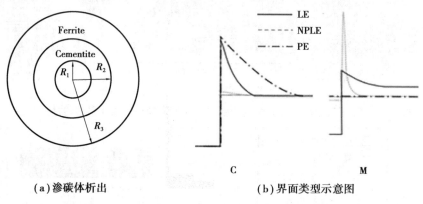

(a)渗碳体析出　　　　　(b)界面类型示意图

图 7.13　铁素体基体内形成渗碳体的单元示意图

(2)弥散界面模型

相场法是一种弥散界面模型,与尖锐界面模型不同,它假设相界面具有一定宽度,通过引入一个在相界面连续变化的相场序参量 ϕ 来刻画体系的状态,如图 7.12 所示。以固液两相为例,ϕ 在固液两相中分别为 1 和 0,当 ϕ 在 1 和 0 之间变化时,则代表固液界面。通过求解获得 ϕ 的时空分布,即可得到体系在任何时刻的状态。这样避免了在尖锐界面模型中对复杂相界面的追踪,使得复杂形貌的演变问题(如三维枝晶组织演变)变得可解。

尖锐界面弥散化的思想可以追溯到 1894 年,van der Waals 引入热力学势梯度量刻画弥散相界面演变问题。1958—1961 年,Cahn 和 Hilliard 使用界面弥散化思想研究了非均匀体系平界面结构的自由能演变问题,针对晶体生长、调幅分解等过程,提出了求解控制守恒量演变的 Cahn-Hilliard 扩散方程,见式(7.17)。1977—1979 年,Allen 和 Cahn 通过对铁铝合金中反相畴界的迁移及晶粒的粗化行为进行研究,提出了刻画非守恒量演变的 Allen-Cahn 方程,见式(7.18)。Cahn-Hilliard 方程和 Allen-Cahn 方程奠定了利用相场法研究组织演变问题的基础。

$$\frac{\partial \chi}{\partial t} = \nabla \cdot \left(K_\chi \nabla \frac{\delta E}{\delta \chi} \right) \tag{7.17}$$

$$\frac{\partial \phi}{\partial t} = -K_\phi \frac{\delta E}{\delta \phi} \tag{7.18}$$

式中，E 为总能量；χ 和 ϕ 分别代表守恒量和非守恒量；K_χ 和 K_ϕ 代表界面迁移率。

相场法基于 Ginzburg-Landau 相变理论，体系总能量为相场序参量的泛函，包含界面自由能、体积自由能、弹性应变能、静电能和磁能等，通过能量泛函理论获得序参量的时间和空间分布。Ginzburg-Landau 相变理论采用序参量描述体系的对称性，当相变发生时，对称性被破坏。序参量作为体系特征物理量的平均值，描述了体系偏离平衡态的程度。获得序参量的时间依赖关系，即可预测体系的演变，并可通过序参量的空间分布预测体系的结构形态。

凝固相变是从液态向固态的转变，是一个吉布斯自由能减小和熵增的过程。研究凝固相变的主要困难在于如何精确描述组织形貌，并刻画界面前沿的潜热释放、元素扩散和对流输运等行为。相场法在消除 Stefan 问题中对界面位置施加边界条件要求的同时，通过将相场变量和温度场变量、溶质场变量、流场变量等结合，可以实现对多物理场耦合作用下的凝固过程进行统一描述和精确预测。

7.3.2 动力学计算软件简介

1) Thermo-Calc 软件的动力学板块

扩散模块(DICTRA)是 Thermo-Calc 的一个附加模块，基于多组分扩散方程的数值解和 CALPHAD 方法。扩散模块(DICTRA)是进行扩散模拟的通用工具，以下为其能够回答的典型问题：

①在特定温度下需要多长时间才能使固态微观结构均匀化？
②溶解给定尺寸的沉淀物需要多长时间？
③冷却或加热速率如何影响相变量？
④焊接后或其他类似连接操作的结果是什么？
⑤当焊接两种不同的材料时，是否会形成有害相？

扩散模块(DICTRA)可以计算模拟的内容包括凝固过程中的微偏析、合金的均匀化、第二相(如碳化物、氮化物或金属间相)的生长/溶解、析出相的粗化、固态相变，如钢中的奥氏体到铁素体的转变，或钛合金中的 hcp(α-Ti)到 bcc(β-Ti)，高温合金和钢的渗碳、氮化和碳氮共渗、化合物中的相互扩散，如涂层系统、不同接头等；焊后热处理(相互扩散和相关相变)；硬质合金烧结等。

为了使扩散模拟能够在现实条件下对具有实际重要性的合金进行，DICTRA 开发期间的重点是将基本模型与严格评估的热力学和动力学数据联系起来。DICTRA 主要是对热力学和动力学数据进行访问，以确定是否可以模拟问题。当然，这是在假设问题是扩散控制的，并且满足所有其他基本模型假设的情况下进行的。应强调的是，扩散模拟是一维的，可以使用3种不同的几何形状：平面、圆柱形和球形。这足以模拟许多令人感兴趣的案例。例如，圆柱形几何形状既可用于通过管壁的扩散建模，也可用于棒状沉淀物的溶解。

众所周知，对实际的析出相变过程，需要考虑统计性粒子数量，并且形核阶段的特征极其重要，如形核方式、形核点数量、界面能等，作为 DICTRA 模块的补充，能够自动实现形核、长大和粗化过程转化，考虑形核与微观组织参数(热加工工艺参数限定)的影响，尤为重要。沉淀模块(TC-PRISMA)使用 Langer-Schwartz 理论和 Kampman-Wagner 数值方法处理多组分和

多相系统中任意热处理条件下的同时成核、生长/溶解和粗化,扩展了动力学计算的功能,可以解决以下问题:

①析出形成需要多长时间?
②析出的顺序是什么?
③析出物尺寸分布如何随热处理而变化?
④经过某种处理后,材料的预计屈服强度是多少?
⑤特定合金元素如何影响沉淀动力学?
⑥析出物如何影响晶粒长大?

此外,TC-PRISMA 模块可以预测沉淀物同时成核、生长/溶解和粗化过程;正常晶粒生长和钉扎、粒度分布的时间演变、平均粒子半径和数密度、材料的预计屈服强度、析出物的体积分数和成分、形核率和粗化率、时间-温度-析出(TTP)图、连续冷却转变(CCT)图、多组分界面能的估算。

与 TC-PRISMA 相似,MatCalc 使用经典的形核理论和 Onsager 的极值原理来模拟析出相的演化,通过建立数值模型,对相同半径、相同成分、不同时间间隔形核的析出相进行了分类。在 MatCalc 中实现的析出动力学方法中,系统的微观结构演化是在 Kampmann-Wagner 模型框架内模拟的。总时程被分解成足够小的等温段,大小和化学成分相同的析出相被分组,每一类的大小和组成的演化根据热力学极值原理推导的速率方程计算。基于经典形核理论的多组分扩展,在每个时间步长中都考虑了新析出相的形核。结合变形量、热加工工艺参数等信息,设计多阶段的热处理和变形量、应变速率的耦合,以位错回复、增殖来考虑,从而影响后续析出的形核再结晶过程。

2)Phase Field 相场

相场法发展至今经历了多次修正和完善。1978 年,在 Langer 写给卡内基梅隆大学数学科学系同事的研究笔记中,提出了求解凝固组织演变过程的相场法雏形。1993 年,Kobayashi 首次采用含有各向异性的相场法再现了过冷熔体中的纯金属枝晶生长过程,并将其扩展到三维,获得了与实际凝固枝晶定性一致的结果。之后,相场法经历了由定性到定量,由纯物质到多元合金,由两相到多相,由单物理场到多物理场耦合的发展历程,如图 7.14 所示。

近 30 年,相场模拟方法日臻成熟,已广泛应用于探究凝固机理,如枝晶的竞争生长、粗化、取向选择等。除以上四大发展趋势外,学者们在拓宽相场法的应用范围方面开展了大量研究,如 2009 年,Ohno 和 Matsuura 考虑固相扩散,将相场法从单边模型扩展到双边模型,消除了 Gopinath 等提出的双边模型中反溶质截留项的奇点性,实现了固相扩散系数可以为任意值的定量模拟;2011 年,Plapp 从巨势泛函,而不是自由能泛函推导建立了相场法,采用化学势而不是浓度去刻画体系的演变,在保留界面能独立于界面宽度这一优点的同时,消除了体积自由能对浓度变量的依赖。

尽管如此,由于缺乏对材料毛细性能和动力学性能的全面认识,对给定材料实现定量化模拟的难度仍然很大。毛细性能和动力学性能的各向异性极大地影响了界面的动力学行为。采用第一性原理、分子动力学等确定这两个性能参数,并和相场法结合,已受到越来越多学者的关注。将相场模拟和合金热力学数据库(如 Calphad)结合,预测工业合金凝固过程,成为了相场法的另一大发展趋势。而作为相场法实际应用的主要瓶颈,计算效率问题一直是研究的重点和难点。为了提高计算效率,一方面,薄界面渐进分析方法、相界面等化学势假设、巨势泛函相场法中引入化学势变量等方法相继被开发出来,从理论角度完善了相场法,减少了对相界面宽度的限制,使弥散界面宽度增大的同时,仍能保证高数值精度。但为实现大尺寸相场模拟,数值求解难度仍然很大。另一方面,各种高性能算法被开发出来,主要有两个发展方向:一是构建多层网格架构,只在相界面处采用细网格,减少计算数据;二是充分利用计算机并行计算的能力,通过并行计算提高计算效率。

图7.14 相场法发展历程,时间表示每个阶段的起始时间

7.4 热力学和动力学计算实践举例

7.4.1 体积分数

利用 Thermo-Calc 软件,对二元、三元及多元合金,可以计算平衡态下各相随温度的体积分数演变,7.2.3节如图7.10中三元相图所示。结合合金元素与外界环境条件变化的相图,能够帮助材料设计人员实现平衡体系下材料显微组织和相的精确调控。除了传统的钢铁材料,对其他种类金属,如钛合金,可以很方便地研究成分体系对平衡相的影响。根据不同合金元素添加量下的相图,指导人们优化合金成分,避免合金中有害相的生成,进而提高材料机械性能。

以钛合金为例,选取平衡相图计算模块和钛合金数据库,选择目标合金元素种类,输入质量(或者摩尔)分数,进行特定成分下的相图计算。根据需求计算结果可以合并到同一张图上显示,以展示不同合金成分下相变类型、相变温度的变化规律。如图7.15所示为基于Ti-6Al-4V 的新设计合金,通过优化合金中纯钛(CP-Ti)的添加量,以抑制有害相 α_2-Ti_3Al 为目标。研究发现,当添加纯钛在 25 wt.% 以下时,在打印过程中,基板预热温度大于该相的形成温度,抑制了该有害相的形成,为指导新型3D打印钛合金提供了重要的理论依据。

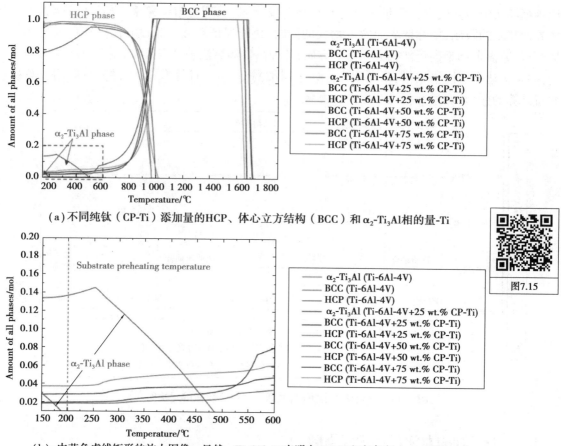

(a) 不同纯钛（CP-Ti）添加量的HCP、体心立方结构（BCC）和 α_2-Ti$_3$Al 相的量-Ti

(b) a中蓝色虚线矩形的放大图像。显然，Ti-6Al-4V表明在486 ℃左右存在 α_2-Ti$_3$Al 相。
CP的添加-Ti到Ti-6Al-4V显著抑制了 α_2-Ti$_3$Al 相的形成趋势。（Ti）中 α_2-Ti$_3$Al 相
的形成Ti-6Al-4V+25 wt % CP-Ti发生在低于200 ℃的温度下。应注意的是，钛基板预热至
200 ℃，由于连续的热量输入，在L-PBF期间样品温度应高于200 ℃。（Ti）中的 α_2-Ti$_3$Al 相
Ti-6Al-4V+25 wt.% CP-Ti将在制造期间被抑制

图 7.15 Thermo-Calc 软件计算 Ti-6Al-4V 合金添加不同纯钛（CP-Ti）后的平衡相图

析出强化是钢铁材料中最有效的强化方式之一，通过合金设计和热处理工艺调控析出已成为人们调控其服役性能的主要手段。为了实现钢中析出物的定量调控，利用计算模拟其演变过程就越发重要。对成分为 Fe-1C-1Cr（wt.%）的合金，经 1 100 ℃ 奥氏体化后淬火至室温，获得马氏体基体组织，然后淬火试样在 700 ℃ 进行等温回火热处理。

计算时，选择 TC-PRIMSA 析出动力学模块，基体为 BCC 结构的马氏体，析出形核方式为位错形核，根据文献报道，位错密度为 $1.2\times10^{15}/m^{-2}$。析出相选取 M_3C（因该体系下其他潜在析出相均未能出现）。界面能选择以广义最近邻断裂键模型（Generalized Nearest-Neighbor Broken Bond Model，GNNBB）计算数值，形状简化为球形。计算结果如图 7.16 所示，随界面能变化，析出物尺寸增加，析出体积分数达到饱和最大值所需时间增加。当界面能一定时，形核点数量（即位错密度）影响析出相尺寸演变，形核密度增多，析出相尺寸降低，而且形核方式对析出相尺寸有影响。通过形核速率曲线发现，随界面能的提高，形核速率降低明显，呈几何级

数变化。这说明在外界其他条件不变的情况下,界面能能够对析出模拟产生很大的影响,选取的时候要十分谨慎。提高析出相和基体的界面能,析出形核驱动力提高,增加了形核的难度,进而降低形核速率,随之在后续的回火过程中,少量的析出物长大、粗化达到平衡体积分数均需要较长的时间。同时,在析出总量一定的情况下,潜在形核数量降低,平均尺寸增加,这也解释了图 7.16(a)中的结果。

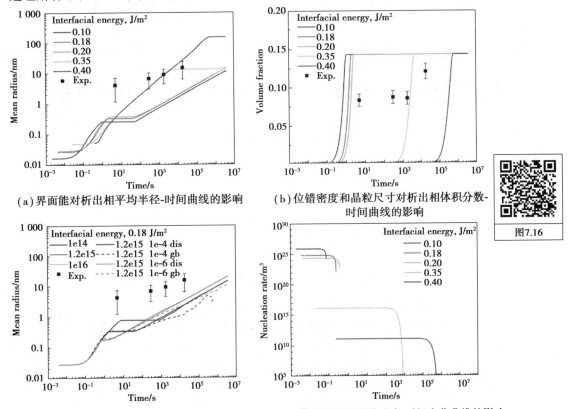

(a)界面能对析出相平均半径-时间曲线的影响　(b)位错密度和晶粒尺寸对析出相体积分数-时间曲线的影响

(c)界面能对析出相平均半径-时间曲线的影响　(d)界面能对析出相形核速率-时间变化曲线的影响

图 7.16　Fe-1C-1Cr 三元合金淬火后在 700 ℃ 回火过程中 M_3C 析出相的演变

Gibbs-Thomason(吉布斯-汤姆森效应)在析出演变过程中发挥着重要作用,特别是在析出形核阶段,曲率半径较大,析出物整体受曲率影响更为明显。如图 7.17(a)所示为析出物 M_3C 在是否考虑吉布斯-汤姆森效应时半径变化趋势。通过与实验结果进行比较,模拟结果与试验所观察数值均有所区别。这里考虑界面处的合金元素变化趋势,在后期均为 Cr 元素向析出粒子内部扩散,不再是碳控制界面移动现象。通过对比析出物中的合金元素含量,可以明显看出,两者吻合较好,说明该数据库在此模拟条件下是完全可靠可信的,这也是该体系数据能够进一步开展计算工作的基石。

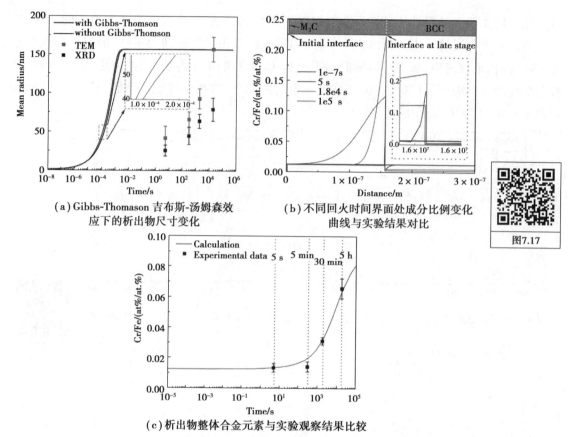

(a) Gibbs-Thomason 吉布斯-汤姆森效应下的析出物尺寸变化

(b) 不同回火时间界面处成分比例变化曲线与实验结果对比

(c) 析出物整体合金元素与实验观察结果比较

图 7.17　Fe-1C-1Cr 三元合金淬火后在 700 ℃回火过程中不同计算参数下 M_3C 析出相的演变行为

需要说明的是，TC-PRIMSA 析出模块不仅可以计算实际热处理状态下析出物或者相变的形核、长大、粗化规律，计算结果也可作为参数输入其他尺度模拟，进而对实际打印过程进行预测。如图 7.18 所示为打印 Ti-6Al-4V 合金过程中温度场模拟，其温降曲线可作为 DICTRA 动力学计算的输入参数，进而对实际温降过程中固相之间的合金元素分配进行预测。通过结合实验数据，可以有效地实现打印参数、打印和合金中配分的设计过程。

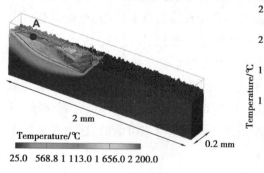

(a) L-PBF过程的多物理模拟域的3D视图

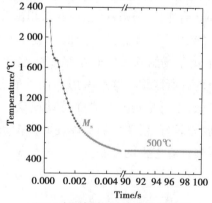

(b) A中顶部表面A点的冷却曲线。从Ms开始至500 ℃，然后保持在500 ℃直到100 s的冷却曲线用于DICTRA模拟，如冷却曲线中用橙色数据点突出显示的那样

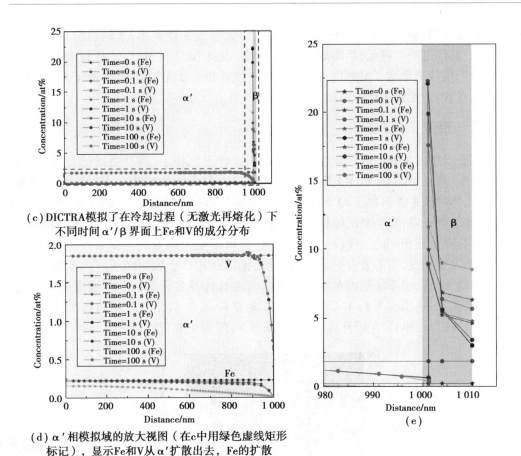

(c) DICTRA模拟了在冷却过程（无激光再熔化）下不同时间α'/β界面上Fe和V的成分分布

(d) α'相模拟域的放大视图（在c中用绿色虚线矩形标记），显示Fe和V从α'扩散出去，Fe的扩散速率比V快

图7.18　Ti-6Al-4V 合金添加不同纯钛(CP-Ti)后 L-PBF 过程的多物理模拟和 DICTRA 模拟

热动力学不仅能够对平衡体系的相变体积分数进行计算,对亚稳状态的固态相变过程,如快速凝固过程也可以实现预测。目前,新开发的凝固模型,可以实现对固态形成之后,元素是否能够自由配分的计算。由于实验数据偏少,仅对有限合金体系使用,因此需要不断地开发新的模型或者物理描述,扩大该凝固模型的应用范围。如图 7.19 所示为典型 17-4PH 型马

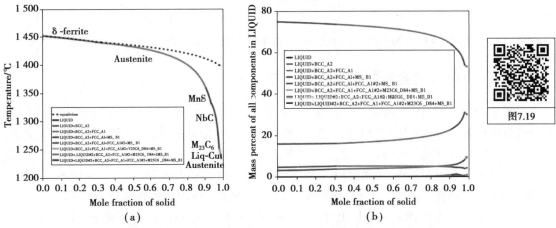

图 7.19　17-4PH 析出强化型不锈钢的 Sheil-Gulliver 凝固相图及各成分变化趋势

氏体不锈钢的凝固 Sheil-Gulliver 图。由图可知,初始形成 δ 铁素体,紧随着的是面心立方的奥氏体,随着温度进一步降低,将形成 MnS 夹渣物,以及 NbC 和 $M_{23}C_6$。比较有意思的是,在 1 240 ℃附近,液相里形成了富铜的小部分液相。该液相主要元素为铜,形成了 Cu 的析出相,随后形成了富含 Cr 元素的奥氏体相。

7.4.2 相变 T_0 边界

固态相变发生的主要原因是新生成的相在该条件下更稳定,具有更低的吉布斯自由能。在钢铁材料中,高温(如 Ac_3 以上)条件下,奥氏体的吉布斯自由能更低,是稳定相。随着温度的降低,奥氏体和铁素体自由能均下降,但铁素体的吉布斯自由能下降的速度更快。在较低温度下,铁素体更稳定,发生奥氏体到铁素体转变。这里,人们把面心立方奥氏体和体心立方铁素体吉布斯自由能相同的温度,称为 T_0 点,这是可以发生相变的前提条件。然而,在实际体系下,若要发生相变,则需要有一定的过冷度,抵消新相产生界面而引起的系统能量增加,即克服界面阻力。由于系统的吉布斯自由能随着成分体系变化,因此 T_0 温度也将随成分体系而改变,如图 7.20 所示为 Fe-C-Cr 合金中 T_0 随着 C 和 Cr 含量变化的趋势图,即随着 C 含量升高(0 ~ 1 wt. %)和 Cr 含量升高(0 ~ 10 wt. %),T_0 温度降低。

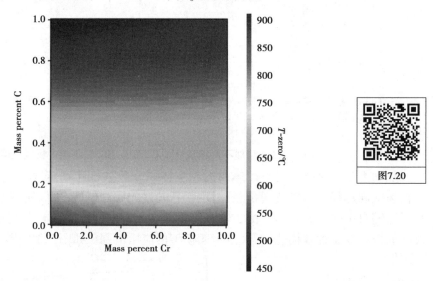

图7.20

图 7.20 Fe-C-Cr 合金中 T_0 温度随 Cr 和 C 成分变化趋势

7.4.3 Al-Cu 合金的析出动力学演变

对于铝合金来说,添加元素,如 Cu、Mg、Ag 等,将会产生时效强化。通过对析出物的演变过程进行模拟计算,包括尺寸、粗化速率,可以对铝合金的强度、热稳定性进行评估。如图 7.21 所示为 Al-4Cu/-0.5Mg wt. % 合金在 500 ℃下的析出相演变,由 TC-PRISMA 析出模块计算所得。由图可知,添加 Mg 元素之后,析出相 Al_2Cu 的尺寸长大速率增加,新形成 S 相析出,且先于相长大。由图 7.21(b)可知,两种合金总体的析出相体积分数整体相差不大。

基于合金成分不同体系下的析出物长大(粗化)速率结果,可以对合金成分进行优化。如图 7.22 所示为 Al-4Cu-Mg-Ag 高温耐热铝合金在 500 ℃时效下析出物 Al_2Cu 粗化速率系数随

Mg 和 Ag 含量变化趋势图。一般而言,随着时效温度升高,溶质元素扩散速度加快,粗化速率增加。由图可知,当 Mg 含量由 0 升高到 2 wt.% 时,析出物 Al_2Cu 的粗化速率系数由 $5×10^{-25}$ m^3/s 增加到 $1.15×10^{-24} m^3/s$。另外,当添加 Ag 含量在 0~2 wt.% 区间变化时,析出物 Al_2Cu 的粗化速率系数相对稳定。当然,上述模拟结果只是基于已有数据,具体数值不一定十分精确,对某些没有数据的区间,其结果可能会有所不符,需要更多的实验对数据进行补充,进而提高计算模拟的精度。

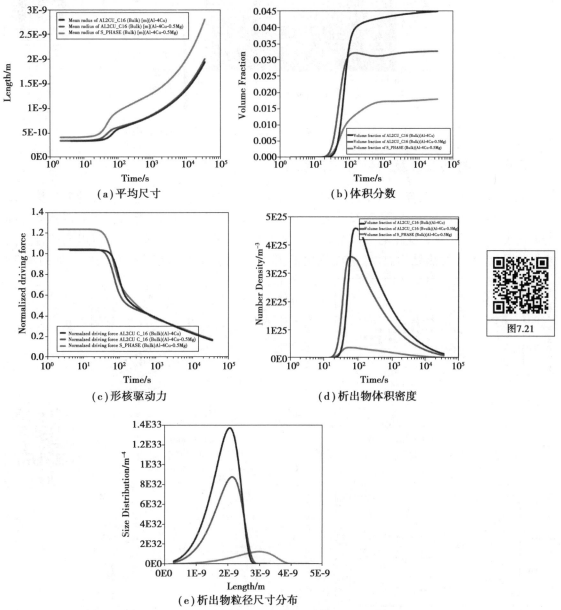

图 7.21 Al-4Cu/-0.5Mg wt.% 合金在 500 ℃下的析出物行为演变

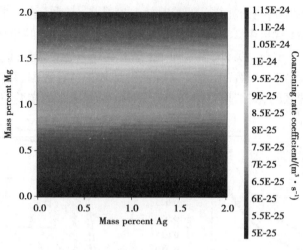

图7.22 Al-4Cu-Mg-Ag wt.% 在500 ℃时效时析出相 Al_2Cu 的粗化速率

7.4.4 材料设计及热处理工艺优化

以商用 Cr-Mo-V 系合金钢作为研究对象,通过对不同析出相随合金含量变化其形核驱动力-温度之间的关系曲线,如图 7.23 所示。随着 Cr 和 Mo 含量提高,析出相的形核驱动力随着温度变化并不是直线变化的。结合元素间相互作用,综合分析计算结果,可以调控合金元素添加量,以及后续热处理温度,进而优化工艺,以获得更多更为细小的析出物。如图 7.24

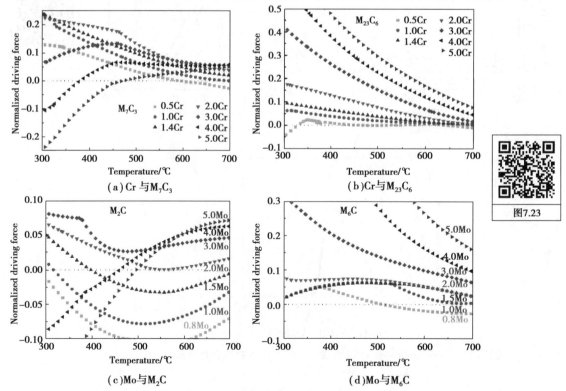

图 7.23 Cr-Mo-V 系合金钢随合金元素变化析出物形核驱动力-温度变化曲线

所示,通过调控 Cr、Mo、V 含量,结合 C 含量的变化,可以对某温度区间的碳化物种类进行控制,最大程度地发挥合金元素的潜力,减少合金元素的用量。

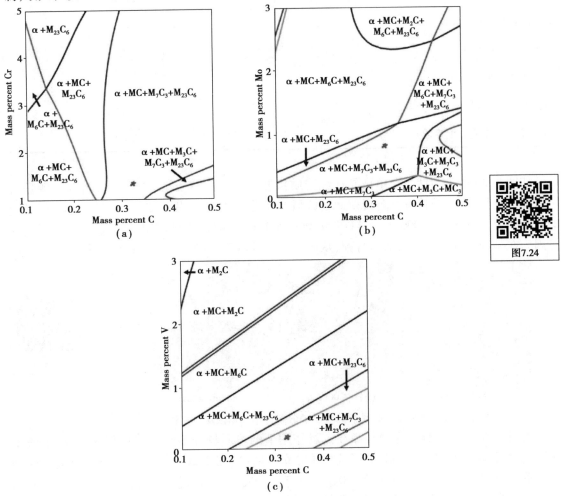

图 7.24　Cr-Mo-V 系合金钢随着 Cr、Mo、V 含量变化平衡相图

7.4.5　相场模拟实例

模拟条件包含初始条件和边界条件。采用 Mg-Gd 合金的物性参数进行数值模拟,见表 7.1。模拟过程中不考虑形核过程,晶核初始化为圆形,半径为 $R=3.2W_0$(W_0 是界面厚度参数)。模拟计算的边界条件对流场变量为无滑移边界条件,对其他变量(包括相场、溶质场、温度场)为零诺伊曼边界条件。

模拟研究所采用的时间步长为 Δt,Δt 的大小由数值稳定性决定,空间步长为 $\Delta x=0.8W_0$。如无特殊说明,采用以下参数:计算域大小 $N_x \times N_y$ 为 1 024×1 024,计算的总步长设置为 $t=6\ 000\Delta t$(Δt 是时间步长),无量纲过冷度为 $\Delta=0.25$,流场强度基准 $g_0=9.8$ m/s^2。

表 7.1　Mg-Gd 合金模拟参数

参数	Mg-Gd
D_l(液相溶质扩散系数，m^2/s)	1×10^{-9}
T_M(纯熔体温度，K)	922
C_0(初始溶质温度，wt.%)	6
m_α(α 相液相线斜率，K/wt.%)	-2.9
k(合金溶质平衡分配系数)	0.15

如图 7.25 所示为镁合金单枝晶在纯溶质扩散条件下的溶质场分布情况，图例右侧是溶质浓度的标尺，颜色越接近红色说明此处区域溶质分布越密集，图 7.25(a)、(b)、(c)所对应的时间步数分别为 $t=2\,000\Delta t$、$t=4\,000\Delta t$、$t=6\,000\Delta t$。在枝晶根部出现了大量的溶质富集，这是因为在凝固过程中存在溶质再分配，从固相排出的溶质不能充分扩散到液相中。

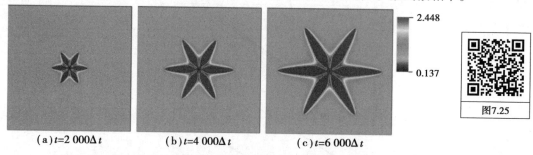

图 7.25　镁合金单枝晶在纯溶质扩散条件下的溶质场分布情况

如图 7.26 所示为镁合金单枝晶在流场作用下的溶质场分布情况，图例右侧是溶质浓度的标尺，颜色越接近红色说明此处区域溶质分布越密集，图 7.26(a)、(b)、(c)所对应的流场强度系数分别为 $g/g_0=0.1$、$g/g_0=1.0$、$g/g_0=7.5$。最下侧两条枝晶臂尖端较其他 4 条枝晶臂尖端有明显的溶质富集，导致下侧两枝晶臂尖端的局部过冷度降低，枝晶下侧生长速度减慢，而上侧两枝晶臂尖端没有明显的溶质富集，上侧产生的局部过冷度降低而导致的生长速度减慢不如下侧枝晶尖端明显，从而导致了在流场作用下的枝晶生长形貌特征的上下不对称性。

图 7.26　镁合金单枝晶在流场作用下的溶质场分布情况

如图 7.27 所示为柱状晶生长过程中有无流场的溶质浓度分布对比图。图 7.27(a)、(b)、(c)、(d)为无流场时的生长情况,图 7.27(e)、(f)、(g)、(h)为有流场时的生长情况,且该流场的相对大小为 $g/g_0 = 1.0$。通过对比发现,流场促进了柱状晶的尖端生长速率,如图 7.27(a)的竖直中心线处的枝晶尖端生长速率为 $2.04W_0/\tau_0$(τ_0 是弛豫时间),而图 7.27(e)的竖直中心线处的枝晶尖端生长速率为 $2.27W_0/\tau_0$。排出的溶质在流场作用下向下移动,减少了尖端附近溶质的富集,溶质扩散边界层变薄,二次枝晶臂沿着与主轴枝晶臂呈一定角度方向生长,并随着枝晶主干的生长变得越来越发达,使得相邻的枝晶主干的生长可能被完全抑制,从而增大了枝晶臂间距[图 7.27(c)、(g)]。

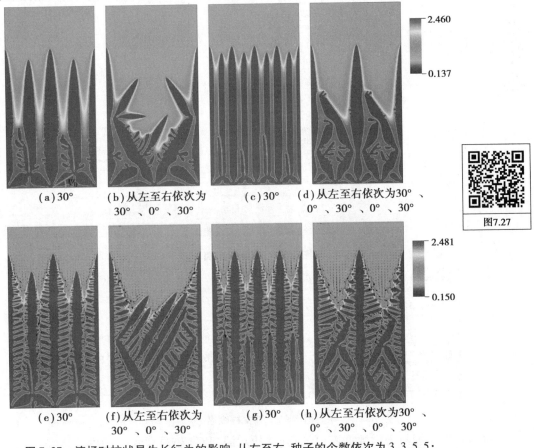

图 7.27 流场对柱状晶生长行为的影响,从左至右,种子的个数依次为 3、3、5、5;
每一个枝晶的主轴臂与 x 轴的初始化取向角度 ψ_0

7.4.6 水泥中石灰石粉掺量对水化产物形成的影响规律

水泥作为重要的建筑材料,在工程领域中发挥着关键作用。石灰石分布广泛、廉价且成分稳定,被广泛用于替代混凝土中的部分水泥,以改善其性能,有着巨大的经济效益和环境效益。向水泥中逐步添加石灰石粉的物相反应过程复杂,涉及多种离子浓度和离子平衡。利用 GEMS 软件进行热力学模拟可以较准确地预测反应产物类型及其质量。

(1) 创建新项目

创建新的文件夹,并对此文件夹进行命名,简单描述将要模拟的内容,如图 7.28、图 7.29 所示。

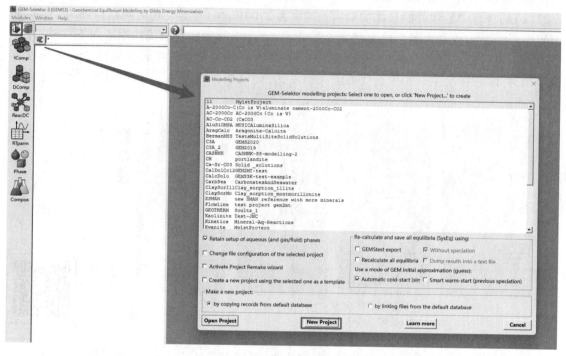

图 7.28　创建新文档

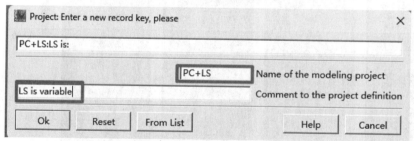

图 7.29　新文档命名

选择合适的水泥热力学数据库,普通硅酸盐水泥(PC)和混合水泥的推荐选择如图 7.30 所示,其中 CSH 有不同的模型,推荐选择 CSHQ 型更好,涵盖了大部分的反应,相对来说更为准确。aam 为碱激发水泥专用数据库,通常不勾选。

随后选择此次模拟反应体系中存在的主要化学元素,如图 7.31 所示。注意,需要尽可能地选择齐全,否则后面会出现该存在的产物无法收集的情况。

选择液相的计算模型,在 PC 的热力学模拟中,通常选用 KOH 计算模型,全部勾选完成后需要点击 Check 后再点击 OK,如图 7.32 所示。

对本次化学反应系统进行命名,并设置本次的反应条件,如温度和压力等,如图 7.33 所示。

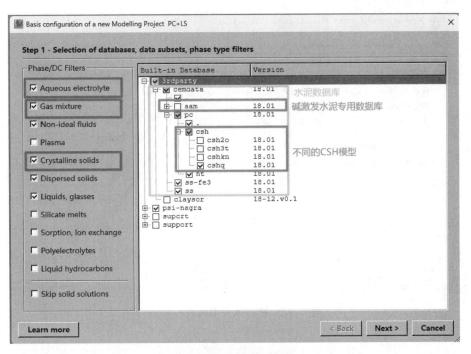

图 7.30　数据库选择

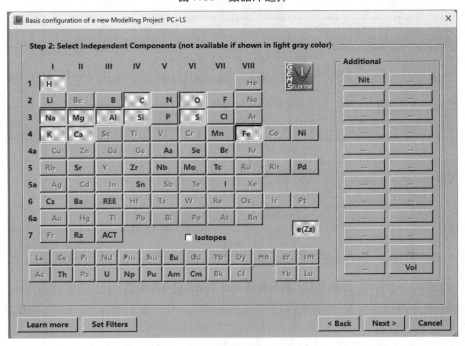

图 7.31　模拟体系中的元素选择

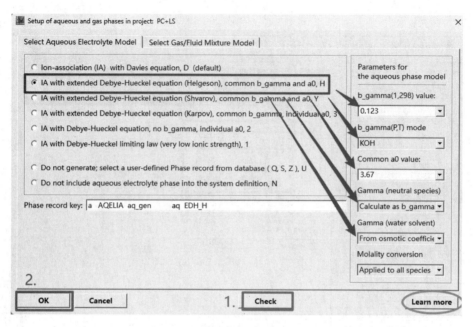

图 7.32 模拟体系中的液相选择

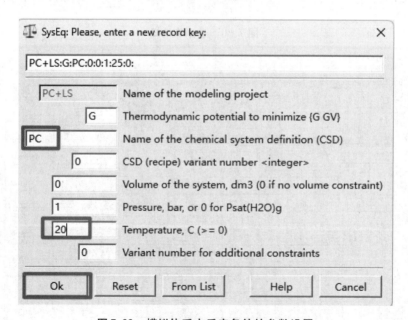

图 7.33 模拟体系中反应条件的参数设置

对初始成分进行预定义,本次模拟的是石灰石粉由 0% 逐渐添加到 10%,初始成分仅为 PC,即预定义 0.5 水灰比、0% 的石灰石粉的初始 PC,此处的 Aqua 为 H_2O,如图 7.34 所示。注意,任何反应都需要加入 0.1 g 的 O_2,以确保氧化还原反应正常进行。

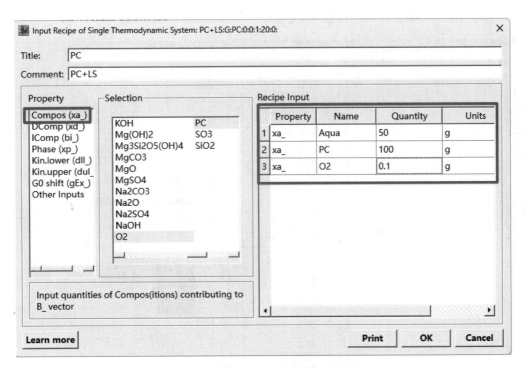

图 7.34　模拟体系中初始反应物的参数设置

初始成分预定义完成后,点击检查按钮,再点击计算按钮,如图 7.35 所示。

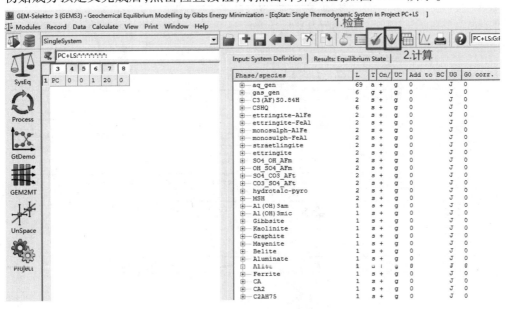

图 7.35　模拟体系中参数设置核查

注意,若是出现如图 7.36 所示的"收敛问题",则需要在设置里面进行相关参数的调整,将平滑参数调整为 0.01,随后再返回 SysEq,点击 Check 后再点击 Calculate 即可解决,如图 7.36 所示。

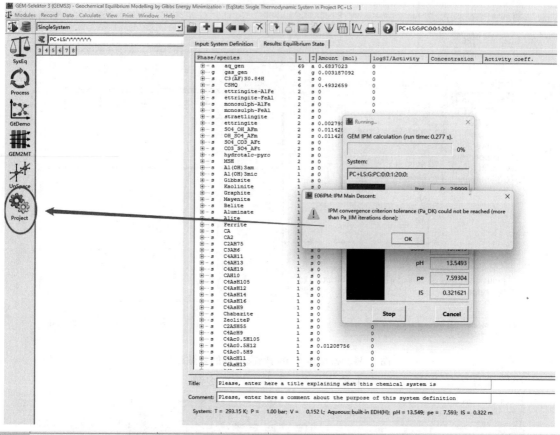

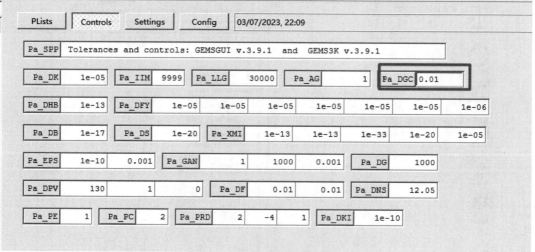

图 7.36 模拟体系中出现收敛问题的解决步骤

(2)根据水泥组分重新定义 PC

根据实验所用水泥重新定义 PC(图 7.37)。首先点击数据库,在 Compos 里面找到 PC,再选择 Clone(图 7.38)。然后对 PC 进行命名,注意不能和已有的数据库重复,如 PC_2(图 7.39),并选择 PC 内含的组分(图 7.40)。

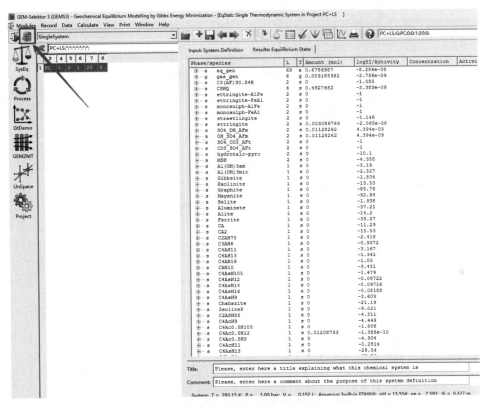

图 7.37 重新定义水泥名字

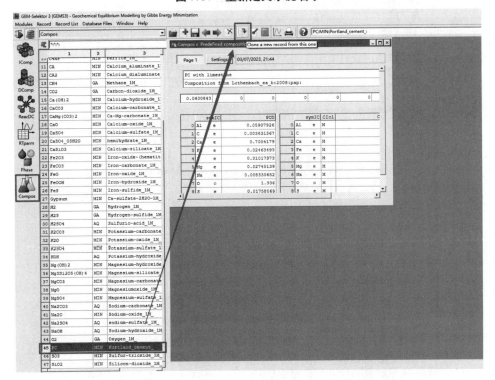

图 7.38 数据库选择

计算材料学

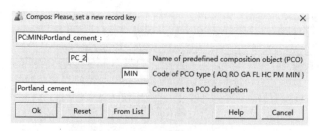

图 7.39　反应物水泥的命名

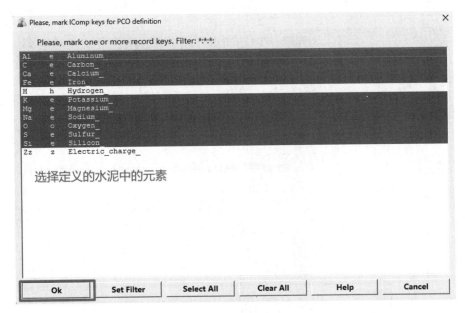

图 7.40　水泥属性参数设置

根据水泥的 XRF 数据，即各氧化物质量百分数进行组分定义，如图 7.41 所示。注意，此处的组分应该先进行归一化处理。随后点击计算后再点击保存。

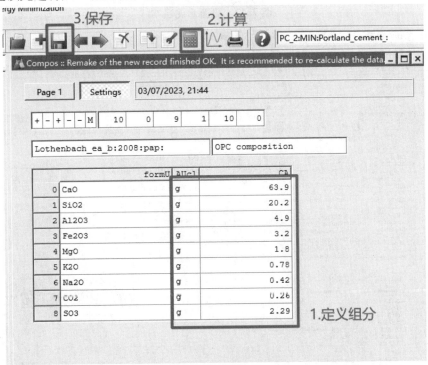

图 7.41　水泥的化学组成设置

随后返回新建的文件夹中，将刚刚定义好的 PC_2 加入此文件夹中，如图 7.42 所示。然后替换原来预定义的 PC，将其替换为需使用的水泥 PC_2，如图 7.43 所示。

计算材料学

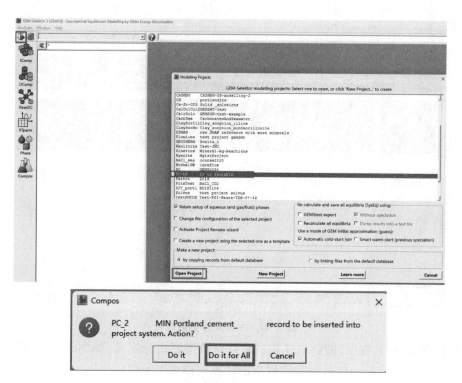

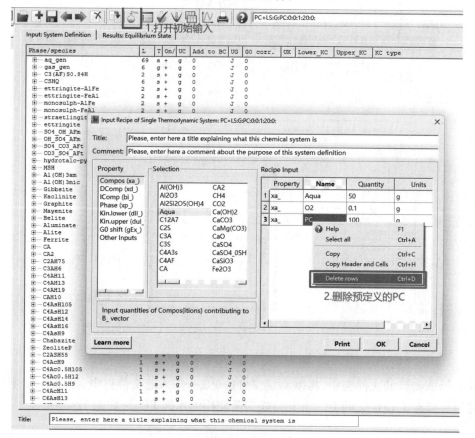

图 7.42　更新水泥名字

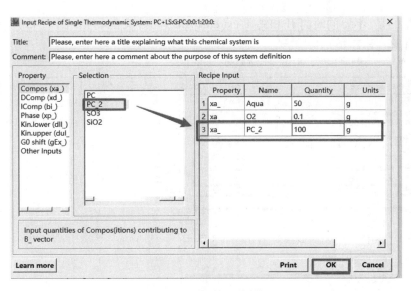

图 7.43　更新水泥参数

(3) 进行单一反应的模拟

模拟某一具体掺量的反应。此刻为模拟石灰石粉掺量为 0% 时的单一水化反应。首先需要在 Input:System Definition 里面关掉不可能生成的物相。在本次模拟中,不会生成 Goethite、Hematite、Quartz、Siderite、C_3AH_6、Gibbsite、AH_3、Thaumasite、C_4AH_{13}、C_4AH_{19} 等,如图 7.44 所示。

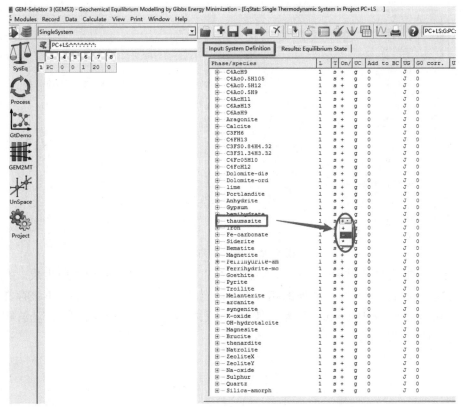

图 7.44　模拟体系中物相选择

需要注意的是，不要同时打开和钙矾石（ettringite）相冲突的物相（图7.45）。随后点击检查后再重新计算（图7.46）。

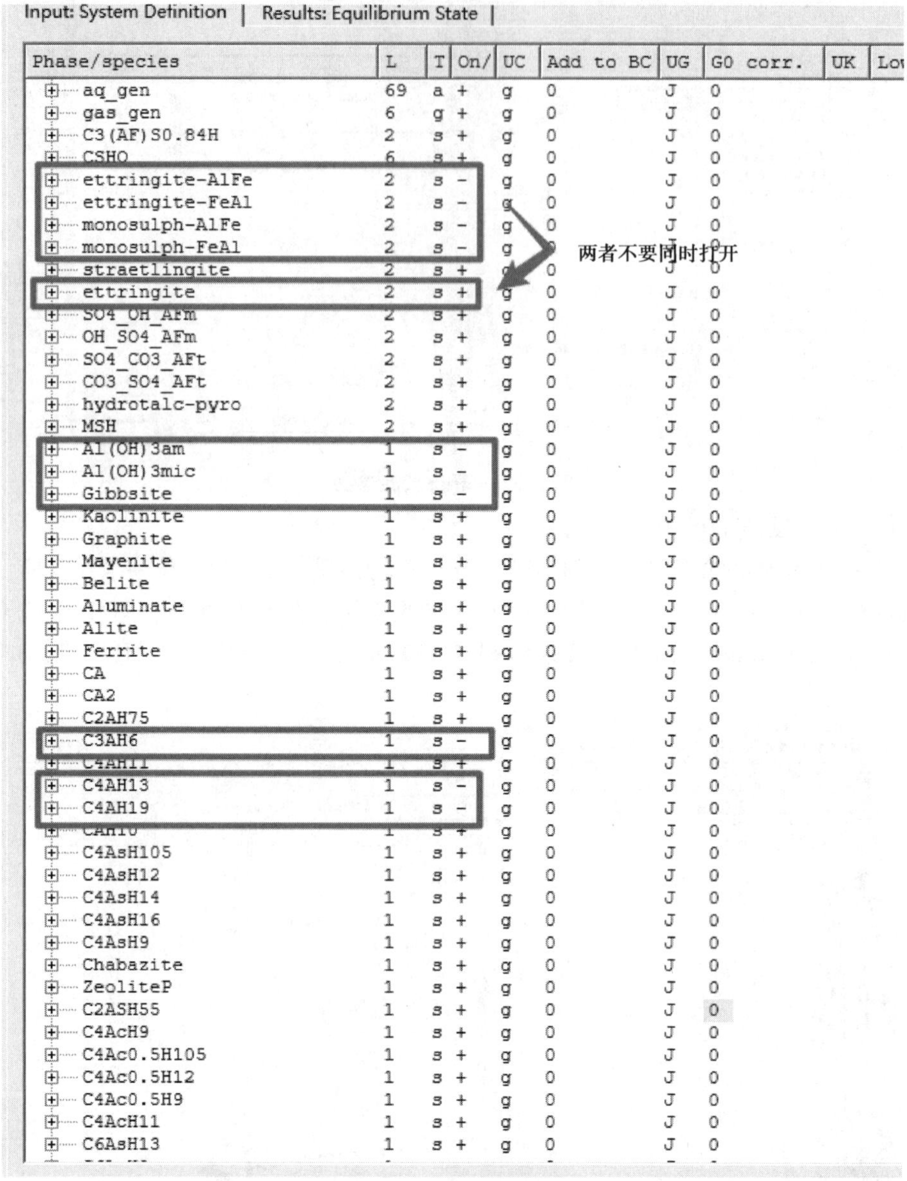

图 7.45　去掉冲突物相

经过计算后能得到此时单一反应后的结果，可以看到体系中有何种物质生成。在此步骤中，可以通过生成物检查上一步关掉的相是否正确，如图7.47所示。若是有不该存在的物质生成，则在 Input:System Definition 里面将其关掉；反之，若是该生成的物质未生成，则检查是否在上一步中将其误关闭。

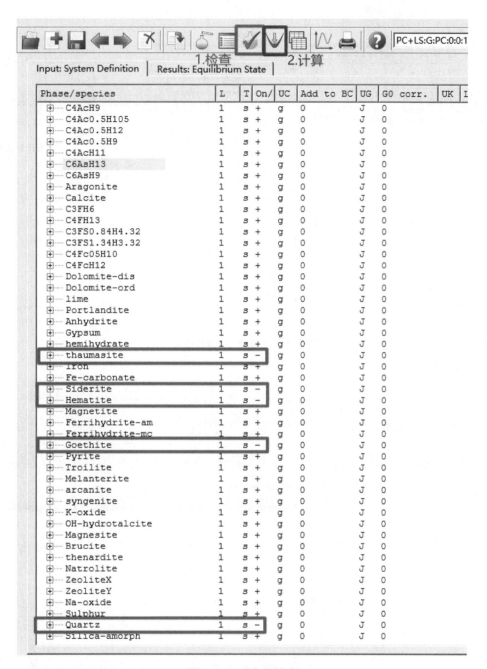

图 7.46　反应物核查

(4) 模拟石灰石粉从 0% 逐步添加到 10% 时的反应

上一步模拟了石灰石粉为 0% 时的单一反应。接下来将在该基础上模拟石灰石粉掺量从 0% 到 10% 时水化体系中的物相变化规律，并将其绘制成累积图。

首先点击模拟连续反应，并创建新的项目，然后在先前做好的单一反应基础上进行连续反应的模拟，如图 7.48 所示。

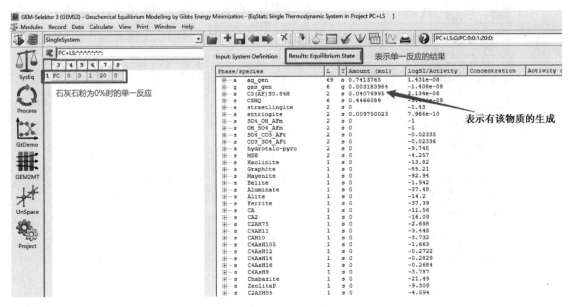

图 7.47　反应物正确性核查

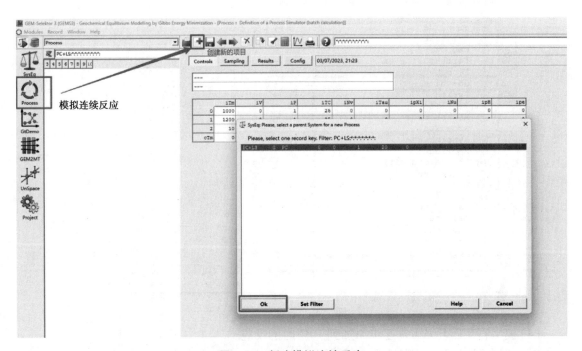

图 7.48　新建模拟连续反应

对这一项目进行命名,本次将要模拟的是随着石灰石粉的掺量由 0% ~10%,体系中的物相质量变化,命名为 LS_mass(图 7.49),并且在仿真类型中选择"S",即在一个体系里逐渐添加某种成分(图 7.50)。

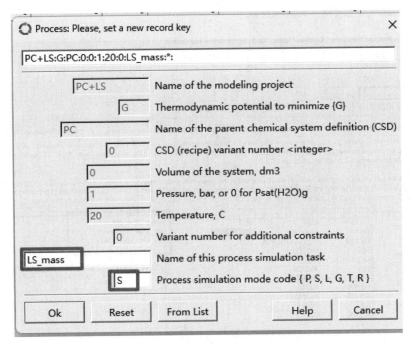

图7.49 模拟体系中石灰石命名

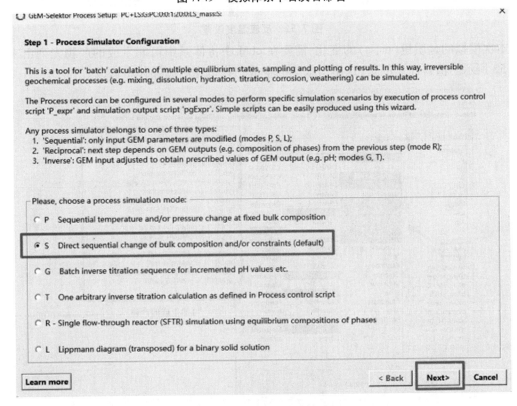

图7.50 石灰石属性设置

设置相应的步长,并注意此处的温度要和最开始的温度对应,再把因变量设置为石灰石粉和PC_2,如图7.51所示。

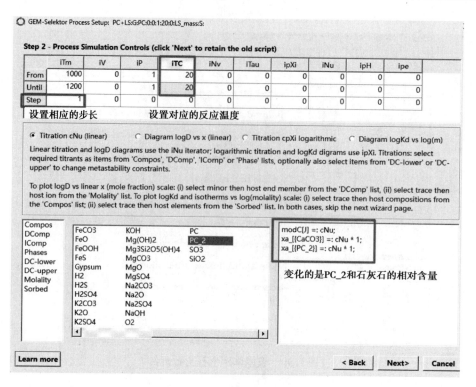

图 7.51 反应温度设置

本次模拟的是质量(mass)的变化,需要在 phM 中将体系中可能生成的产物先列出来,如图 7.52 所示。值得注意的是,这里所收集的生成产物可在后续操作中修改。

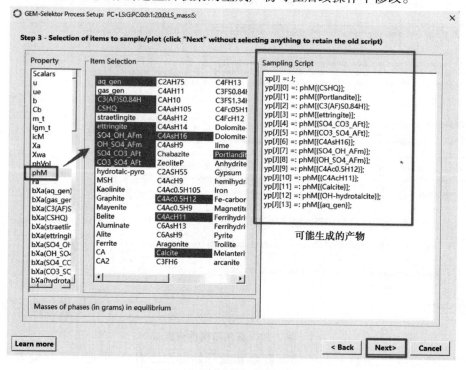

图 7.52 潜在反应产物相设置

设置过程模拟的数值。其中，输出文件的 y 列数即为预计相的总数，也就是上一步收集的 14 个相（图 7.53）。同时，GEMS 还可以对已有的实验数据和模拟的结果进行对比，以验证模拟的准确性（图 7.54）。本次模拟未有任何实验数据，下面两栏为 0（图 7.55）。

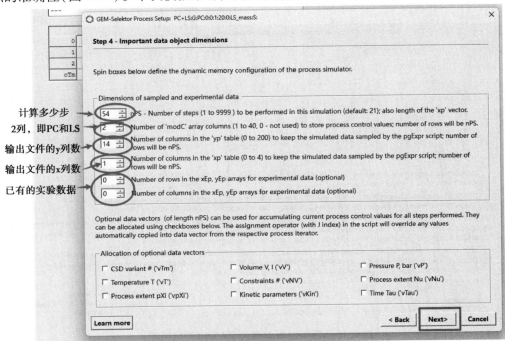

图 7.53　模拟过程参数设置（相总数）

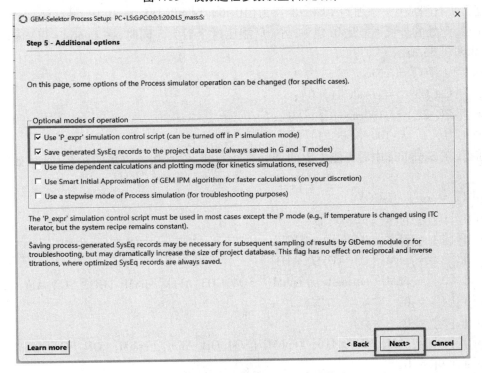

图 7.54　模拟过程参数设置（准确性检验）

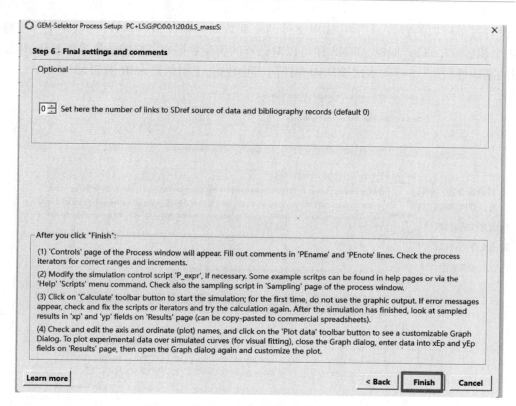

图7.55 模拟过程参数设置(空缺实验数据)

在 Controls 里面设置 iNu,其为变量;cNu 指的是当前值。在 iNu 这一列中,0 和 10 分别表示的是石灰石粉从 0% 添加到 10%,步长为 (10-0)/54 = 0.185 2 ≈ 0.19,最终添加到 10% 为止。注意,此处的步长不能比 0.185 2 小,只能比这个数大。同时,在 Controls 里面输入运行代码,如图 7.56 所示。

modC[J][0] =:cNu;
xa_[{CaCO3}] =:modC[J][0];
xa_[{PC_2}] =:100-modC[J][0];
modC[J][1] =:100-modC[J][0];

随后,在 Sampling 中对可能生成的产物进行收集,输入相关收集的运行代码,如图 7.57 所示。

xp[J] =:xa_[{CaCO3}];
yp[J][0] =:phM[{CSHQ}];
yp[J][1] =:phM[{Portlandite}];
yp[J][2] =:phM[{C3(AF)S0.84H}];
yp[J][3] =:phM[{ettringite}]+phM[{SO4_CO3_AFt}]+phM[{CO3_SO4_AFt}];
yp[J][4] =:0;
yp[J][5] =:0;
yp[J][6] =:phM[{C4AsH16}]+phM[{SO4_OH_AFm}]+phM[{OH_SO4_AFm}];
yp[J][7] =:0;
yp[J][8] =:0;

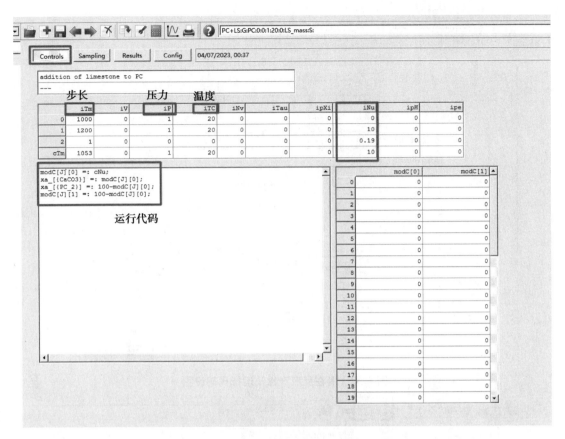

图7.56 石灰石掺量步长及运行代码设置

yp[J][9] =:phM[{C4Ac0.5H12}];

yp[J][10] =:phM[{C4AcH11}];

yp[J][11] =:phM[{Calcite}];

yp[J][12] =:phM[{OH-hydrotalcite}];

yp[J][13] =:phM[{aq_gen}];

注意,ettringite、SO4_CO3_AFt 和 CO3_SO4_AFt 都是 AFt 相,可以将其合并;同理,C4AsH16、SO4_OH_AFm 和 OH_SO4_AFm 都是 AFm 相,也可以将其合并。然而,需要注意的是,在代码中将其合并后,需要相对应地在 pLnam 中将其清除掉。同时,要确保运行代码中的产物收集顺序和 pLnam 中的顺序保持一致。

完成上述所有步骤后点击计算,选择不展示,等待计算完成后选择绘图,并选择保存(图7.58),就会得到一个随着石灰石粉从0%掺到10%时,各物质的质量变化曲线图(图7.59)。

在 Customize 中对图进行设定,将图像更改为质量变化累积图(图7.60)。随后拖动右边的物质到图上,即可得到 GEMS 模拟向水泥中逐步添加石灰石粉的物相变化的累积图(图7.61)。

值得注意的是,根据物质守恒定律,整个图都应该被填充完全。特别是 y 轴上方。若 y 轴上方有空缺的地方,说明仍有产物未收集到,可返回 SysEq 中查看每一步生成了哪些产物,有哪种产物未在 Sampling 中对其进行收集,可以作为一个验证、修改的手段。

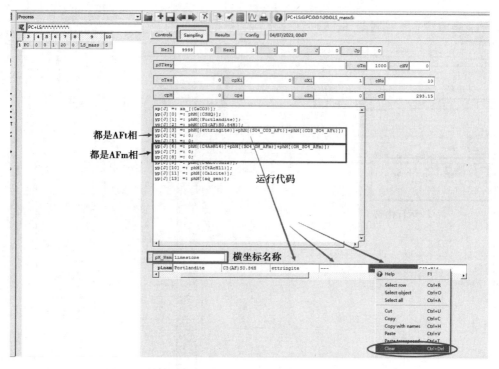

图 7.57 潜在反应产物及运行代码设置

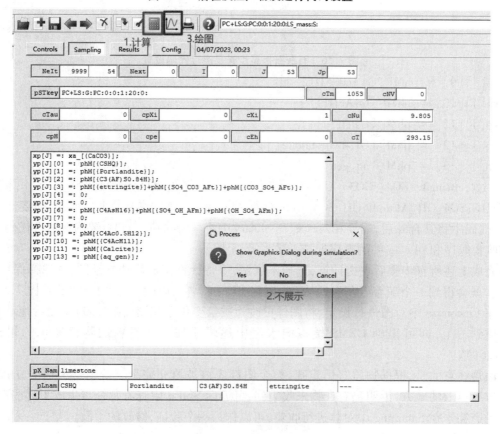

图 7.58 设置参数保存

第7章 热力学和动力学计算

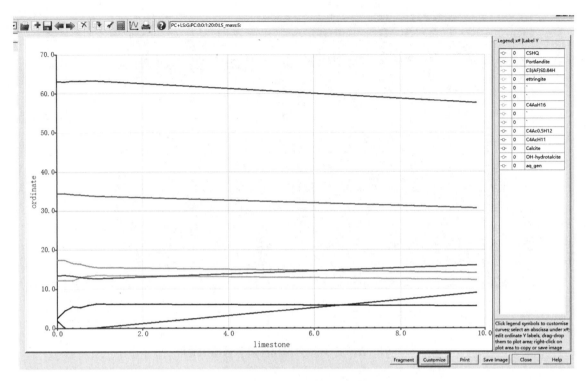

图7.59　图形化输出设置

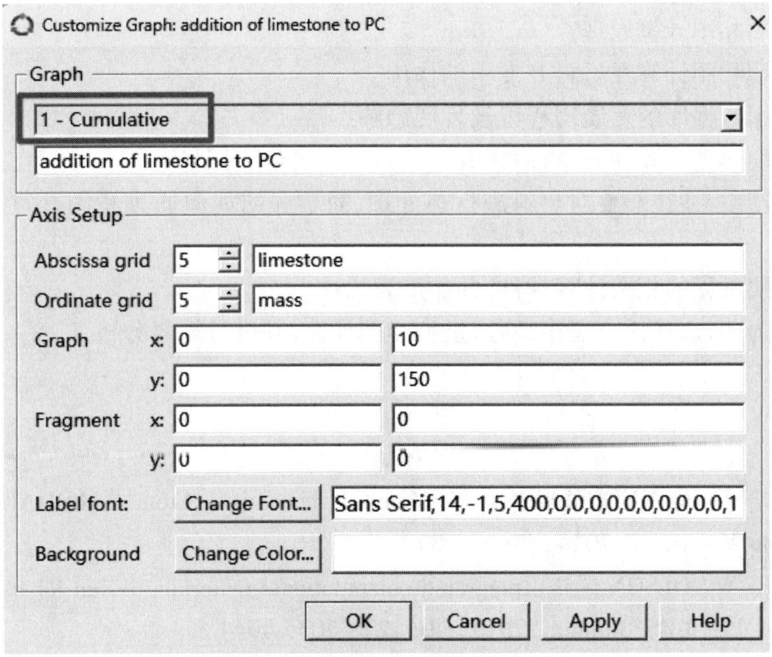

图7.60　图形化自定义设置(累计质量)

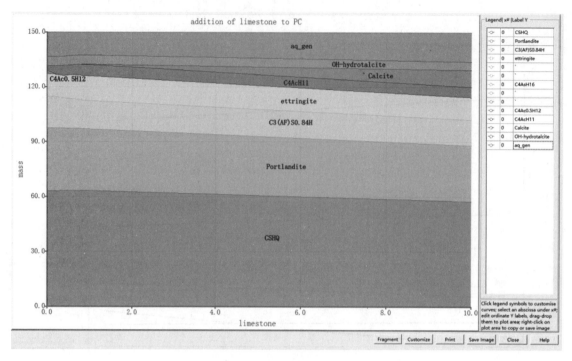

图 7.61 水泥中石灰石反应热力学模拟示意图

思考题

1. 简要说明相图计算原理。
2. 简要说明相图计算在材料开发中的作用。
3. 简述相图数据库的发展历程以及发展趋势。
4. 简要说明热力学和动力学计算的区别,以及两者的应用场景。
5. 工业生产中,往往需要对材料进行热处理,简单介绍如何通过相图计算指导热处理参数选择。
6. 举例说明常见的相图计算软件,并作简要描述。
7. 以钢铁为例,选择任一商用品种,进行相图计算,并进行简要分析。

参考文献

[1] OLSON G B, KUEHMANN C J. Materials genomics: From CALPHAD to flight[J]. Scripta Materialia, 2014, 70: 25-30.

[2] XIONG W, OLSON G B. Integrated computational materials design for high-performance alloys[J]. MRS Bulletin, 2015, 40(12): 1035-1044.

[3] XIONG W, OLSON G B. Cybermaterials: materials by design and accelerated insertion of materials [J]. NPJ Computational Materials, 2016, 2:15009.

[4] ALLISON J, BACKMAN D, CHRISTODOULOU L. Integrated computational materials

engineering: A new paradigm for the global materials profession[J]. JOM, 2006, 58(11): 25-27.

[5] 刘树红, 金波, 傅太白, 等. 相图热力学数据库及其计算软件: 过去、现在和将来[J]. 中国科学: 化学, 2019, 49(7): 966-977.

[6] GIBBS J W. On the equilibrium of heterogeneous substances[J]. American Journal of Science, and Artst, 1878, 3: 108-248, 343-524.

[7] MEIJERING J L. Segregation in regular ternary solutions[J]. Philips Research Reports, 1950, 5: 333-356.

[8] MEIJERING J L, HARDY H K. Closed miscibility gaps in ternary and quaternary regular alloy solutions[J]. Acta Metallurgica, 1956, 4(3): 249-256.

[9] KAUFMAN L, COHEN M. The martensitic transformation in the iron-nickel system[J]. JOM, 1956, 8(10): 1393-1401.

[10] KAUFMAN L. The lattice stability of metals—I. Titanium and zirconium[J]. Acta Metallurgica, 1959, 7(8): 575-587.

[11] KAUFMAN L, BERNSTEIN H. Computer calculation of phase diagrams with special reference to refractory metals[M]. New York: Academic Press, 1970.

[12] HILLERT M. Some viewpoints on the use of a computer for calculating phase diagrams[J]. Physica B+C, 1981, 103(1): 31-40.

[13] ANSARA I, BERNARD C, KAUFMAN L, et al. A comparison of calculated phase-equilibria in selected ternary alloy systems using thermodynamic values derived from different models[J]. Calphad-Computer Coupling of Phase Diagrams and Thermochemistry, 1978, 2(1): 1-15.

[14] GOTTSTEIN G. Integral materials modeling: Towards physics-based through-process models[M]. Weinheim: Wiley-VCH Verlag GmbH & Co. KGaA, 2007.

[15] CICERONE R J, CHARLES M C. Integrated Computational materials engineering: A transformational discipline for improved competitiveness and national security[M]. Washington: National Academies Press, 2008.

[16] OLSON G B. Genomic materials design: The ferrous frontier[J]. Acta Materialia, 2013, 61(3): 771-781.

[17] CHANG Y A, CHEN S L, ZHANG F, et al. Phase diagram calculation: Past, present and future[J]. Progress in Materials Science, 2004, 49(3-4): 313-345.

[18] WIRTH B D, ODETTE G R, MARIAN J, et al. Multiscale modeling of radiation damage in Fe-based alloys in the fusion environment[J]. Journal of Nuclear Materials, 2004(329-333): 103-111.

[19] 肖厦子, 宋定坤, 楚海建, 等. 金属材料力学性能的辐照硬化效应[J]. 力学与实践, 2015, 37(3): 460.

[20] ZHANG J, LIU Y, SHA G, et al. Designing against phase and property heterogeneities in additively manufactured titanium alloys[J]. Nature Communications, 2022, 13(1): 4660.

[21] HOU Z Y, BABU R P, HEDSTRÖM P, et al. On coarsening of cementite during tempering of martensitic steels[J]. Materials Science and Technology, 2020, 36(7): 887-893.

[22] ZHOU T, BABU R P, HOU Z Y, et al. Precipitation of multiple carbides in martensitic CrMoV steels-experimental analysis and exploration of alloying strategy through thermodynamic calculations[J]. Materialia, 2020, 9: 100630.

[23] HOU Z Y, BABU R P, HEDSTRÖM P, et al. Early stages of cementite precipitation during tempering of 1C – 1Cr martensitic steel[J]. Journal of Materials Science, 2019, 54(12): 9222-9234.

[24] HOU Z Y, BABU R P, HEDSTRÖM P, et al. Microstructure evolution during tempering of martensitic Fe-C-Cr alloys at 700 ℃[J]. Journal of Material Science, 2018, 53(9): 6939-6950.

[25] CAHN J W, HILLIARD J E. Free energy of a nonuniform system. I. interfacial free energy[J]. The Journal of Chemical Physics, 1958, 28(2): 258-267.

[26] ALLEN S M, CAHN J W. A microscopic theory for antiphase boundary motion and its application to antiphase domain coarsening[J]. Acta Metallurgica, 1979, 27(6): 1085-1095.

[27] KURZ W, RAPPAZ M, TRIVEDI R. Progress in modelling solidification microstructures in metals and alloys. Part II: Dendrites from 2001 to 2018[J]. International Materials Reviews, 2021, 66(1): 30-76.

[28] KOBAYASHI R. Modeling and numerical simulations of dendritic crystal growth[J]. Physica D: Nonlinear Phenomena, 1993, 63(3/4): 410-423.

[29] TONKS M R, AAGESEN L K. The phase field method: Mesoscale simulation aiding material discovery[J]. Annual Review of Materials Research, 2019, 49(1): 79-102.

[30] CHEN L Q, ZHAO Y H. From classical thermodynamics to phase-field method[J]. Progress in Materials Science, 2022, 124: 100868.

[31] OHNO M, MATSUURA K. Quantitative phase-field modeling for dilute alloy solidification involving diffusion in the solid[J]. Physical Review E, 2009, 79(3): 031603.

[32] GOPINATH A, ARMSTRONG R C, BROWN R A. Second order sharp-interface and thin-interface asymptotic analyses and error minimization for phase-field descriptions of two-sided dilute binary alloy solidification[J]. Journal of Crystal Growth, 2006, 291(1): 272-289.

[33] PLAPP M. Unified derivation of phase-field models for alloy solidification from a grand-potential functional[J]. Physical Review E, 2011, 84(3): 031601.

[34] 张昂, 郭志鹏, 蒋斌, 等. 合金凝固组织和气孔演变相场模拟研究进展[J]. 中国有色金属学报, 2021, 31(11): 2976-3009.

[35] ZHANG A, JIANG B, GUO Z P, et al. Solution to multiscale and multiphysics problems: A phase-field study of fully coupled thermal-solute-convection dendrite growth[J]. Advanced Theory and Simulations, 2021, 4(3): 2000251.

[36] Du J L, Zhang A, Guo Z P, et al. Atomistic underpinnings for growth direction and pattern formation of hcp magnesium alloy dendrite[J]. Acta Materialia, 2018, 161:35-46.

[37] Du J L, Zhang A, Guo Z P, et al. Mechanism of the growth pattern formation and three-dimensional morphological transition of hcp magnesium alloy dendrite[J]. Physical Review Materials, 2018, 2(8):083402.

[38] ZHANG A, GUO Z P, JIANG B, et al. Multiphase and multiphysics modeling of dendrite growth and gas porosity evolution during solidification[J]. Acta Materialia, 2021, 214(3):117005.

[39] LOTHENBACH B, KULIK D A, MATSCHEI T, et al. Cemdata18: A chemical thermodynamic database for hydrated Portland cements and alkali-activated materials[J]. Cement and Concrete Research, 2019, 115:472-506.

第8章
机器学习

机器学习是人工智能领域的一个分支,属于多学科交叉领域,涵盖计算机科学、概率论、统计学、近似理论和复杂算法等知识。它关注如何让计算机系统通过学习和经验积累来改进其性能。机器学习的核心思想是让计算机系统从数据中自动学习模式、规律和知识,以便能够进行任务的预测、决策和问题解决。本章首先介绍机器学习的基础理论,包括机器学习概念,机器学习任务、方法和算法以及机器学习基本过程。其次详细介绍常用的机器学习算法的基本原理,包括k-近邻算法、贝叶斯算法、支持向量机、决策树、集成算法以及人工神经网络等。最后提供了应用实践举例,涉及两类学习任务、三种学习算法、两种软件使用等。这些应用实践举例可以帮助读者更好地理解和应用机器学习算法解决实际问题。

8.1 机器学习基础理论

8.1.1 机器学习概念

机器学习的本质是基于大量的数据和一定的算法规则,使计算机可以自主模拟人类的学习过程,能够不断地通过数据"学习"提高性能并作出智能决策的行为。在传统的计算方法中,计算机只是一个计算工具,按照专家提供的程序运算。而在机器学习中,只要有足够的数据和对应的算法规则,计算机就有能力从已知数据中提取信息,对未知的情景作出判断及预测。简而言之,机器学习就是研究如何让机器像人类一样"思考和学习",这与机器按照专家提供的程序"工作"有本质的区别。

8.1.2 机器学习任务、方法和算法

机器学习目的不同,学习任务类别也不一样,需要选择不同的学习方法,使用合适的算法去实现。

机器学习任务一般分为四大类:分类、回归、聚类和降维。分类是指对已有数据进行分类,将给定样本放入相应类别;回归是指用函数拟合数据集,从而预测未知样本;聚类是指不经过训练,将样本划分为若干类别;降维是指减少要考虑的随机样本的数量。

机器学习方法有许多,最基本的学习方法有监督学习(Supervised Learning)、无监督学习(Unsupervised Learning)以及强化学习(Reinforcement Learning)三大类。在监督学习问题中,一个程序的学习内容通常要包含标记的输入和输出,并从一个新的输入预测一个新的输出,通俗地说,即程序从提供了"正确答案"的例子中学习。相反,在无监督学习中,一个程序不会

从标记数据中学习,它尝试在数据集中发现模式,即程序自己去预测答案。强化学习靠近监督学习一端,与无监督学习不同,强化学习程序不会从标记输出对中进行学习,它从决策中接收反馈,但是错误并不会被明显地更正。例如,当机器程序对一个项目完成度较高时进行奖励,完成度较低时给予惩罚,从而提高此项目的完成效果,但是强化学习并不能够指导程序如何完成项目。

机器学习算法就是学习中模型的具体运算方法,掌握具体算法是实现机器学习的关键。机器学习的算法有很多种,一些较常见的算法有 k-近邻(kNN)、朴素贝叶斯(NBM)、支持向量机(SVM)、决策树(DT)、随机森林(RF)、人工神经网络(ANN)以及深度学习(DL)等。算法保证求解过程高效性的同时使用数值方法计算求解,进而找到全局最优解。

根据任务类别常用方法与算法的选择方式见表 8.1。

表 8.1 机器学习方法与算法选择方式

任务类别	分类	回归	聚类	降维
学习方法	监督学习	监督学习	非监督学习	非监督学习
常用算法	k-近邻 决策树 支持向量机 朴素贝叶斯	线性回归 Logistic 回归 人工神经网络 深度学习	k 均值聚类 AP 聚类 层次聚类 DBSCAN	多维缩放 主成分分析 判别分析

8.1.3 机器学习基本过程

通常,人类的学习过程要经历知识积累、分析总结规律、达到灵活运用的阶段。类似地,机器学习分为数据输入、训练学习、信息输出 3 个阶段,机器学习的基本工作流程如图 8.1 所示。

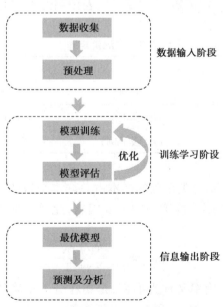

图 8.1 机器学习的基本工作流程

1)数据输入阶段

数据的输入阶段包括数据的收集及预处理。机器学习的核心是数据,收集足够的数据是所有工作的前提,原始数据可以是文本、数值甚至音像,但数据呈现的形式会影响模型学习。可以使用很多种方法收集样本数据,如制作网络爬虫从网站上抽取数据、从 RSS 反馈或者 API 中得到信息、实验数据,公开可用的数据及开源数据库等。得到数据后,必须确保数据格式符合要求。数据格式是数据保存在文件或记录中的编排格式,可为数值、字符或二进制数等形式,由数据类型及数据长度来描述。对相同的原始数据,机器学习算法使用一种格式可能比使用另一种更有效,输入数据的表示形式越合适,算法将其映射到输出数据的精度就越高,将原始数据转换成更适合算法形式的过程称为特征化或特征工程。

2)训练学习阶段

机器学习算法从训练学习阶段才开始真正学习。训练学习阶段是指通过一定的算法来对数据进行识别分析或探寻数据间的隐含关系。此阶段通常主要包括选择合适的算法,选择合理模型结构参数进行训练,然后评估等过程,这一过程需要循环多次,不断优化,是机器学习的核心。

(1)模型训练

根据不同功能任务选取不同类的算法。依据不同的科学原理及学习方法,对应不同的结构参数,算法与数据的契合程度决定了学习模型的准确度。为了获得最优模型,可以通过增加训练数据,调整模型参数,更新学习模型直至达到期望的优化值。

(2)模型的评估与验证

模型的评估方法与学习任务的类别有关。

① 分类任务模型的评估方法。

分类任务的评估指标围绕混淆矩阵展开,在混淆矩阵统计结果的基础上,延伸得到准确率、精确率、召回率、F1 分数。混淆矩阵的"列"代表预测类别,"行"代表数据的真实类别,一个二分类问题的混淆矩阵见表 8.2。

表 8.2 混淆矩阵

真实结果	预测结果	
	正例	反例
正例	TP(真正例)	FN(假反例)
反例	FP(假正例)	TN(真反例)

a. 准确率(Accuracy):是指分类正确的样本占总样本个数的比例。在正负样本不均衡的情况下,占比大的类别会成为影响准确率的主要因素,此时准确率不能准确反映模型的整体情况。

$$\text{Accuracy} = \frac{TP+TN}{TP+FN+FP+TN}$$

b. 精确率(Precision):精确率又称查准率,是指在分类正确的正例个数占分类器判定为正例个数的比例。精确率侧重对分类器判定为正类的数据的统计,其数值越高,表明模型预测结果中真实正例的比例越高,模型对正例的识别能力越强。

$$\text{Precision} = \frac{\text{TP}}{\text{TP+FP}}$$

c. 召回率(Recall):召回率又称查全率,是指分类正确的正例个数占全部真实的正例个数的比例。召回率侧重对真实的正例样本进行统计,其数值越高,表明模型能够准确预测出正例的比例越高,模型的识别能力越全面。

$$\text{Recall} = \frac{\text{TP}}{\text{TP+FN}}$$

d. F1 分数(F1 Score):精确率和召回率的调和平均值,是统计学中用来衡量二分类(或多任务二分类)模型精确度的一种指标。F1 Score 最大值为1,最小值为0,其值越大意味着模型精度越高。

$$\text{F1 Score} = 2 \cdot \frac{\text{Precision} \cdot \text{Recall}}{\text{Precision+Recall}}$$

e. ROC(Receiver Operating Characteristic)曲线与 AUC(Area Under Curve)面积如图 8.2 所示。

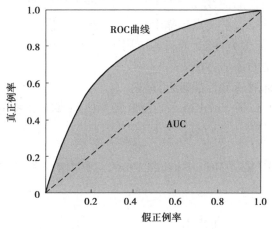

图 8.2 ROC 曲线与 AOC 面积

ROC 曲线上每个点对应一个阈值,其横坐标为假正例率(False Positive Rate,FPR),表示将反例错分为正例的概率;纵坐标为真正例率(True Positive Rate,TPR),表示将正例分类正确的概率。若一个学习器的 ROC 曲线被另一个学习器的曲线完全"包住",则可断言后者的性能优于前者。理想的分类效果是 TPR=1,FPR=0,此时将正例分类正确的概率为100%,召回率最大,模型分类性能越好。

$$\text{FPR} = \frac{\text{FP}}{\text{TN+FP}}$$

$$\text{TPR} = \frac{\text{TP}}{\text{TP+FN}}$$

AUC 指 ROC 曲线下的面积,其物理意义是随机给定一个正例和反例,将正例预测为正例的概率为 p1,将反例预测为正例的概率为 p2,p1>p2 的概率即为 AUC。具有预测价值的 AUC 数值介于(0.5,1.0),数值越大表明分类效果越好。

f. P-R(Precision-Recall)曲线如图 8.3 所示。

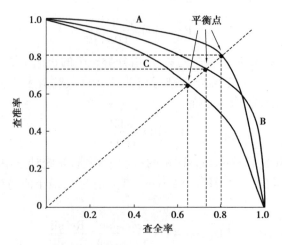

图 8.3 P-R 曲线

P-R 曲线的横轴为查全率,纵轴为查准率,两者是一对矛盾的度量指标。若一个学习器的 P-R 曲线被另一个学习器的曲线完全"包住",则可断言后者的性能优于前者。若不能直接比较,可比较两曲线的平衡点,平衡点越靠上部,分类性能越优异。P-R 曲线适用于不平衡数据集,且能直观反映模型的分类性能,但只能应用于二分类问题中单个模型的性能评估。

②回归任务学习模型的评估方法。

常使用以下误差指标对模型性能进行评估:

a. 均方误差 MSE(Mean Squared Error):反映预测值与真实值之间差异程度。

$$\text{MSE} = \frac{1}{m} \sum_{i=1}^{m} (\hat{y}_i - y_i)^2$$

b. 均方根误差 RMSE(Root Mean Squared Error):预测值与真实值偏差的平方与实验次数比值的平方根。

$$\text{RMSE} = \sqrt{\frac{1}{m} \sum_{i=1}^{m} (\hat{y}_i - y_i)^2}$$

c. 平均绝对误差 MAE(Mean Absolute Error):测量值的绝对偏差绝对值的平均值。

$$\text{MAE} = \frac{1}{n} \sum_{i=1}^{n} |\hat{y}_i - y_i|$$

d. R^2(R Squared):其分子部分类似 MSE,分母部分类似方差。R^2 越接近 1,模型拟合效果越好。

$$R^2 = 1 - \frac{SS_{\text{residual}}}{SS_{\text{total}}} = 1 - \frac{\sum_{i=1}^{n}(\hat{y}_i - y_i)^2}{\sum_{i=1}^{n}(y_i - \bar{y})^2}$$

e. 平均百分比误差 MAPE(Mean Absolute Percentage Error):对相对误差敏感,不会因目标变量的全局缩放而改变,适合目标变量量纲差距较大的问题。

$$\text{MAPE} = \frac{100\%}{n} \sum_{i=1}^{n} \left| \frac{\hat{y}_i - y_i}{y_i} \right|$$

3) 信息输出阶段

信息输出阶段就是利用优化好的模型对未知的数据作出预测或者分析,即为算法的使用阶段,将机器学习算法转换为应用程序,执行实际任务,以检验上述步骤是否可以在实际环境中正常工作。机器学习适用范围非常广,实际应用效果取决于模型的精度,即是否已经通过学习大量相似的老问题而总结出了非常可靠的经验规律去解决一个新的问题。

8.2 机器学习常用算法基本原理

算法是机器学习过程中最关键的部分,包含几何学、统计学、概率论、计算机等多种科学知识。机器学习算法随着人们需求的日益增长和多元化逐渐演变和发展,近些年机器学习算法的发展十分迅速,从早期的经典算法到近10年蓬勃兴起的深度学习,从单一算法到现在的多算法耦合、集成等。当然,不同的算法具有不同的适用性和局限性,根据不同需求和问题选择合理的算法,往往能起到事半功倍的效果。本节主要介绍几种经典的机器学习算法及其材料研究领域的应用案例。

8.2.1 k-近邻算法

k-近邻(k-Nearest Neighbor,kNN)算法是一个理论上比较成熟的方法,是最简单的机器学习算法之一。该方法的核心思想是在特征空间中,如果一个样本附近的 k 个最近(即特征空间中最邻近)样本的大多数属于某一个类别,则该样本也属于这个类别,并具有这个类别上样本的特性。该方法在确定分类决策上只依据最邻近的一个或者几个样本的类别来决定待分样本所属的类别。

如图 8.4 所示,有两类不同的样本数据 A 类和 B 类,分别用蓝色和绿色的圆点表示,图中那个红色的圆 M 所标示的数据则是待分类的数据。也就是说,现在不知道 M(8,3)点是从属于哪一类(A 或者 B),可以根据以下的思路给 M 点分类:

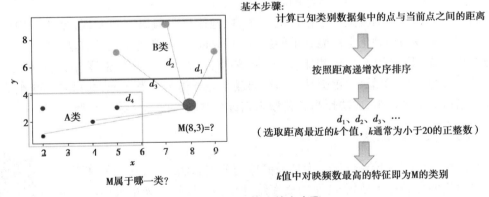

图 8.4 kNN 算法基本步骤

要判别图中 M 点属于哪一类数据,可以从它的"邻居"入手,从图 8.4 可知:

①如果 $k=1$,距离 M 点最近的 1 个邻居是与它距离 d_1 的绿点,基于统计的方法,判定 M 这个待分类点属于 B 类。

②如果 $k=2$,距离 M 点最近的两个邻居分别为与它距离 d_1 的绿点和距离 d_4 的蓝点,此时,M 这个待分类点就有 50% 概率属于 A 类,50% 概率属于 B 类,此项特征分类并不明确。

③当 $k=3$ 时,类似地,距离 M 点最近的 3 个邻居分别为与它距离 d_1 和 d_3 的绿点,距离 d_4 的蓝点,少数服从多数,M 属于 B 类。

由此可知,当无法判定当前待分类点是从属于已知分类中的哪一类时,可以依据统计学的理论看它所处的位置特征,衡量它周围"邻居"的权重,而把它归为(或分配)到权重更大的那一类。这就是 k-近邻算法的核心思想。

k-近邻算法使用的模型实际上对应对特征空间的划分,使用 k-近邻算法时,通常要注意以下 3 个方面:

① k 值的选择会对算法的结果产生重大影响。k 值较小意味着只有与输入实例较近的训练实例才会对预测结果起作用,但容易发生过拟合;如果 k 值较大,优点是可以减少学习的估计误差,但缺点是学习的近似误差增大,这时与输入实例较远的训练实例会对预测起作用,使预测发生错误。在实际应用中,k 值一般选择一个小于 20 的奇数,通常采用交叉验证的方法来选择最优的 k 值。

②距离度量一般采用 Lp(闵可夫斯基)距离,当 $p=2$ 时,即为欧氏距离,在度量之前,应该将每个属性的值规范化,这样有助于防止具有较大初始值域的属性比具有较小初始值域的属性的权重过大。

③实现 k-近邻算法时,主要考虑的问题是如何对训练数据进行快速 k-近邻搜索,这在特征空间维数大及训练数据容量大时非常必要。k-近邻算法精度高,无数据输入假定,但是当数据量增加时,空间计算复杂程度也相应提升。

k-近邻算法原理简单,容易实现,准确性高,对异常值和噪声有较高的容忍度,而且相比于感知机、逻辑回归、SVM 等分类算法,k-近邻算法天生就支持多分类。但是,k-近邻算法每预测一个"点"的分类都会重新进行一次全局运算,对样本容量大的数据集计算量比较大。而且 k-近邻算法容易导致维度灾难,在高维空间中计算距离的时候,就会变得非常远。k-近邻算法常应用于数据体量不大的多分类问题。

材料晶体结构的预测就是一个很好的例子:电池阴极材料研究中发现,晶体结构体系对锂离子硅酸盐阴极的物理化学性能有重要影响,Attarian 等人采用 k-近邻算法,将影响晶体结构参数如化学式、形成能(E_f)、体积能(E_h)、带隙(E_g)、点位数(N_s)、密度(ρ)、晶体大小(V)等作为特征参数,以单斜晶系、正交晶系和三斜晶系三类作为分类目标,通过对 339 组硅酸盐材料晶体结构的分类训练,成功预测了新型未知硅酸盐材料的晶体结构类型。

8.2.2 贝叶斯算法

贝叶斯算法(Naive Bayes)被认为是最简单的分类算法之一,是一种基于贝叶斯决策理论的分类算法,属于纯正的概率统计模型。以概率理论来讲解朴素贝叶斯是如何工作的。假设有两个随机变量 X 和 Y,它们分别可以取值为 x 和 y。有这两个随机变量,可以定义两种概率:

贝叶斯算法

①联合概率:"X 取值为 x"和"Y 取值为 y"两个事件同时发生的概率,表示为 P(X=x,Y=y)。

②条件概率:在"X 取值为 x"的前提下,"Y 取值为 y"的概率,表示为 P(Y=y|X=x)。

例如,让 X 为"降雨",Y 为"带伞",则 X 和 Y 可能的取值分别为 x 和 y,其中 x={0,1},0 表示没下雨,1 表示降雨。x={0,1},其中 0 表示没带伞,1 表示带伞。

那么,两个事件分别发生的概率就为:

$P(X=1)=50\%$,表明下雨的概率为 50%,则 $P(X=0)=1-P(X=1)=50\%$。

$P(Y=1)=30\%$,表示带伞的概率为 30%,那么 $P(Y=0)=1-P(Y=1)=70\%$。

这两个事件的联合概率为 $P(X=1,Y=1)$,这个概率代表了某天下雨和带伞这两件事同时且独立发生的概率。

这两个事件的条件概率为 $P(X=1|Y=1)$,这个概率代表了在某天下了雨的情况下,且带了伞的概率。也就是说是否下雨,一定程度上影响了带伞行为的发生。

在概率论中可以证明,两个事件的联合概率等于这两个事件任意条件概率*这个条件本身的概率为

$$P(X=1,Y=1) = P(Y=1|X=1) * P(X=1) = P(X=1|Y=1) * P(Y=1)$$

简化后得

$$P(X,Y) = P(Y|X) * P(X) = P(X|Y) * P(Y)$$

由上面的式子,可以得到贝叶斯理论等式:

$$P(Y|X) = \frac{P(X|Y) * P(Y)}{P(X)}$$

而这个式子,就是一切贝叶斯算法的根源理论。可以把特征 X 当成条件事件,而要求解的标签 Y 当成被满足条件后会被影响的结果,而两者之间的概率关系就是 $P(Y|X)$,这个概率在机器学习中,称为标签的后验概率(Posterior Probability),即先知道了条件,再去求解结果。而标签 Y 在没有任何条件限制下取值为某个值的概率,写作 $P(Y)$,与后验概率相反,这是完全没有任何条件限制的,标签的先验概率(Prior Probability)。$P(X|Y)$ 称为"类的条件概率",表示当 Y 的取值固定的时候,X 为某个值的概率。朴素贝叶斯的基本思想就是依靠"类的条件概率"$P(X|Y)$,先验概率 $P(Y)$、$P(X)$,来推导出目标概率 $P(Y|X)$。

贝叶斯算法具有逻辑简单,易于实现等优点。但是朴素贝叶斯假设属性之间相互独立,这种假设在实际过程中往往是不成立的,且属性之间相关性越大,分类误差也就越大。

近些年,以贝叶斯原理发展起了多种贝叶斯算法形式,如朴素贝叶斯分类、贝叶斯估计、贝叶斯统计和贝叶斯优化等。其中,贝叶斯优化算法最早也最常用于模型超参数寻优,但是近些年逐渐演化成为主动学习的一种方法。采用贝叶斯优化寻找新型材料和优化材料设计,已经成为材料领域的热点问题。例如,德克萨斯农工大学李博文等人采用多种代理模型构建的贝叶斯优化框架,可以用来自动寻找最优材料成分;上海交通大学研究员开发的超硬镁合金主动学习模型,以及阿拉巴马大学研究员开发的 BCN 超硬化合物预测模型等,都是以贝叶斯优化为核心展开的材料设计。

8.2.3 支持向量机

支持向量机(Support Vector Machine,SVM)是一种很实用的二分类算法,它源于统计学习理论,其算法功能强大,是机器学习中最热门的算法之一。其学习策略是通过构造一个边距最大的超平面将多维空间分为两个区域从而进行分类。从分类效力上来说,SVM 在无论线性还是非线性分类中,都有非常好的表现。

SVM 的决策边界求解涉及比较复杂的数学知识,如拉格朗日因子、对偶函数、梯度下降等,在此并不详细展开。以一个简单的分类过程举例来说,如图 8.5 所示,图中有一组数据分布,这是一组包含两种标签的数据,分别由红色的圆点和蓝色圆点代表。支持向量机的分类方法,就是在这组分布中找出一个超平面作为决策边界,使模型在数据上的误差尽量小,尤其是在未知数据集上的分类误差(泛化误差)尽量小。

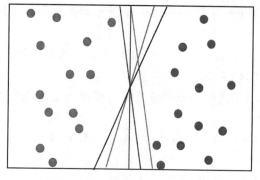 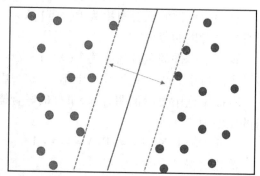

图 8.5 支持向量机二分类

由图可知,这个二维平面上存在无数条线(一维)可以将红蓝两类点完全分开,但是每条线的分类能力是不同的,SVM 就是去寻找到具有离红蓝点具有最大间隔的那条线,从而实现最大程度上的类别划分。

当然,上例是仅针对二维平面上的二分类问题来说的,如果这些点的分布变成如图 8.6 所示左边的二维分布,又该怎样应对呢?这时,就要通过"核函数",将空间维度提升,提升到更高维的空间,寻找划分超平面。此算法的核心是依靠"核函数"将低维数据提升至更高维度的空间从而寻找到具有最大间隔的超平面。

图 8.5

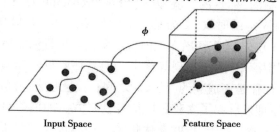

图 8.6 支持向量机核函数升维

图 8.6

在几何中,超平面是一个空间的子空间,它是维度比所在空间小一维的空间。如果数据空间本身是三维的,则其超平面是二维平面,而如果数据空间本身是二维的,则其超平面是一维的直线。在二分类问题中,如果一个超平面能够将数据划分为两个集合,其中每个集合中包含单独的一个类别,就说这个超平面是数据的"决策边界"。决策边界一侧所有的点属于一类,而另一侧的所有点属于另一类。支持向量机就是通过找出边际最大的决策边界,来对数据进行分类的分类器。

支持向量机可以用于解决分类和回归问题,但大多数作为分类算法来使用,相比于其他分类算法,SVM 的数学原理使其在处理复杂数据分布问题时,有更好的特征划分能力和预测精度,SVM 是处理分类问题,尤其是多维复杂的分类问题的一种极其有效的手段。SVM 在各领域的模式识别问题中有应用,包括人像识别、文本分类、手写字符识别、生物信息学等。在材料领域,用于晶体结构分类、微观组织识别、工艺流程检测与控制策略制订等。

8.2.4 决策树

决策树(Decision Tree,DT)是最常用的数据挖掘算法之一,是一种非参数的监督学习算法,它能够从一系列有特征和标签的数据中总结出决策规则,并用树状图的结构来呈现,以解决分类和回归问题(图8.7)。决策树算法容易理解,适用各种数据,决策树基于树形结构,结构简单、效率较高,是一种常用的分类方法。在解决各种问题时都有良好表现,尤其是以树模型为核心的各种集成算法,在各个行业领域都有广泛的应用。

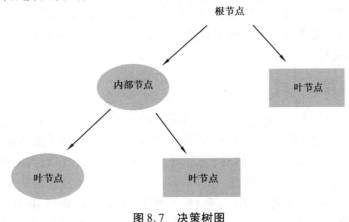

图8.7 决策树图

关键概念:节点
根节点:树的起始节点,包含特征提问,没有进边,只有出边。 中间节点:包含特征提问,既有进边也有出边,但是进边只有一条,出边可以有多条。 叶节点:树的末端节点,每个叶节点代表一个类别标签,只有进边。 *子节点和父节点:两个相连接的节点中,更接近根节点的称为父节点,另一个是子节点。

几乎所有的决策树模型和调整方法都是围绕两个问题展开:①如何从数据中找出最佳节点和最佳分枝?②如何让决策树停止生长,防止过拟合?

决策树需要找出最佳节点和最佳分枝方法,对于分类树来说,衡量这个最佳标准的指标称为"不纯度"。通常来说不纯度越低,决策树对训练集的拟合越好。不纯度是基于节点来计算的,树中的每个节点都会有一个不纯度,且子节点的不纯度一定低于父节点,在同一棵决策树上,叶节点的不纯度一定是最低的。

目前常用的两种计算方法如下:

(1)信息熵(Information Entropy)

$$Entropy(t) = -\sum_{i=0}^{c-1} p(i|t) \log_2 p(i|t)$$

(2)基尼不纯度系数(Gini Impurity)

$$Gini(t) = 1 - \sum_{i=0}^{c-1} p(i|t)^2$$

其中，t 代表给定的节点，i 代表标签的任意分类，$p(i|t)$ 代表标签分类 i 在节点 t 上所占的比例。当用信息熵时，其实际就是在计算基于信息熵的信息增益（Information Gain），即父节点的信息熵和子节点的信息熵之差。基尼不纯度表示一个一个数据集中随机选取的子项，被错误地划分到其他组类的概率。信息熵与基尼不纯度相比较，信息熵对不纯度更加敏感，惩罚也更强，决策树的生长也会更加"精细"，但是对高维或者噪声较多的数据，容易过拟合，基尼系数在这种情况下效果就好些。当然实际应用中，两种划分方式效果基本相同。

决策树易于理解和实现，它能够直接体现数据的特点，对数据是如何分布，种类是如何划分有直观的表达。人们通常会选择决策树来处理分类问题，同时借助树形图来寻找决策点和决策范围。在材料研究中，决策树使用非常广泛。例如，采用决策树图来寻找 AZ31 镁合金孪晶的形成机理；采用决策树来获得超细晶镁合金的制备路线和基本规则；采用树回归模型预测合金元素的固溶度等。

8.2.5 集成算法

集成学习（Ensemble Learning）是时下非常流行的机器学习算法，它本身不是一个单独的机器学习算法，而是通过在数据上构建多个模型，集成所有模型的建模结果。基本上所有的机器学习领域都可以看到集成学习的身影，在现实中集成学习有相当大的作用，它可以用来做市场营销模拟的建模，统计客户来源，保留和流失，也可以用来预测疾病的风险和病患的易感性。在现在的各种算法竞赛中，随机森林、梯度提升树（Gradient Boosting Decision Tree，GBDT）、XGBoost（eXtreme Gradient Boosting）等集成算法的身影随处可见，可见其效果之好，应用之广。

集成算法会考虑多个评估器的建模结果，汇总之后得到一个综合的结果，以此来获取比单个模型更好的回归或者分类表现。多个模型集成而成的模型称为集成评估器（Ensemble Estimator），组成集成评估器的每个模型都称为基评估器（Base Estimator）。通常来说，有 3 类集成算法：袋装法（Bagging）、提升法（Boosting）和 Stacking。

在材料学领域，集成算法的性能通常来说算法单一，面对常规的材料属性预测（力学性能、腐蚀特性、导电导热性能等）及类别划分（晶体类型、结构类型、物化特征区等）问题，通常会采用随机森林、GBDT、XGBoost 等代替决策树。此外，随机森林算法结合纯度计算，经常被用于处理特征权值计算、主成分分析、特征降维等问题。

8.2.6 人工神经网络

人工神经网络（Artificial Neural Networks，ANN），简称神经网络，是一种模拟人类大脑神经元结构及功能的信息处理系统，是现代最流行最常用的机器学习模型之一。人工神经网络非常适合解决复杂的非线性问题，或者多参数难题。近些年，随着计算机技术的不断进步，人工神经网络算法也在不断发展和创新，它在材料科学与工程中得到了越来越多的关注和广泛的应用。

人工神经网络

人工神经元模型的基本单元为人工神经元。1943 年，学者 McCulloch 和 Pitt 定义了一种经典的人工神经元模型，称为 M-P 模型。它是一个多输入、单输出的非线性单元，是对生物神经元的模拟和简化，一个典型 M-P 模型结构如图 8.8 所示。

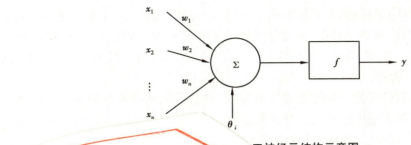

图 ? 神经元结构示意图

? 从其他神经元传来的输入，各输入信号分别为 ? ?度，称为权值。权值用正负模拟了生物神经元 ? 制，其大小则代表连接强度，即 $W=[w_1,w_2,\cdots,w_n]$。
? 示神经元 i 的偏置（也称阈值）。对全部输入信号进行累加整合，相当于生物神经元中的膜电位，其值为

$$net_i = \sum_{i=1}^{n} w_i x_i + \theta_i \tag{8.1}$$

神经元激活与否取决于某一阈值，即只有当其输入总和超过阈值 θ_i 时，神经元才被激活而发放脉冲，否则神经元不会发生输出信号，处于抑制状态。y_i 为神经元输出，整个过程可以用函数表示为

$$y_i = f(net_i) = f\left(\sum_{j=1}^{n} w_{ji} x_j + \theta_i\right) = f(W \cdot X^{\mathrm{T}} + \theta) \tag{8.2}$$

简单来说，完成一个人工神经网络，需要确定以下 5 个方面：

(1) 传递函数

式(8.2)中，f 为传递函数，又称激发或激励函数，通常为非线性函数，也可为线性函数。如图 8.9 所示为常用的 3 种神经元传递函数。

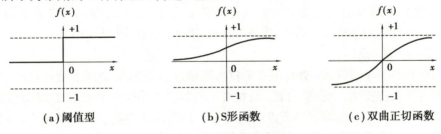

(a) 阈值型　　　　(b) S 形函数　　　　(c) 双曲正切函数

图 8.9　3 种常用的传输函数

(2) 网络结构

在网络结构的设计中，首先要确定的是输入层和输出层的单元数，这取决于实际研究的问题，通常由采集到的训练样本所决定。其次是要确定网络的层数，输入层和输出层数通常都是 1，而中间隐层的数目可以为 1 也可以大于 1，即单隐层或多隐层网络。对于大多数实际问题来说，采用单隐层就已足够，但在处理某些复杂问题时，仍有必要采用更多层的网络。其原因是采用 3 层网络来实现某些较复杂函数时，往往需要大量的隐层节点，而采用多层网络可以有效地减少隐层节点数。

无论采用单隐层或双隐层建模,都应清楚两个问题:增加中间隐层数可能会进一步减小误差、提高精度,但同时会使网络复杂化,从而导致网络训练时间大大增加。另外,中间层增加后,局部最小误差随之增加,使得网络在训练过程中容易陷入局部最小误差而无法摆脱,其权系数难以调整到最小误差处。

由此可知,采用合适的隐层处理单元是非常重要的,这是建立网络模型的关键。相对于增加隐层而言,适当地增加隐层中的神经元数可提高网络精度,而且其训练效果可能更容易观察和调整,一般情况下应该优先考虑增加隐层中的神经元数。

(3) 初始权值的选取

问题的非线性使得初始值的选取对学习是否会陷入局部最小,是否能够收敛,以及训练时间的长短均有很大关系。太大的初始值会使加权后的输入落在激活函数的饱和区,从而导致其导数非常小,进而使得权值的调节过程几乎停顿下来。为了避免上述现象的发生,一般希望经过初始加权后的每个神经元的输出值都接近零,这样可以保证每个神经元的权值都能够在它们的模型激活函数变化最大之处进行调节。初始权值一般取 $-1 \sim 1$ 的随机数。但对此并没有一致看法,不少研究对初始权值随机赋值,并未限制在任何范围之内,因为很多时候只关心网络是否收敛,是否具有良好的预测能力,而训练过程和时间均是次要的。

(4) 学习规则(学习算法)

经典的误差反向传播算法实质就是梯度最速下降静态寻优算法,它最重要的参数是学习速率(Learning Rate)。学习速率的大小对算法的成败起关键作用。过大的学习速率可能会导致系统不稳定,而过小的学习速率又将会使训练速度变慢,并且难以保证网络最终收敛于最小误差值。学习速率一般应在 $0 \sim 1$ 之间,但具体该如何选择尚无理论依据。

应当指出的是,原始的 BP 算法在实际应用中已很难胜任,在发展过程中涌现了很多改进算法。为了解决学习速度较慢及其难以选择的问题,一般可以采取变步长法寻优,也即学习速率自适应调整策略:

$$\eta(t+1) = \beta\eta(t)$$

其中,η 为学习速率;β 为常数;t 为时间。其意义是后一时序的学习速率会根据当前训练样本均方误差的变化量 ΔE 进行调整,当 $\Delta E<0$ 时,$\beta>1$;当 $\Delta E>0$ 时,$\beta<1$。

(5) 期望误差的选取

对比初始权值和学习参数,期望误差是较次要的参数。但是在网络设计过程中,应该确定一个比较合适的期望值。所谓"合适"是相对于所需要的隐层的节点数及实际问题而言的。较小的期望误差是要以增加隐层的节点及训练时间为代价获得的。一般情况下,作为对比可以同时对两个或多个不同期望误差的网络进行训练,然后通过综合考虑来选择。

人工神经网络是所有机器学习算法中应用领域最广、功能最全面的算法。早期,人工神经网络主要用于寻求材料的宏观参数与材料宏观性能之间的关系,如材料的成分设计、属性预测、加工过程的工艺参数优化,以及寻找影响材料使用性能的环境参数等。在此基础上,人工神经网络模型可以很好地与数据库系统相耦合,形成具有"统计—预测—决策—设计"多位一体的材料开发专家系统,用于数据管理和新材料的研发。

后来,人们开始尝试将人工神经网络与遗传算法、优化算法等结合,如粒子群算法、蚁群算法等,扩大了材料设计的范围,开启了材料设计的"逆向性"思维和"按需设计"的理念。人工神经网络通过对第一性原理计算结果进行学习,用于描述原子尺度下体系之间的作用关系,以此实现计算速度与精度的平衡。也有人通过人工神经网络模型的外延性,扩大了原子势空间,从而丰富了势函数的种类。而卷积神经网络、图神经网络等深度神经网络方法在图像处理上的独到优势,使得其在材料表征领域得到了更广泛的应用,如 SEM、TEM、第一性原理模拟中微结构识别与重构。借助人工神经网络等方法,实现材料微观、介观到宏观性能之间跨尺度的联系,是实现材料设计这一终极目标的可能途径。

8.3 应用实践举例

8.3.1 基于决策树的再结晶预测模型

本节中,将以 AZ31 合金高温拉伸实际测量数据为基础进行实践教学,采用目前应用最广泛的 Python 语言和 Sklearn 工具包,用简单的方式来逐步构建机器学习模型,并用此模型预测任意设定变形温度、变形速率下的再结晶情况。在此之前,要先配置好所需要的软件和工具包。

1) 安装开发环境

开发环境为 Anaconda 下的 Jupyter Notebook 与 Scikit-learn 包。

(1) Anaconda

想要使用 Python 语言来编译机器学习模型,首先需要安装 Python。读者可以在 Python 官方网站上找到适合版本的 Python 下载安装(图 8.10)。本书推荐读者使用 Anaconda。Anaconda 是一个用于科学计算的 Python 发行版,支持 Linux、Mac、Windows 系统,能让你在数据科学的工作中轻松安装和管理常用模块和程序包。

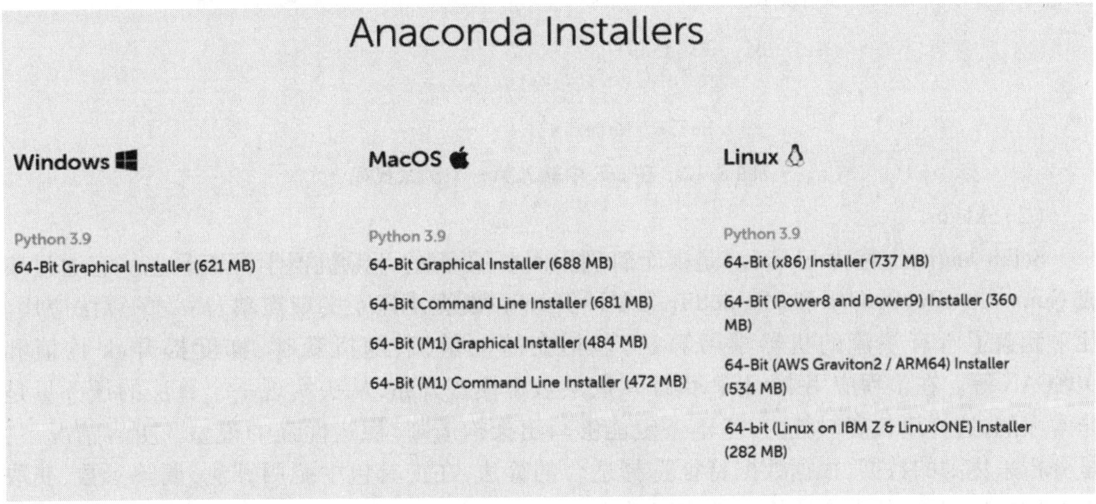

图 8.10 Anaconda 下载

读者在官网下载适合自己系统和版本的 Anaconda 后,按照默认提示进行图形化安装即可。Anaconda 一直在更新,读者使用的版本可能与本书不一致,但影响较小。

安装好 Anaconda 后,在应用程序界面里就能够看到 Anaconda Navigator 的图标,点击运行后就可以看到如图 8.11 所示的界面,然后选择 Notebook,点击 Launch 按钮即可打开编写代码的页面,此外,Windows 用户可以在"开始"菜单中找到 Anaconda 后点击 Jupyter Notebook 运行。

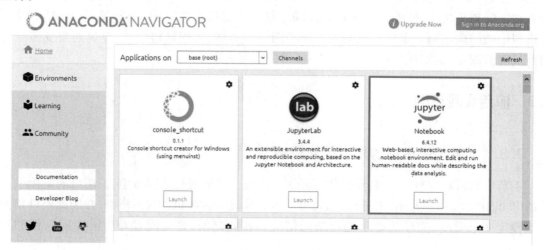

图 8.11　通过 Anaconda Navigator 打开 Notebook

打开 Notebook 后,点击右上角菜单 New,选择 Python3,即可新建一个基于 Python3 编写代码的页面,在网页窗口中的"In [ ]"区域输入"print('hello! Material')",然后按"Shift"+"Enter"键,Out 区域显示"Hello! Material",说明 Anaconda 的环境部署已经成功,如图 8.12 所示。Jupyter Notebook 提供的功能之一就是可以多次编辑 Cell(代码单元格),在实际开发中,为了得到最好的效果,会对测试数据(文本)使用不同的技术进行解析与探索,Cell 的迭代分析数据功能变得特别有用,此外每个 Cell 自动独立为一个小节,省去了人为分节的工序,这极大地方便了代码的编写与测试。

```
In [3]: # 测试
        print('Hello! Material')

Hello! Material
```

图 8.12　在 cell 中输入第一个测试代码

(2) Sklearn

Scikit-learn,也称为 Sklearn,是一个针对 Python 语言的开源机器学习工具包。它通过集成 Numpy、SciPy、Pandas 和 Matplotlib 等多种 Python 数值计算库实现简单、高效的算法应用。几乎涵盖了所有主流的机器学习算法,包括支持向量机、随机森林、梯度提升、k 均值和 DBSCAN 等。在工程应用中,用 Python 从底层数学模型开始,从头实现一个算法的任务量是非常大的,这样不仅费时耗力,还不一定能够写出架构清晰,稳定性强的模型。更多情况下,是分析采集到的数据,根据数据特征选择适合的算法,在工具包中调用算法,调整参数,获取需要的信息即可,从而实现算法效率和效果之间的平衡。而 Sklearn,正是这样一个可以帮助人们实现算法简单上手应用的工具包。Sklearn 有一个完整而丰富的官网,里面讲解了基于 Sklearn 算法的实现和简单应用。

Sklearn 的安装有两种形式:第一种可以在 Anaconda Navigator 中直接搜索 sklearn 进行安装;第二种是通过打开 Anaconda Prompt 并输入"pip install sklearn"自动下载安装。请自行选择安装方式配置使用环境。

2）数据集

使用的数据集见表8.3，主要包含变形温度和应变速率以及是否完全再结晶判定。在AZ31镁合金的热拉伸过程中，不同变形温度和应变速率条件下，晶粒的再结晶程度不同，当其再结晶完全时，归纳为类别"是"；反之则为"否"。把所有数据保存在Excel表格中，以便后续使用。

表8.3　AZ31镁合金试验结果

项目序号	变形温度/℃	应变速率/s^{-1}	完全动态再结晶
1	300	0.02	是
2	325	0.02	是
3	350	0.05	是
4	375	0.05	是
5	400	0.08	是
6	425	0.08	是
7	450	0.10	否
8	475	0.10	否
9	300	0.30	是
10	325	0.30	是
11	350	0.50	是
12	375	0.50	是
13	400	0.70	是
14	425	0.70	否
15	450	0.90	否
16	475	0.90	否
17	300	1.00	是
18	325	1.00	是
19	350	1.50	是
20	375	1.50	是
21	400	2.00	是
22	425	2.00	是
23	450	3.00	否
24	475	3.00	否
25	300	5.00	是
26	325	5.00	否

续表

项目序号	变形温度/℃	应变速率/s^{-1}	完全动态再结晶
27	350	6.00	否
28	375	6.00	否
29	400	7.00	否
30	425	7.00	否
31	450	8.00	否
32	475	8.00	否

3）模型建立及预测

（1）导入算法包和模块

使用任何工具包和算法模块的第一步就是导入这些工具，在 Jupyter Notebook 的第一个 cell 中输入如下代码，就可以完成本次算法所依靠的工具包导入。其中 Pandas 和 Numpy 是 Python 中常用的两种数值处理工具，可以完成数据集的导入和格式处理，Matplotlib 则是画图工具，其功能强大，应用广泛；tree 和 train_test_split 则是 Sklearn 中的模块，tree 是决策树算法的核心模块，train_test_split 可以完成训练集和测试集的划分。

```
#1 导入需要的算法库和模块
import pandas as pd                                    #数据处理工具
import numpy as np                                     #数据处理工具
import matplotlib.pyplot as plt                        #图像绘制工具
from sklearn import tree                               # Sklearn 中决策树算法模块
from sklearn.model_selection import train_test_split   #训练集与测试集划分模块
```

（2）数据集导入和特征划分

采用 Pandas 模块将数据从已经建立好的 Excel 文档中提取，再使用 Numpy 模块将数据集转化成利于处理的数组，将前两列变形温度和应变速率参数设定为输入特征，完全动态再结晶的情况设定为标签或者目标。需要注意的是，在计算机语言中，顺序数的计数都是从 0 开始，而非从 1 开始，具体代码如下：

```
#2 数据集导入以及特征划分
#样本数据的提取
data = pd.read_excel('F:/AZ31 动态再结晶.xlsx')
#分离特征和标签
data = np.array(data)
feature = data[:,:2]
label = data[:,2:3]
```

(3)决策树的建立集训练

决策树的建立主要包括训练集和测试集划分、决策树定义、训练和测试、参数调整等步骤。首先,采用上文提到的 train_test_split 模块对数据集进行划分,test_size 可以用来调整训练集和测试集比例,test_size=0.3 则代表测试集比例 0.3,那么训练集比例就是 0.7,random_state 可以用来记录随机划分的规则,数值可以根据模型精度自定义调整。

Sklearn 中决策树的定义格式为 clf = tree.DecisionTreeClassifier(),其中 max_depth 参数为最重要的参数,它代表树的深度,不同树深对应的分类规则不同,一般需要根据特征数量和影响情况进行调整,本书特征数为 2,设定为 2。clf = clf.fit(x_train,y_train) 表示对训练集的输入和输出进行拟合训练。clf.score() 可以用来计算模型精度,即(1-相对误差),score_train 和 score_test 分别代表模型的训练精度和测试精度。

```
#划分训练数据和测试数据
x_train,x_test,y_train,y_test = train_test_split(feature,label,test_size=0.3,random_state=0)
#定义和拟合决策树
clf = tree.DecisionTreeClassifier(max_depth = 2,random_state = 10)
clf = clf.fit(x_train,y_train)
#模型精度
score_train = clf.score(x_train,y_train)
print('训练精度:',score_train)
score_test = clf.score(x_test,y_test)
print(score_test)
```

运行程序后,输出结果如下:

```
>>>
训练精度:0.9545454545454546
测试精度:0.9
```

表示本决策树模型的训练精度为 0.9545,相应的测试精度为 0.9,分类效果较好,可以用于下一步的再结晶情况预测,当然,也可以通过进一步调整模型参数来寻找最佳模型精度,优化模型。

(4)未知特征再结晶情况预测

```
#预测
x1 = input('变形温度:')
x2 = input('应变速率:')
print('此变形条件下,是否会发生完全动态再结晶:',clf.predict([[x1,x2]]))
```

运行代码,依次输入任意变形温度和应变速率,即可得到预测结果,分别以变形温度 290 ℃,应变速率 2.3 s^{-1} 和变形温度 500 ℃,应变速率 0.3 s^{-1} 为例,运行结果如下:

```
>>
变形温度:290
应变速率:2.3
此变形条件下,是否会发生完全动态再结晶:['是']
>>
变形温度:500
应变速率:0.3
此变形条件下,是否会发生完全动态再结晶:['否']
```

至此,一个采用 Python 语言 Sklearn 工具建立的简单的决策树预测模型就基本完成了,当然,每个模块下还有许多参数可以设定,读者可以自行尝试。

8.3.2 基于 BP 网络的镁合金晶粒尺寸预测模型构建

1)软件和数据准备

(1)MATLAB 软件

本节采用另一种常用的机器学习软件 MATLAB 来构建一个简单的 BP 神经网络预测模型。MATLAB 是一门计算机编程语言,诞生于 20 世纪 70 年代,由 MathWork 公司推出,编写者是 Cleve Moler 博士和他的同事,取名来源于 Matrix Laboratory,本意是专门以矩阵的方式来处理计算机数据,它把数值计算和可视化环境集成到一起,非常直观,而且提供了大量的函数,使其越来越受到人们的喜爱,工具箱越来越多,应用范围越来越广泛,从 1985 年推出 1.0 版本到目前的 9.0 版本,功能越来越强。MATLAB 是一种非常实用的构建人工神经网络的语言,逻辑简单清晰,语句构成直观易懂。此外,MATLAB 中还提供人工神经网络工具箱,界面化操作,易于上手。

安装并打开 MATLAB,主界面如图 8.13 所示,MATLAB 的主要操作环境可以分为以下 5 个部分:

①工具栏:包含了所有 MATLAB 软件中可以使用的工具。

②文件夹:该窗口是指 MATLAB 运行文件时的工作目录。

③命令窗口:该窗口是 MATLAB 的主要交互窗口,用于输入命令并显示除图形以外的所有执行结果。在命令提示符后键入命令并按下回车键后,MATLAB 就会解释执行所输入的命令,并在命令后面给出计算结果。在命令行窗口输入的 MATLAB 命令,可以是一个单独的 MATLAB 语句,也可以是一段利用 MATLAB 编程功能实现的代码。

④工作区:此空间是 MATLAB 用于存储各种变量和结果的内存空间。在该窗口中显示工作空间中所有变量的名称、大小、字节数和变量类型说明,可对变量进行观察、编辑、保存和删除。

⑤脚本编辑区:该窗口用于 MATLAB 编程设计。单击主窗口的"新建脚本",即可弹出编辑窗口。

图 8.13　MATLAB 主界面

（2）数据集建立

采用 MATLAB 软件，以 AZ61B 合金高温压缩试验的实际测量数据为数据集，用简单的方式来逐步构建 BP 人工神经网络，并用此模型预测任意设定变形温度、变形速率下的再结晶晶粒尺寸。其原始数据见表 8.4。

表 8.4　AZ61B 镁合金高温压缩试验结果

序号	项目	变形温度/℃	应变速率/s^{-1}	再结晶晶粒尺寸/μm
1		300	0.01	11.18
2		325	0.01	11.45
3		350	0.01	11.77
4		400	0.01	12.55
5		425	0.01	12.88
6		450	0.01	13.37
7		475	0.01	15.70
8		325	0.10	11.25
9		350	0.10	11.39
10		375	0.10	11.88
11		400	0.10	12.11

续表

序号 项目	变形温度/℃	应变速率/s^{-1}	再结晶晶粒尺寸/μm
12	425	0.10	12.61
13	450	0.10	12.89
14	475	0.10	14.20
15	300	1.00	9.85
16	325	1.00	10.30
17	375	1.00	11.55
18	400	1.00	11.34
19	425	1.00	12.50
20	450	1.00	11.99
21	300	5.00	9.58
22	350	5.00	10.36
23	375	5.00	11.05
24	400	5.00	10.85
25	425	5.00	11.34
26	450	5.00	11.61
27	475	5.00	11.92
28	375	0.01	12.03
29	300	0.10	10.85
30	325	5.00	9.76
31	475	1.00	13.89
32	350	1.00	10.80

工艺参数包括压缩变形温度、应变速率。

测量数据包括再结晶晶粒尺寸,即确定变形温度和应变速率两个参数为此神经网络的输入,再结晶晶粒尺寸为输出。

点击工具栏中的"新建脚本"按钮,开始编辑一个新的脚本文件,如果程序中留存有之前运行的指令、变量、结果、图表等,可以通过执行 clear、close all 以及 clc 等指令进行初始化。

```
%%初始化
clear        %清除工作区中的所有变量
close all    %关闭所有 Figure 窗口
clc          %清除命令窗口所有指令
```

常用的数据导入有两种:

①直接在编辑区键入数据集矩阵 data,如 data=[……]',请注意矩阵右上角加" ' "符号表示对矩阵进行转置操作,这样操作是因为在 MATLAB 神经网络中,默认每一列代表一个样本特征。

```
%% 数据导入及读取
data = [
300.00    0.01    11.18
325.00    0.01    11.45
350.00    0.01    11.77
400.00    0.01    12.55
425.00    0.01    12.88
450.00    0.01    13.37
475.00    0.01    15.70
325.00    0.10    11.25
350.00    0.10    11.39
375.00    0.10    11.88
400.00    0.10    12.11
425.00    0.10    12.61
450.00    0.10    12.89
475.00    0.10    14.20
300.00    1.00    9.85
325.00    1.00    10.30
375.00    1.00    11.55
400.00    1.00    11.34
425.00    1.00    12.50
450.00    1.00    11.99
300.00    5.00    9.58
350.00    5.00    10.36
375.00    5.00    11.05
400.00    5.00    10.85
425.00    5.00    11.34
450.00    5.00    11.61
475.00    5.00    11.92
375.00    0.01    12.03
300.00    0.10    10.85
325.00    5.00    9.76
475.00    1.00    13.89
350.00    1.00    10.80
]';
```

②点击工具栏中的"导入数据"按钮,选择包含数据的 Excel 文件,划取目标数据,选择输出类型为"数值矩阵",最后点击"导入所选数据"按钮,即可完成数据导入。此时,工作区中即会出现变量"data",观察到它的值为"32×3",这表示建立的 data 共包含 3 个样本,每个样本有 32 个维度,与实际不符,必须通过键入"data = data' "对原矩阵转置,完成数据集的正确导入。

无论采用方式①还是方式②,最终都可以在工作区得到数据集矩阵 data(图 8.14),其值为"3×32 double",表示得到一个样本数 32,每个样本 3 个特征的双精度矩阵。

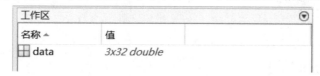

图 8.14 数据导入结果

数据集 data 建立好后,还需要读取数据并划分模型的输入值和输出值。

```
%% 划分输入和输出
inputs = data(1:2,:);     % 输入为 data 前两列的所有数据
outputs = data(3,:);      % 输出为 data 最后一列的所有数据
```

观察到原始数据包含 3 个特征:第一特征变形温度的取值为 300~475 ℃;第二特征应变速率为 0.01~5.00 s^{-1};第三特征再结晶晶粒尺寸为 9.58~15.70 μm,必须对其进行归一化处理从而消除量纲不同所造成的误差和影响。本例采用 mapminmax 归一化方法,将原始数据都变换在(0,1)之间。至此,数据集的建立和数据预处理已经全部完成。

```
%% 归一化
[inputn,inputPS] = mapminmax(inputs,0,1);
[outputn,outputPS] = mapminmax(outputs,0,1);
```

2) 采用人工神经网络工具箱构建 BP 网络

由表 8.4 实验数据不难看出,本例想要实现的是建立变形温度、应变速率两个参数和再结晶晶粒尺寸间的映射关系,属于回归问题,也可以称为函数拟合问题。在 MATLAB 中提供大量简单且实用的工具,位于工具栏"APP"菜单中,本例将介绍如何使用人工神经网络拟合工具"nftool"快速搭建一个单隐层 BP 神经网络,并进行预测。

(1)nftool 工具运行及数据导入

在命令行窗口中键入"nftool"或者从工具栏"APP"菜单中点击"Neural Net Fitting"图标打开神经网络拟合工具,其界面如图 8.15 所示。在 nftool 图形工具中,默认采用单隐层神经网络,隐藏层的激活函数默认为 S 形函数,输出层激活函数默认为线性函数,网络层数和激活函数无法在交互界面中调整或者更改。

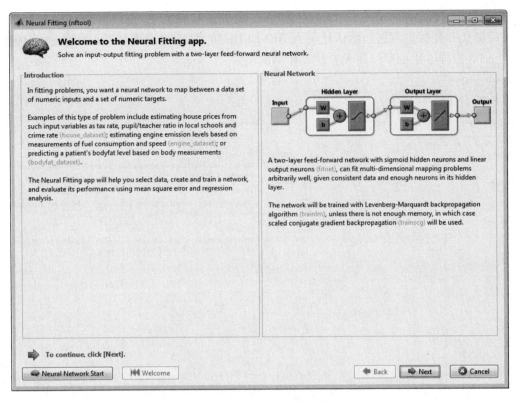

图 8.15　nftool 工具主界面

点击"next"继续,进入数据导入界面(图 8.16),在上一节中,已经完成了数据集的构建和归一化处理,在此,点击下拉菜单,选择"inputn"变量作为本网络的输入(Inputs),选择"outputn"作为本网络的目标值(Targets)。

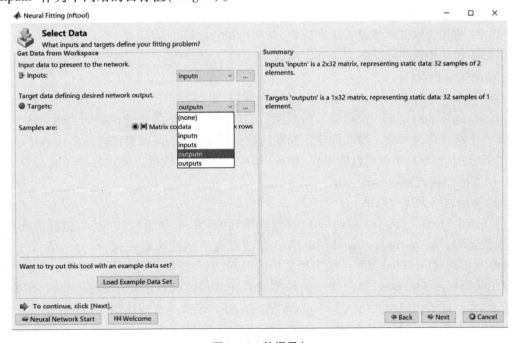

图 8.16　数据导入

点击"next"以显示 Validation and Test Data(验证集和测试集)窗口,如图 8.17 所示。训练集、验证集和测试集数据的默认比例为 70%、15% 和 15%,可以通过下拉菜单进行调整,但原则上训练集样本比例要远高于验证集和测试集。

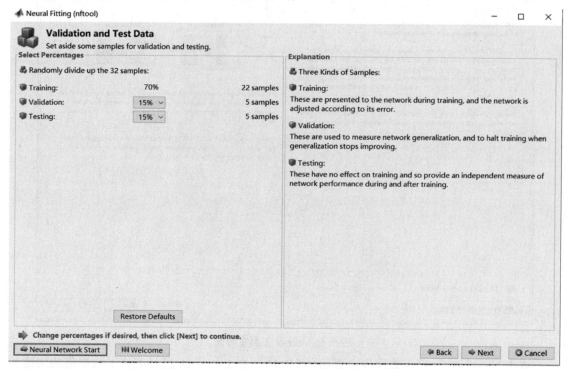

图 8.17　数据集划分(训练集、验证集和测试集)

通过这些设置,输入向量和目标向量将随机分成以下 3 组:
①70% 将用于训练。
②15% 将用于验证网络是否正在泛化,并在过拟合前停止训练。
③15% 将用作网络泛化的完全独立测试。

(2)网络结构设计

点击"next"进入 Network Architecture(网络结构)界面,如图 8.18 所示,图中可以看到,用于函数拟合的标准网络是一个单隐层前馈网络,其中在隐藏层的传递函数为"sigmoid",输出层则有一个线性传递函数。隐藏神经元的默认数量设置为 10,可以根据经验公式估计一个初始神经元范围,如果网络训练性能不佳,稍后可以增加神经元数量。设定好神经元数量后,本例 BP 网络的结构就在图中显示出来了。

(3)神经网络训练和结果

再次点击"next"进入 Train Network(神经网络训练)界面,如图 8.19 所示,选择训练算法,对大多数问题,Levenberg-Marquardt(trainlm)算法都有不错的拟合效果,对一些含噪小型问题,贝叶斯正则化(trainbr)虽然可能需要更长的时间,但会获得更好的解。但是,对超大型问题,量化共轭梯度(trainscg)算法使用的梯度计算比其他两种算法使用的 Jacobian 矩阵计算更节省内存。此示例使用默认的 Levenberg-Marquardt。训练一直持续到连续 6 次迭代仍无法降低验证误差为止(验证停止),然后点击"Train"按钮,开始训练。

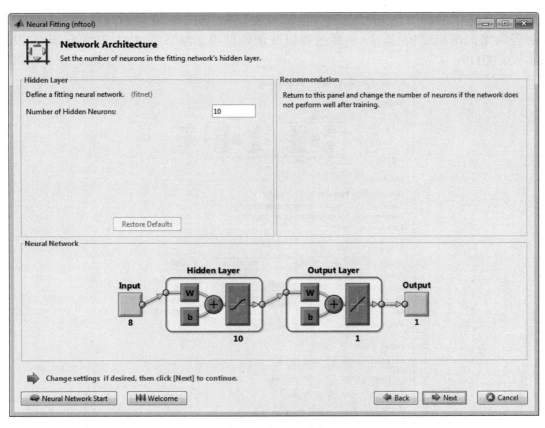

图 8.18 网络结构

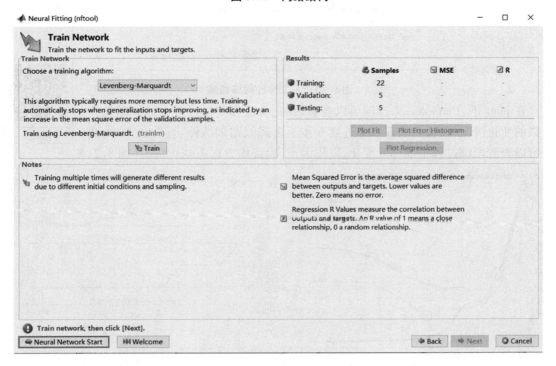

图 8.19 网络训练和结果界面

训练开始后,会弹出 Neural Network Training 对话框,如图 8.20 所示,从上到下分别显示了神经网络的网络结构、算法、训练过程以及训练结果。网络经过 11 步终止,均方误差 mse = 0.00119。

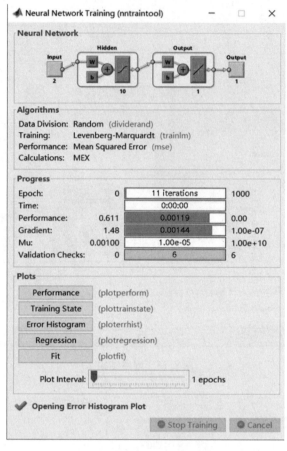

图 8.20　人工神经网络训练

图8.21

在 plots 下,Performance 选项可以查看训练、验证和测试过程中 mse 随迭代次数的变化情况,默认当验证 mse 连续 6 步不再降低则训练停止;Train State 选项可以查看训练过程中的梯度变化、阻尼因子、验证均方误差变化情况(图 8.21)。

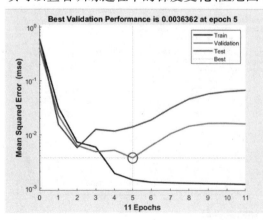
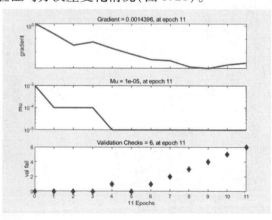

图 8.21　网络训练过程

Error Histogram 可以查看误差直方图以获得网络性能的额外验证,蓝条表示训练数据,绿条表示验证数据,红条表示测试数据。直方图可以指示离群值,这些离群值是拟合明显比大部分数据差的数据点(图 8.22)。

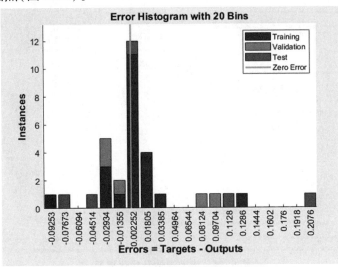

图8.22

图 8.22 误差直方图

Regression(图 8.23)则能够反映网络的泛化情况和函数拟合情况。如果是完美拟合,则数据应沿 45°线下降,其中网络输出等于目标。在本例中,所有数据集的拟合效果较好,训练、验证和测试的 R 值都高于 0.97。

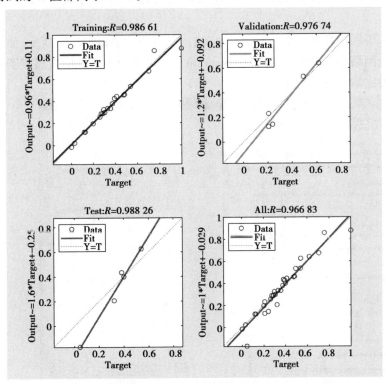

图8.23

图 8.23 BP 神经网络拟合情况

如果需要更准确的结果，可以再点击"next"，进入网络优化界面(图8.24)。

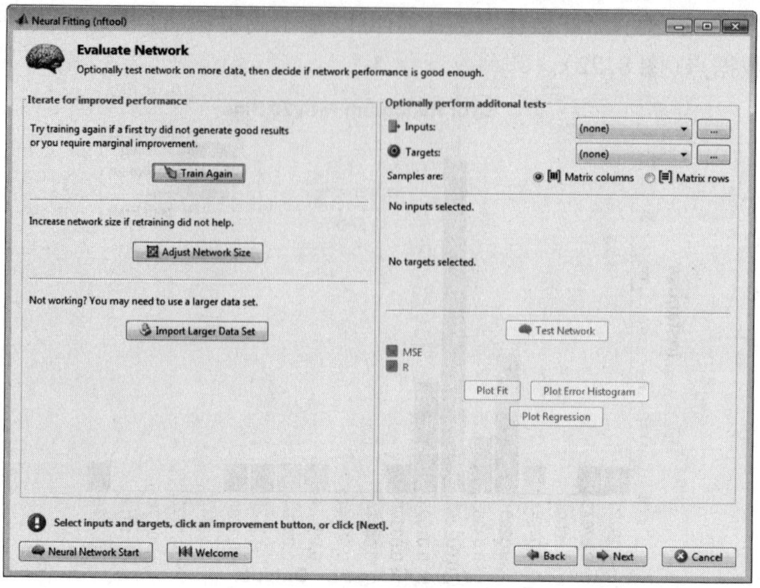

图8.24 模型评估及优化界面

点击"Retrain"来重新训练网络，这将更改网络的初始权重和偏差，并可能在重新训练后生成改进的网络，当然，也调整隐藏层神经元数量，如果网络对训练集的性能良好，但测试集的性能明显变差，这可能表示出现了过拟合，减少神经元数量可能会改善结果。如果训练性能不佳，可以增加神经元的数量。此外，还可以选择通过进一步增加数据，提高网络泛化性能。

如果对本次的训练网络性能满意，点击"next"进入部署界面，如图8.25所示，使用以下面板生成用于仿真神经网络的MATLAB函数或Simulink图，可以使用生成的代码或图来更好地理解神经网络如何根据输入计算输出。

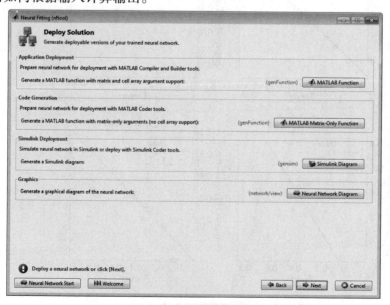

图8.25 网络部署界面

以本次训练为例,点击"MATLAB Function"选项,即可查看网络的传输代码,从中找到本次训练隐藏层和输出层的所有权值和偏置如下:

```
% Layer 1
b1 = [
4.4956315354918663374;-3.4389307492201575123;
2.662631088617217312;-1.8636787239775565173;
-0.46203899684981331042;-0.18713584003737937511;
1.8232977894474695635;-2.6995107511983458259;
3.0296350567530812015;4.6660324689102248286];
IW1_1 = [
-4.3261842510024104413 0.57678343937396436836;
0.32202677552348724088 4.4126642755897389492;
-3.0902447845769112078 2.7802067249525492798;
3.8454090240996245953 1.5088076383834749805;
3.5588736140156971288 -2.559889583665751811;
-4.1310692070089887196 -2.0501511297054979543;
3.4709550294418263228 -2.6149037837784767646;
-3.0653693958856051971 -2.9252319756163611686;
1.7331920105317093483 -4.4243238158048958653;
3.8765343576838171558 1.4292882083899463019];
% Layer 2
b2 = 0.40690548176849561379;
LW2_1 = [
-0.96057259270926409478 0.35849713942941840994
-0.28848003287404311301 -0.58332549545073308916
0.10157672233081596613 -0.18058811148815256953
0.92663652698906506799 0.17381955725390557665
-0.56143645964319643937 -0.16815578078170459464];
```

(4)人工神经网络预测

如图 8.26 所示,使用屏幕上的按钮生成脚本或保存结果,点击"Simple Script"或"Advanced Script"创建 MATLAB 代码,以通过命令行执行这些代码来重现前面的所有步骤,或者通过修改这些代码,修改在界面操作中无法修改的参数。点击"Simple Script"按钮,将会在脚本区自动打开编辑代码,下一节将采用此段代码,演示如何通过简单的代码实现 BP 人工神经网络的构建。

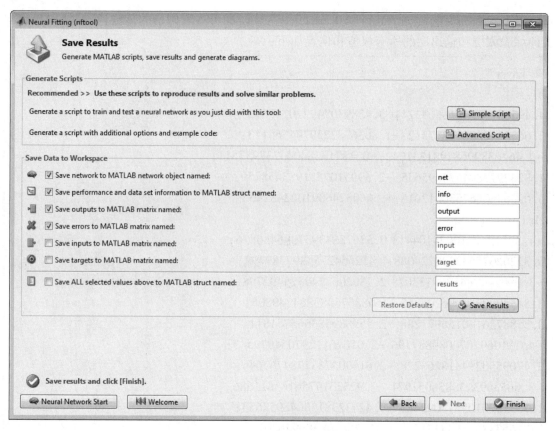

图 8.26　脚本文件导出及数据保存

为了实现神经网络的预测功能,需要先将建立好的网络保存,点击最下方的"Save Results"按键,整个神经网络将自动存为工作区中的"net"。创建 MATLAB 代码并保存结果后,点击"Finish"按键。接下来,在一个新的脚本文件或者命令窗口输入以下代码,即可调用建立好的神经网络"net",预测未知参数的再结晶晶粒尺寸。

%% 预测未知参数下的再结晶晶粒尺寸	
FT = input('请输入变形温度:');	
SR = input('请输入应变速率:');	
input_pre = [FT SR]';	% 将输入温度和速率转换成输入矩阵
inputn_pre = mapminmax('apply', input_pre, inputPS);	% 输入归一化
Pren = sim(net, inputn_pre);	% 用 sim 函数仿真
Pre = mapminmax('reverse', Pren, outputPS)	% 反归一化得到(预测)仿真结果

运行脚本,弹出"请输入变形温度","请输入应变速率"提示,依次输入目标温度和目标应变速率,回车后得到模型预测的再结晶晶粒尺寸,结果如图 8.27 所示。至此,完成了采用人工神经网络工具箱构建 BP 网络并预测自定义参数下的再结晶晶粒大小的全部工作,读者可以多次尝试不同的输入组合,来大致估计晶粒尺寸随变形温度以及应变速率变化的规律。

```
请输入变形温度：328
请输入应变速率：1.2

Pre =

    10.3466
```

图 8.27　BP 神经网络预测结果

3）采用脚本代码构建 BP 网络

前面介绍了如何使用人工神经网络拟合函数 nftool 工具构建简单的回归和预测模型，在构建过程中不难发现，采用这种方式，界面交互，易于上手，非常适合初学者用于了解 BP 神经网络的工作原理和模型参数。但是有很多局限，如无法修改网络参数，无法修改激活函数，无法完全按照需要进行数据集划分等。在此，以前面产生的 Simple Script 脚本代码为基础，了解一个简单的 BP 神经网络逻辑构造，实现流程，并修改其中的一些参数，看看网络模型的拟合效果和预测能力有怎样的变化。

```
%% Simple Script 脚本的主要网络构成
x = inputn;                                    % 模型输入 x
t = outputn;                                   % 模型输出 t
% 创建神经网络
hiddenLayerSize = 10;                          % 隐藏层神经元数量 10
trainFcn = 'trainlm';                          % 训练算法为 Levenberg-Marquardt(L-M)
net = fitnet(hiddenLayerSize,trainFcn);        % 构建网络
% 数据集划分
net.divideParam.trainRatio = 70/100;           % 训练集比例 70/100(默认)
net.divideParam.valRatio = 15/100;             % 验证集比例 15/100(默认)
net.divideParam.testRatio = 15/100;            % 测试集比例 15/100(默认)
% 训练神经网络
[net,tr] = train(net,x,t);
% 测试神经网络
y = net(x);
e = gsubtract(t,y);                            % 误差计算
performance = perform(net,t,y)                 % 网络性能评估,输出均方误差
```

从 Simple Script 脚本代码可知，在 nftool 工具中构建的神经网络模型中，模型结构为单隐层网络，隐藏层神经元数量为 10，隐藏层传递函数默认为"tansig"，输出层传递函数默认为"purelin"，训练算法为 L-M 算法。脚本代码运行结束后，可在命令行窗口中输入"view(net)"以查看网络结构，调整后的网络结构如图 8.28 所示。

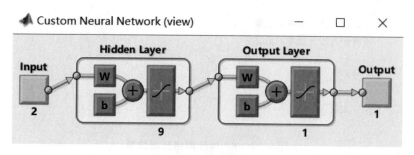

图 8.28 网络结构

BP 网络的常用函数见表 8.5,具体函数的介绍和用法可以在 MATLAB 帮助中搜索查阅。

表 8.5 BP 网络的常用函数

函数类型	函数名称	函数用途
前向网络创建函数	newcf	创建级联前向网络
	newff	创建前向 BP 网络
	newffd	创建存在输入延迟的前向网络
传递函数	logsig	S 形的对数函数
	dlogsig	logsig 的导函数
	tansig	S 形的正切函数
	dtansig	tansig 的导函数
	purelin	纯线性函数
	dpurelin	Purelin 的导函数
学习函数	learngd	基于梯度下降法的学习函数
	learngdm	梯度下降动量学习函数
性能函数	mse	均方误差函数
	msereg	均方误差规范化函数
显示函数	plotperf	绘制网络的性能
	plotes	绘制一个单独神经元的误差曲面
	plotep	绘制权值和阈值在误差曲面上的位置
	errsurf	计算单个神经元的误差曲面

trainbr 算法中不存在验证集,只需要调整训练集和测试集比例,随机选择 32 个样本中的 26 个作为训练,剩下的 6 个作为测试,代码按以下方式修改:

```
net.divideParam.trainRatio = 26/32;    %训练集比例为 26/32
net.divideParam.valRatio = 0;          %验证集比例为 0
net.divideParam.testRatio = 6/32;      %测试集比例为 6/32
```

经过修改后的完整代码如下:

```
%%初始化
clear          %清除工作区中的所有变量
close all      %关闭所有Figure窗口
clc            %清除命令窗口所有指令
%%数据导入
data = [
300.00   0.01  11.18
325.00   0.01  11.45
350.00   0.01  11.77
400.00   0.01  12.55
425.00   0.01  12.88
450.00   0.01  13.37
475.00   0.01  15.70
325.00   0.10  11.25
350.00   0.10  11.39
375.00   0.10  11.88
400.00   0.10  12.11
425.00   0.10  12.61
450.00   0.10  12.89
475.00   0.10  14.20
300.00   1.00   9.85
325.00   1.00  10.30
375.00   1.00  11.55
400.00   1.00  11.34
425.00   1.00  12.50
450.00   1.00  11.99
300.00   5.00   9.58
350.00   5.00  10.36
375.00   5.00  11.05
400.00   5.00  10.85
425.00   5.00  11.34
450.00   5.00  11.61
475.00   5.00  11.92
375.00   0.01  12.03
300.00   0.10  10.85
325.00   5.00   9.76
475.00   1.00  13.89
350.00   1.00  10.80
```

```
]';
%%划分输入和输出
inputs = data(1:2,:);    %输入为data前两列的所有数据
outputs = data(3,:);     %输出为data最后一列的所有数据
%%归一化
[inputn,inputPS] = mapminmax(inputs,0,1);
[outputn,outputPS] = mapminmax(outputs,0,1);
%% BP 网络构建
net = newff(inputn,outputn,9,{'tansig','tansig'},'trainbr');
net.divideParam.trainRatio = 26/32;
net.divideParam.valRatio = 0;
net.divideParam.testRatio = 6/32;
%%网络训练
[net,tr] = train(net,inputn,outputn);
%%网络测试
y = net(inputn);
e = gsubtract(outputn,y);
performance = mse(net,outputn,y)
%%预测未知参数下的再结晶晶粒尺寸
FT = input('请输入变形温度:');
SR = input('请输入应变速率:');
input_pre=[FT SR]';
inputn_pre=mapminmax('apply',input_pre,inputPS);
Pren=sim(net,inputn_pre);
Pre = mapminmax('reverse',Pren,outputPS)
```

运行脚本,可以得到与使用 nftool 工具构建的 BP 网络相同的训练界面,本节使用的训练算法为"trainbr",运行次数相较于上一节的网络模型多,且实际训练过程中,没有验证过程。网络的回归结果如图 8.29 所示,R 值均大于 0.95,拟合效果很好,网络的均方差为 0.004 1,性能良好(图 8.30)。

输入与前面预测模型相同的输入参数,可以得到采用本模型的预测结果,预测再结晶晶粒尺寸为 10.382 7(图 8.31),与前面的预测结果 10.346 6,误差仅为 0.3%,说明对本例数据集,无论采用何种网络构建方式,均能获得具有较好泛化能力的回归预测网络模型。

8.3.3 自修复混凝土的自修复效果预测

自修复混凝土的裂纹修复程度对于其本身来说是一个重要的参数,特别针对地下结构混凝土而言,可以通过预测裂纹修复程度来延长混凝土的使用寿命。通过收集相关的历史数据,建立自修复混凝土的裂纹修复效果预测模型,通过调整混凝土配合比以便优化修复效果。通过 Python 软件对自修复混凝土进行机器学习分析流程如下:

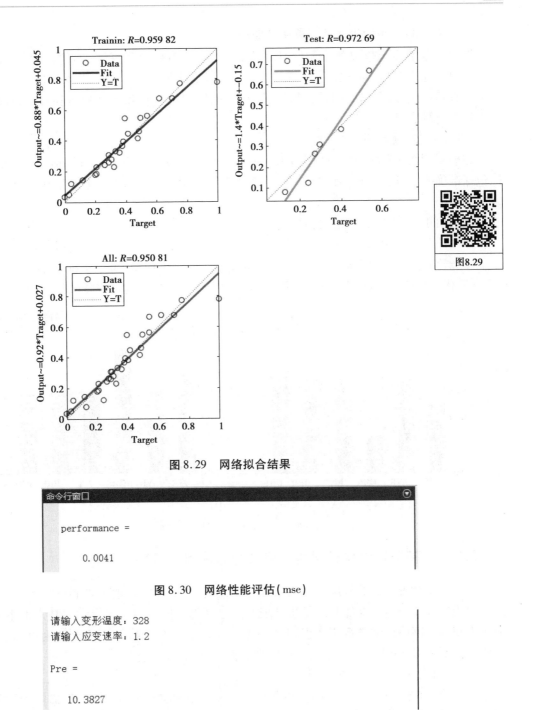

图 8.29 网络拟合结果

图 8.30 网络性能评估(mse)

图 8.31 网络预测结果

(1)第一步:数据预处理与特征工程

需要收集和整理自修复混凝土的基本信息、配合比、修复行为等数据。数据预处理包括去除异常值、填补缺失值等。特征工程的目的是从原始数据中提取有效的特征,包括对数值特征进行标准化、类别特征进行独热编码等。

(2)第二步:选用的机器学习算法及原因

在自修复混凝土修复效果预测任务中,可以尝试多种预测算法,如逻辑回归、支持向量机、决策树、随机森林、梯度提升树等。这些算法具有不同的优缺点,可以根据数据特点和需求进行选择。例如,逻辑回归具有较好的可解释性,随机森林和梯度提升树在处理非线性和高维数据时具有优势。

(3)第三步:模型评估与优化

在模型训练过程中,可以使用留出法或交叉验证的方法对模型进行评估。常用的评估指标包括准确率、召回率、F1 值、AUC 等。通过调整模型参数,可以优化模型在评估指标上的表现。

(4)第四步:结果分析与实际应用

经过训练和优化,如图 8.32 和图 8.33 所示为 6 个机器学习模型的预测性能,由此得到一个性能较好的自修复混凝土修复效果预测模型。通过该模型,可以提前识别潜在的修复效果,采取优化措施,如修改配合比,选用合适的微生物等方式提高自修复效果。

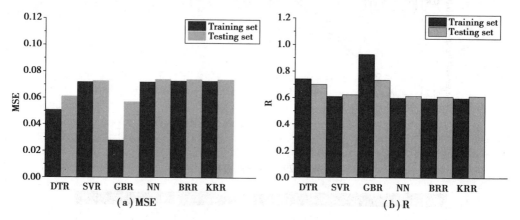

图 8.32 6 个模型的预测性能

8.3.4 基于卷积神经网络的镁合金微观组织识别

镁合金的微观组织结构决定了其宏观力学性能,快速且准确地识别和分析镁合金微观组织可以为提高镁合金的性能和降低生产成本提供理论依据。随着深度学习技术的不断发展,使用卷积神经网络模型进行图像识别已广泛应用于材料科学领域,下面介绍通过建立卷积神经网络模型来对 Mg-Mn 系变形镁合金微观晶粒进行识别的过程。

(1)图像数据集收集及预处理

图像数据均来源于已发表文献中的实验结果,包含通过金相显微镜、扫描电子显微镜、透射电子显微镜等设备观察到的微观组织图像。依据"孪晶"和"第二相"的不同微观特征将图像分为"孪晶"和"第二相"两类,其中"第二相"图像有 50 张,"孪晶"有 38 张,部分数据如图 8.34 所示。

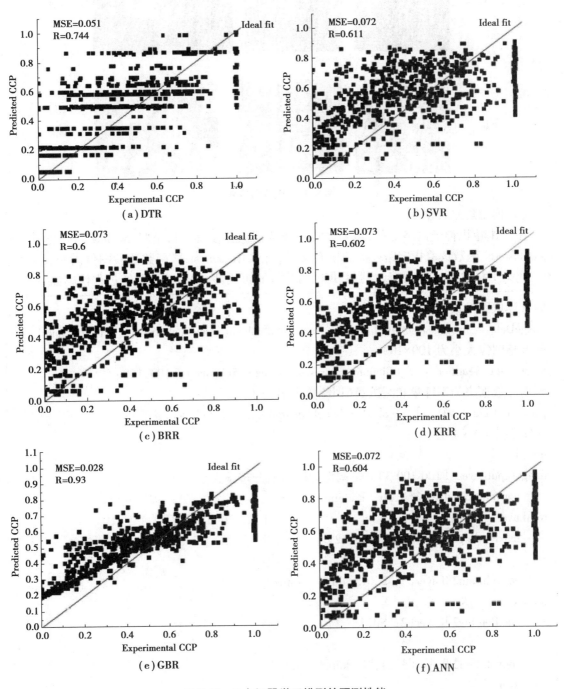

图 8.33 6 个机器学习模型的预测性能

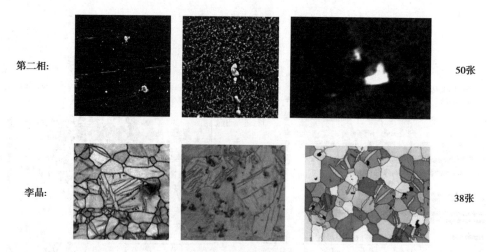

图 8.34　图像数据集

(2) 模型建立及预测

在构建卷积神经网络之前,需要先将图像数据保存在统一目录"Raw_img"下,使用"imageDatastore"函数读取指定路径下的所有文件,并采用"imresize"函数调整图像大小,将尺寸统一化为 100 像素×100 像素,增强数据的可读性和可用性,CNN 模型训练过程代码如下:

```
%% 读取图像数据
imageData = imageDatastore('Raw_img','IncludeSubfolders',true,'LabelSource','foldernames');
% 调整图像大小为 100×100
imageData.ReadFcn = @(filename)imresize(imread(filename),[100,100]);
% 划分数据集为训练集和测试集(训练集占 70%)
[trainingData,testData] = splitEachLabel(imageData,0.7,'randomized');
%% 创建 CNN 模型
layers = [
imageInputLayer([100 100 3])  % 调整为图像的分辨率大小
    convolution2dLayer(3,16,'Padding','same')
reluLayer                                   % relu 激活层
    maxPooling2dLayer(2,'Stride',2)

    convolution2dLayer(3,32,'Padding','same')
reluLayer
    maxPooling2dLayer(2,'Stride',2)

    convolution2dLayer(3,64,'Padding','same')
reluLayer
    maxPooling2dLayer(2,'Stride',2)
```

```
fullyConnectedLayer(64)
reluLayer

fullyConnectedLayer(numel(categories(imageData.Labels)))
softmaxLayer                    % 损失函数层
classificationLayer             % 分类层
];
%% 设置训练选项
options = trainingOptions('sgdm',...
    'MiniBatchSize',10,...
    'MaxEpochs',1000,...
    'InitialLearnRate',1e-3,...
    'LearnRateSchedule','piecewise',...
    'LearnRateDropFactor',0.9,...
    'LearnRateDropPeriod',100,...
    'Shuffle','every-epoch',...
    'ValidationData',testData,...          % 验证数据集
    'ValidationFrequency',20,...           % 每训练20次,进行一次验证
    'Plots','training-progress');
%% 训练 CNN 模型
trainedModel = trainNetwork(trainingData,layers,options);
%% 评估模型
predictions = classify(trainedModel,testData);
accuracy = mean(predictions == testData.Labels);
disp(['测试集准确率:'num2str(accuracy)]);
```

此 CNN 网络中,"convolution2dLayer"为 2D 卷积层;"reluLayer"为修正线性单元(ReLU)层;"maxPooling2dLayer"为最大池化层;"fullyConnectedLayer"为全连接层;"softmaxLayer"代表使用 softmax 函数对多个标量进行映射;"classificationLayer"代表创建分类层。该模型共设置有 1 个输入层、3 个卷积层、3 个最大池化层、1 个全连接层、1 个输出层。经过多次训练和调试,最终确定模型在训练过程中的参数设置,见表 8.6。

表 8.6 CNN 训练参数设置

	取值	释义
solverName	'sgdm'	优化函数
'MiniBatchSize'	10	每次迭代使用的数据量
'MaxEpochs'	1000	最大迭代次数
'InitialLearnRate'	1e-3	初始学习率

续表

	取值	释义
'LearnRateSchedule'	'piecewise'（分段学习率）	学习率策略
'LearnRateDropFactor'	0.9	学习率下降因子
'LearnRateDropPeriod'	100	学习率下降周期
'Shuffle'	'every-epoch'每个迭代回合打乱一次	数据打乱策略
'ValidationData'	testData	验证集数据
'ValidationFrequency'	经过多少 MiniBatchSize 后验证一次	验证频率
'Plots'	'training-progress'	是否画出实时训练进程

设定好训练过程的参数，对该网络进行重复训练，最终得到准确率为 88.462% 的模型。选取数据集之外的 Mg-Mn 系变形镁合金的微观组织图像对 CNN 模型进行仿真测试，仿真过程的代码如下。选取预先放入该文件路径中的"孪晶"图像，进行仿真预测，结果在命令行窗口中显示为"模型预测的类别为:孪晶"。总体上，图像的测试结果与实际结构相符合。

```
%% 加载训练好的模型
load 88.462.mat;
%% 读取新的图像
newImage = imread('仿真预测(孪晶3).png');% 替换为新图像的路径
%% 调整图像大小为模型期望的输入大小
newImage = imresize(newImage,[100,100]);% 根据模型的输入大小调整
%% 使用模型进行预测
prediction = classify(trainedModel,newImage);
%% 显示预测结果
disp(['模型预测的类别为:' char(prediction)]);
```

思考题

1. 除了本章介绍的机器学习算法，还有哪些常用算法？请自行查阅资料补充。
2. 利用 8.2 节中的实验数据和操作实例，采用 Sklearn 构建 kNN 再结晶预测模型。
3. 如何提高机器学习模型的泛化能力？
4. 上网查找文献搜集某种合金成分与性能实验数据，并采用 BP 神经网络，运用 Python 或 MATLAB 神经网络工具箱建立该合金成分与性能之间的关系模型。

参考文献

[1] JORDAN M I, MITCHELL T M. Machine learning: Trends, perspectives, and prospects [J]. Science, 2015, 349(6245): 255-260.

[2] BUTLER K T, DAVIES D W, CARTWRIGHT H, et al. Machine learning for molecular and materials science[J]. Nature, 2018, 559(7715): 547-555.

[3] LIU H T, XU C S, LIANG J Y. Dependency distance: A new perspective on syntactic patterns in natural languages[J]. Physics of Life Reviews, 2017, 21: 171-193.

[4] YANG K K, WU Z, ARNOLD F H. Machine-learning-guided directed evolution for protein engineering[J]. Nature Methods, 2019, 16(8): 687-694.

[5] EKINS S, PUHL A C, ZORN K M, et al. Exploiting machine learning for end-to-end drug discovery and development[J]. Nature Materials, 2019, 18(5): 435-441.

[6] SCHMIDT J, MARQUES M R G, BOTTI S, et al. Recent advances and applications of machine learning in solid-state materials science[J]. NPJ Computational Materials, 2019, 5: 83.

[7] FENG N, WANG H J, LI M Q. A security risk analysis model for information systems: Causal relationships of risk factors and vulnerability propagation analysis[J]. Information Sciences, 2014, 256: 57-73.

[8] RAMPRASAD R, BATRA R, PILANIA G, et al. Machine learning in materials informatics: Recent applications and prospects[J]. NPJ Computational Materials, 2017, 3: 54.

[9] BURGES C J C. A tutorial on Support Vector Machines for pattern recognition[J]. Data Mining and Knowledge Discovery, 1998, 2(2): 121-167.

[10] 朱剑峰. 基于决策树的温室环境调控规则设计及其应用研究[D]. 杭州：浙江大学, 2017.

[11] DEMPSTER A P, LAIRD N M, RUBIN D B. Maximum likelihood from incomplete data *via* the EM algorithm[J]. Journal of the Royal Statistical Society Series B: Statistical Methodology, 1977, 39(1): 1-22.

[12] GOH G B, HODAS N O, VISHNU A. Deep learning for computational chemistry[J]. Journal of Computational Chemistry, 2017, 38(16): 1291-1307.

[13] LECUN Y, BENGIO Y, HINTON G. Deep learning[J]. Nature, 2015, 521(7553): 436-444.

[14] WU W, SUN Q. Applying machine learning to accelerate new materials development[J]. Scientia Sinica Physica, Mechanica & Astronomica, 2018, 48(10): 107001.

[15] 米晓希, 汤爱涛, 朱雨晨, 等. 机器学习技术在材料科学领域中的应用进展[J]. 材料导报, 2021, 35(15): 15115-15124.

[16] 樊新民, 孔见, 金波. 人工神经网络在材料科学研究中的应用[J]. 材料导报, 2002, 16(4): 28-30, 21.

[17] 刘海定, 汤爱涛, 潘复生, 等. 基于BP神经网络的镁合金晶粒尺寸及流变应力模型[J]. 轻合金加工技术, 2006, 34(3): 48-51.

[18] ATTARIAN SHANDIZ M, GAUVIN R. Application of machine learning methods for the prediction of crystal system of cathode materials in lithium-ion batteries[J]. Computational Materials Science, 2016, 117: 270-278.

[19] LEI B W, KIRK T Q, BHATTACHARYA A, et al. Bayesian optimization with adaptive surrogate models for automated experimental design[J]. NPJ Computational Materials, 2021, 7: 194.

[20] LIU Y W, WANG L Y, ZHANG H, et al. Accelerated development of high-strength magnesium alloys by machine learning[J]. Metallurgical and Materials Transactions A, 2021, 52(3): 943-954.

[21] CHEN W C, SCHMIDT J N, YAN D, et al. Machine learning and evolutionary prediction of superhard B-C-N compounds[J]. NPJ Computational Materials, 2021, 7: 114.

[22] CHEN T, GAO Q, YUAN Y, et al. Coupling physics in machine learning to investigate the solution behavior of binary Mg alloys[J]. Journal of Magnesium and Alloys, 2022, 10(10): 2817-2832.

[23] ZHUANG X Y, ZHOU S. The prediction of self-healing capacity of bacteria-based concrete using machine learning approaches[J]. Computers, Materials & Continua, 2019, 59(1): 57-77.

第9章
集成计算材料工程

随着科学技术的迅猛发展,材料科学和工程学正在迎来前所未有的变革。现代工业对新材料的性能和效率提出了更高的要求,同时,新材料的研发周期和成本控制成为关键挑战。单一计算已经难以满足材料的快速研发与应用的时效性要求和高性能要求。在这一背景下,形成了集成计算材料工程(Integrated Computational Materials Engineering,ICME),并已广泛用于多种新材料的研发与应用中。

ICME 的核心思想是通过计算模拟、数据驱动和多学科协作,实现材料设计、开发和优化的系统化、科学化和高效化。它将传统的实验方法与先进的计算技术相结合,利用从原子、分子到宏观结构的多尺度建模,结合人工智能技术,全面表征材料的性能和行为,提出设计、制备和验证方案,加速新材料的发现和开发,并大幅降低研发成本,缩短研发周期,提升材料的性能和服役可靠性。

9.1 集成计算材料工程历史与任务

9.1.1 集成计算材料工程起源

集成计算材料工程起源于材料基因组计划(Materials Genome Initiative,MGI)。这一计划于 2011 年由美国政府正式提出。MGI 的目标是通过计算模拟和高通量实验技术,加速新材料的发现、开发和制造,降低研发成本并缩短开发周期。材料基因工程是材料领域的颠覆性前沿技术,其核心任务是借鉴人类基因组计划的研究理念和方法,加速新材料的研发和应用;通过构建材料高通量计算设计平台、高通量实验平台和数据库平台三大平台,实现材料研发"理性设计-高效实验-大数据技术"的深度融合和全过程协同创新;通过突破高效计算方法、高通量实验方法、材料大数据技术等关键技术,实现新材料研发周期缩短一半、研发成本降低一半的目标。

欧盟也积极推动集成计算材料工程的发展,在多个科研计划中设计了多个高性能计算、材料数据库建设和多尺度建模等多项相关研究,并成立了欧洲材料建模委员会(European Materials Modelling Council,EMMC),旨在推动材料建模的标准化和协作,促进不同学科和领域之间的合作,提升材料研究的效率和质量。此外,欧盟还投资建设了多个超级计算中心,为材料模拟提供高性能计算资源,支持 ICME 的发展。如欧盟在"电池 2030+"计划中拟建立电池界面基因组-材料加速平台,实现电池的智能设计与自主开发。

日本在集成计算材料工程方面同样有着重要的投入和发展。其国家材料研究所(National Institute for Materials Science,NIMS)建立了多个材料数据基础数据库。

 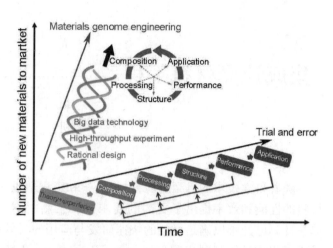

图9.1 材料基因工程变革研发模式

中国工程院和科学院开展了广泛的咨询和深入的调研,科技部于2015年启动了"材料基因工程关键技术与支撑平台"重点专项(简称"材料基因工程重点专项"),开展材料基因工程基础理论、关键技术与装备、验证性示范应用的研究,布局示范性创新平台的建设。

ICME起源于MGI,但更强调整合各种计算方法和工具,通过多尺度建模和模拟以理解和设计材料。它不仅关注材料的发现,还包括材料的加工、制造和应用过程的综合研究,迅速在全球范围内得到广泛推动。随着计算技术和数据科学的不断进步,ICME将继续发挥重要作用,加速新材料研发,推进科技进步和经济发展。

9.1.2 集成计算材料工程核心任务

集成计算材料工程是一门多学科交叉领域,从全工艺链考虑材料的工程应用,旨在通过材料加工过程模拟、多尺度建模和宏微观表征揭示"材料成分-制造工艺-微观组织-宏观性能"之间的映射关系和演化规律,将材料的"成分-工艺-组织-性能"数据库和计算模型集成到材料制造工艺过程数值模拟与服役性能评价中,建立数值化产品设计平台,实现产品材料设计与选择、加工过程以及产品功能、服役性能评价的协同优化设计,降低成本、提高质量、缩短研发周期。ICME综合运用材料科学、计算力学、计算化学、数据科学以及工程学等领域的理论和技术,建立起从原子、分子、晶体结构到宏观性能的全尺度材料模型,发展材料高效计算、高通量实验、大数据等共性关键技术及装备,构建"计算、实验、数据库"三大基础创新平台,通过创新平台和关键技术的深度融合、协同创新,加速新材料的研发和工程化应用。

(1)多尺度建模(Multiscale Modeling)

ICME的一大特点是多尺度建模,即通过不同的计算方法模拟材料在不同尺度下的行为。这包括原子尺度的量子力学和分子动力学模拟、微观尺度的相场模型、介观尺度的晶体塑性模型,以及宏观尺度的有限元分析等。以多层次、跨尺度计算方法为核心,实现对材料组织结构演变和性能的精确预测,解决新材料组织结构-性能-工艺之间的关联和工艺优化问题,是材料理性设计的技术基础。

(2)材料高通量实验(High-Throughput Experimentation,HTE)

材料高通量实验是一种加速材料发现和优化的技术方法。通过自动化和并行化实验设备,HTE能够同时进行大量样品的制备、处理和测试,大幅提高实验效率和数据采集速度。这些实验通常包括组合化学、快速成型技术和高通量表征方法,以快速筛选出具有特定性质的材料。HTE 的优势在于显著缩短材料研发周期,降低成本,并提供大量可靠的数据用于机器学习和数据驱动的材料设计。

(3) 材料数据库与数据驱动

系统的多维多尺度的材料数据库是材料智能设计的基础。ICME 通过大规模数据采集、存储和分析,建立多种材料数据库,并利用机器学习和数据挖掘技术,从中提取关联特征,用于材料智能设计和快速优化(图9.2)。

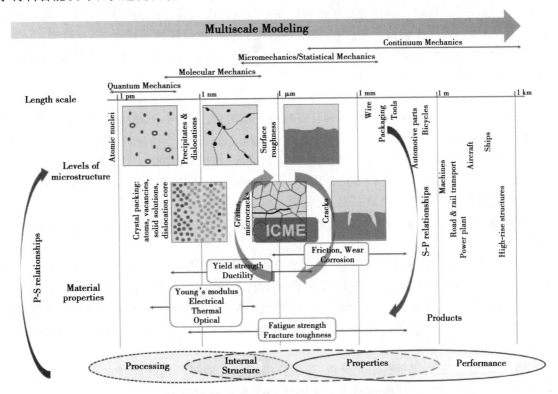

图 9.2　集成计算材料工程多尺度多维度耦合示意图

(4) 跨学科协作

ICME 强调跨学科协作,结合材料科学、工程力学、物理、化学、计算科学等多个领域的知识和技术,以实现材料设计的创新和突破。这种协作不仅体现在学术研究上,也广泛应用于工业界,通过工程师、科学家和计算专家的紧密合作,共同解决工程问题。

(5) 闭环设计与优化(Closed-loop Design and Optimization)

ICME 采用闭环设计和优化方法,即通过计算模拟和实验验证的循环,不断改进材料模型和制造过程。这种方法不仅提高了材料设计的效率和准确性,还显著降低了开发成本和时间。

综上所述,集成计算材料工程是一门综合性、前沿性的科学与工程领域,通过多尺度建模、数据驱动、跨学科协作和闭环设计优化等方法,实现材料设计和制造的创新,推动科技进步与工业发展。

9.2 集成计算材料工程主要方法

9.2.1 多尺度建模方法

全过程建模与设计是集成计算材料工程中的核心理念和实践方法。它涵盖了从材料的基本原子结构到宏观性能的全尺度建模,并通过这一系统化的方法,进行材料的设计、优化和制造。全过程建模与设计不仅提高了材料研发的效率和准确性,还为新材料的发现和应用提供了科学依据。多尺度建模是全过程建模与设计的基础,它包括原子尺度、微观尺度、介观尺度和宏观尺度的模型构建和跨尺度耦合方法。如何有效地耦合不同尺度的模型,保证计算的准确性、效率和可遗传性,是 ICME 重要的一环。

(1)不同尺度主要模型

①原子尺度:主要包括第一性原理计算和分子动力学,适用于预测材料的基态性质,如晶格常数、弹性常数、电子能带结构等。分子动力学通过计算原子间的相互作用力来研究动态行为,适用于研究温度、压力变化下的物理和化学过程,如扩散、相变、断裂等。

②介观尺度:主要包括蒙特卡洛方法(Monte Carlo,MC)使用统计方法模拟系统的热力学性质和相变行为,适用于研究缺陷形成、相界面迁移等现象。而介观动力学模拟包括相场模型、晶粒生长模型等,描述较大尺度上的结构演化,用于研究如相分离、晶粒生长、微结构演化等。

③微观尺度:主要包括连续介质力学方法和有限元方法等。连续介质力学(Continuum Mechanics)使用偏微分方程描述材料的宏观力学行为,如应力、应变、流体动力学等,适用于工程材料的强度分析、热传导、流体流动等。有限元方法(Finite Element Method,FEM)可将复杂结构离散成有限小单元,通过数值方法求解连续介质力学方程,广泛用于结构分析、热分析、流体动力学等工程问题。

④宏观尺度:主要包括有限元分析、连续介质力学模型等以描述材料在宏观尺度上的力学、热学和其他物理化学性能的耦合,并用于宏观性能的服役预测。

(2)主要跨尺度耦合方法

集成计算材料工程的重点在于跨尺度耦合方法,主要包括以下几种方法:

①准连续方法:结合原子尺度和连续介质力学,在减少计算量的同时保持原子尺度的精度。例如,在关键区域(如缺陷、界面等)采用原子模拟,其他区域用连续介质模型,确保整体计算效率和精度。

②跨尺度并行耦合:同时在多个尺度上进行模拟,通过边界条件和相互作用进行耦合。例如,在裂纹尖端采用分子动力学模拟,在远离裂纹区域使用连续介质力学,从而描述裂纹扩展过程。

③嵌套尺度模拟:从小尺度(如原子尺度)开始,通过提取有效参数和本构关系,将结果传递到更大尺度(如介观和宏观尺度)。比较典型的例子有:

a. 原子尺度的耦合:一般来说,量子力学模拟是几十到几百个原子范围的模拟。分子动力学模拟是基于经典力学模拟原子和分子在时间和空间上的运动,尺度可以拓展到几千到几万个原子。一般先通过量子力学模拟得到高精度的势函数,作为分子动力学模拟的输入函数。

b. 原子尺度到介观尺度的耦合：原子尺度计算得到能量参数和扩散参数，以及基于统计热力学得到相关系等，是蒙特卡洛方法和相场模型的输入变量，以模拟微结构的演变过程。

机器学习和人工智能的发展为跨尺度模拟提供了新的工具，可以更快地提取和转换多尺度数据。高性能计算和大数据分析技术的进步，有效地推动了跨尺度耦合方法的发展和应用。

9.2.2 全过程设计方法

全过程设计是将多尺度模型应用于材料的实际设计和制造过程中，通过系统的模拟和优化，达到预期的材料性能和应用效果。

①设计目标确定：根据应用需求，确定材料的关键性能指标，如强度、韧性、耐腐蚀性和导电性等，以作为材料设计和优化的目标。

②材料成分设计：利用多尺度模型，模拟不同成分对材料性能的影响，筛选出最佳成分组合。例如，通过原子尺度的量子力学模拟和微观尺度的相场模型，优化合金的元素组合和化学成分等。

③微观结构设计：通过模拟不同工艺参数对材料微观结构的影响，设计具有最佳性能的微观结构。例如，通过相场模型和晶体塑性模型，优化热处理工艺和冷加工工艺，得到理想的晶粒尺寸和相分布。

④制造过程优化：利用宏观尺度的有限元分析和连续介质力学模型，模拟制造过程中的应力、应变和温度场，优化制造工艺参数，以获得具有良好的性能材料成品。

⑤性能预测与验证：结合实验数据，验证和校准多尺度模型，预测材料服役性能与失效行为，以对材料进行进一步的调整和优化。

9.2.3 数据驱动方法

数据驱动方法依赖于大量的材料数据，这些数据可以来自实验测量、计算模拟和文献数据库。通过对这些数据进行挖掘和分析，以发现材料性能与其组成、结构和工艺参数之间的复杂关系。

①高通量计算数据：通过高通量计算，在短时间内生成大量的材料数据。结合高性能计算和自动化计算工作流，高通量计算可形成多维度的材料基础物性数据库。

②高通量表征数据：通过高通量实验技术获取的大量材料表征数据，可涵盖材料的各种物理、化学和机械性能，为材料的设计、优化和应用提供丰富的信息。

③数据驱动：利用大数据和机器学习技术，从材料数据库中挖掘特征参数等，建立材料成分、结构和性能之间的关系模型，指导材料设计和优化。

9.3 集成计算材料工程应用举例

ICME已被广泛应用于多种材料的研发，包括高温合金、轻金属材料、新能源材料与生物医学材料等。

9.3.1 集成计算材料工程在航空航天汽车领域的应用概述

航空航天工业对材料的性能有极高的要求。高温合金是制造涡轮叶片的主要材料,其要求在高温、高应力环境下具有优异的抗氧化、抗蠕变和高强度性能。可基于量子力学计算、分子动力学模拟等方法,精确预测材料的物理和化学性质,包括热力学性能(如热膨胀系数、比热容)、力学性能(如抗拉强度、韧性)和化学稳定性(如抗氧化性、抗腐蚀性);基于相场模拟、晶粒生长模拟等技术,预测和优化材料的微观结构,实现微结构的精准构筑;采用有限元等方法模拟蠕变断裂行为,以对服役和失效性能进行预测。耦合实现涡轮叶片材料的快速高效研发。

碳纤维增强树脂基复合材料(CFRP)因其优异的比强度和比刚度,在航空航天结构(如机翼和机身)中广泛应用。对纤维增强复合材料,基于ICME耦合多尺度模拟工作,从纤维/基质长度尺度开始,然后逐渐向复合层片尺度(连续纤维增强塑料-CFRP)或纺织结构尺度(编织、编织物)过渡,从而开发一个精确的加工-微观结构-性能框架,以实现复合材料和其制造工艺的集成数字优化。

高强钢广泛应用于汽车框架中。ICME在先进高强钢的开发中发挥了重要作用。通过多尺度建模,优化合金成分和热处理工艺,实现元素的筛选、成分的设计和组织结构的精准预测和构筑,大幅缩短了新材料的开发周期。

9.3.2 集成计算材料工程在能源领域的应用概述

无论是传统的化石燃料发电还是新兴的可再生能源技术,材料的选择和优化都直接影响到能源系统的效率和可靠性。ICME通过整合多尺度建模和实验数据,为能源材料的设计和优化提供了强有力的工具。

例如,在实验要求较高的核燃料的开发中,ICME起着关键的作用。通过多尺度建模和模拟,研究燃料材料在高温、高辐照环境下的行为,优化燃料成分和制备工艺,极大地减少了实验工作量,并使新型核燃料得到快速研发。

核反应堆中的结构材料需要在高辐照和高温环境下保持稳定。ICME可有效模拟材料的辐照损伤和微观结构演变,优化合金成分和热处理工艺,以得到抗辐照且力学性能良好的核壳材料,延长反应堆的使用寿命。

ICME还可有效模拟半导体材料的电子结构和光电性能。在太阳能电池材料的开发中,通过多尺度建模和实验数据优化电子结构,提高光电转换效率和稳定性。

在电池和超级电容器等储能材料的开发中,可基于ICME模拟材料的电化学行为和微观结构演变,优化电极材料和电解液成分,提高电池能量密度、功率密度和循环寿命。

9.3.3 基于集成计算材料工程的多目标性能合金的研发

(1)高强高导铜合金

铜合金作为电芯材料需要具有高强高导特性,而优化材料的两种相互冲突的特性(如机械强度和韧性或介电常数和击穿强度)一直是一项挑战。北京科技大学谢建新院士团队基于机器学习方法,识别可显著提高合金的综合极限抗拉强度(UTS)和电导率(EC)的关键特征,基于此方法得到了一系列可以显著改善综合 UTS 和 EC 的新合金元素。然后通过实验制造得到了 4 种新的具有优秀综合性能的 Cu-In 合金。这类合金有望取代目前在铁路线路中使用的更昂贵的 Cu-Ag 合金。此外,用机器学习方法设计了新的沉淀强化铜合金,所得到的 Cu-1.3Ni-1.4Co-0.56Si-0.03Mg 其极限强度可达 858 MPa,电导率为 47.6% IACS。

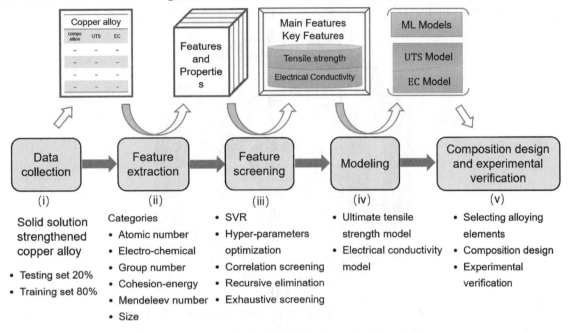

图 9.3　基于元素特征的材料成分的理性设计示意图

(2)结构功能一体化镁合金

镁金属质轻,比强度比刚度高,在轨道交通、航空航天、3C 产品等需要轻量化的领域都有广泛的应用前景。工程应用的合金有多方面的性能要求,如高强高韧、良好的耐蚀性和优秀的功能特性等。Curtin 团队耦合第一性原理与分子动力学揭示了镁合金的强韧化机理。重庆大学潘复生院士团队基于 ICME 方法,耦合第一性原理、相图计算、机器学习和关键实验提出了镁合金的多元固溶增性理论,并发展了系列高强韧镁合金、高耐蚀镁合金和结构功能一体化镁合金等。在该项研究工作中,首先采用第一性原理计算方法,系统计算了 56 个二元镁合金系和近 100 个三元镁合金系固溶后的物理化学特征参数,包括超胞体积差、c/a 比、超胞总能、形成焓与固溶原子置换位点等,建立了元素交互作用特征模型;其次基于热力学计算了一百余种三元镁合金系的固溶行为,建立了多元镁合金系的固溶特征理论;最后采用机器学习方法获得了分类判据。该项工作同时结合第一性原理计算方法计算了镁合金的电导率、层错能、功函数等物理化学性质。基于多目标协同、耦合机器学习和关键实验,成功应用于多目标性能镁合金,如结构功能一体化镁合金的理性设计与研发中,获得了高强高阻尼镁合金等。

9.3.4　基于集成计算材料工程的复杂颗粒系统的结构优化

异质材料和介质的建模在材料领域应用广泛,包括凝聚态物理学、软材料、复合介质、多孔介质、生物系统、地质系统、陶瓷工程、药物科学,甚至太空探索领域,其中,颗粒系统尤为重要。由于其复杂性,除了本构建模、离散建模(Discrete element method-DEM)等方法外,基于ICME方法发展了多种耦合建模方法,既包括多尺度耦合和多物理场耦合。如图9.4所示,热(Thermal-T)、流体效应(Hydromechanical-H)、机械效应(Mechanical-M)和化学变化(Chemical elements-C)等特征参数互为输入输出参量;计算流体动力学(Computational Fluid Dynamics-CFD)和DEM耦合以模拟同时具有离散动力学特征和流体动力学特征的颗粒系统。

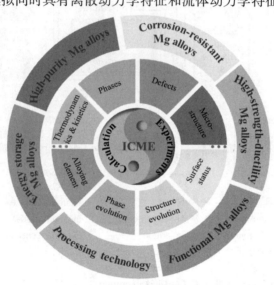

图9.4 ICME方法在多目标性能镁合金设计中的应用

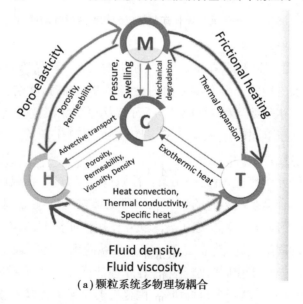

(a)颗粒系统多物理场耦合

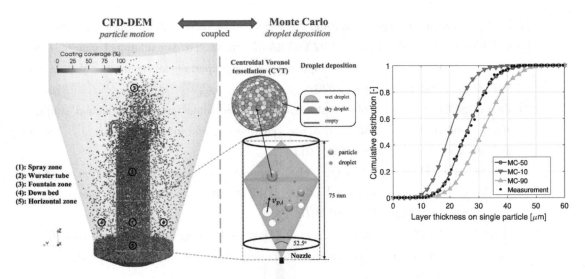

(b) 颗粒系统的CFD-DEM-Monte Carlo多尺度模拟方法的耦合

图9.5　颗粒系统的耦合

思考题

1. 请解释集成计算材料工程的基本概念和它与传统的材料科学研究方法有何不同。

2. 多尺度建模在集成计算材料工程中关键的组成部分。请解释什么是多尺度建模，并举例说明如何应用于材料设计和优化。

3. 请选择一种材料，举例说明集成计算材料工程如何帮助解决材料设计或优化中的问题。

参考文献

［1］OLSON G B. Computational design of hierarchically structured materials［J］. Science, 1997, 277(5330): 1237-1242.

［2］宿彦京, 付华栋, 白洋, 等. 中国材料基因工程研究进展［J］. 金属学报, 2020, 56(10): 1313-1323.

［3］XIE J X, SU Y J, ZHANG D W, et al. A vision of materials genome engineering in China［J］. Engineering, 2022, 10: 10-12.

［4］POLLOCK T M, ALLISON J E, BACKMAN D G, et al. Integrated computational materials engineering: A transformational discipline for improved competitiveness and national security［M］. Washington: The National Academies Press, 2008.

［5］Horstemeyer M F. Integrated computational materials engineering (ICME) for metals: Using multiscale modeling to invigorate engineering design with science［M］. Hoboken, New Jersey: John Wiley & Sons, Inc., 2012.

［6］Ghosh S, Woodward C, Przybyla C. Integrated Computational Materials Engineering (IC-

ME): Advancing Computational and Experimental Methods, 2006, Springer Nature.

[7] GHOSH S, WOODWARD C, PRZYBYLA C. Integrated computational materials engineering (ICME): Advancing computational and experimental methods[M]. Cham, Switzerland: Springer Nature, 2020.

[8] TAHMASEBI P. A state-of-the-art review of experimental and computational studies of granular materials: Properties, advances, challenges, and future directions[J]. Progress in Materials Science, 2023, 138: 101157.

[9] ZHANG H T, FU H D, HE X Q, , et al. Dramatically enhanced combination of ultimate tensile strength and electric conductivity of alloys via machine learning screening[J]. Acta Materialia, 2020, 200: 803-810.

[10] ZHANG H T, FU H D, ZHU S C, et al. Machine learning assisted composition effective design for precipitation strengthened copper alloys[J]. Acta Materialia, 2021, 215: 117118.

[11] WU Z X, CURTIN W A. The origins of high hardening and low ductility in magnesium[J]. Nature, 2015, 526(7571): 62-67.

[12] WU Z X, AHMAD R, YIN B L, et al. Mechanistic origin and prediction of enhanced ductility in magnesium alloys[J]. Science, 2018, 359(6374): 447-452.

[13] WANG J, YUAN Y, CHEN T, et al. Multi-solute solid solution behavior and its effect on the properties of magnesium alloys[J]. Journal of Magnesium and Alloys, 2022, 10(7): 1786-1820.

[14] CHEN T, GAO Q, YUAN Y, et al. Coupling physics in machine learning to investigate the solution behavior of binary Mg alloys[J]. Journal of Magnesium and Alloys, 2022, 10: 2817-2831.